数据结构

主　　编　　魏红娟　　张海燕　　王艳华

副主编　　胡鹏飞　　赵晓莉

编　　者　　史占江　　杨可乙　　魏红娟

　　　　　　王艳华　　胡鹏飞　　肖　静

　　　　　　张海燕　　赵晓莉

U0195986

西北工业大学出版社

【内容简介】 数据结构是计算机及其相关专业的一门专业基础课程,也是其他重要专业课程的前导课程。该课程主要培养学生分析数据、组织数据的能力。本书系统而全面介绍了数据、数据结构和抽象数据类型等基本概念;线性表的类型,线性表的顺序表示和实现,线性表的链式表示和实现;栈的概念,栈的表示和实现,队列的概念、表示和实现;串的概念、表示、实现、相关算法和应用实例;数组的概念、表示和实现,矩阵的压缩存储,广义表的概念、存储、表示及相关算法;树的概念,二叉树的概念和访问,森林的相关知识,赫夫曼树;图的定义、存储、遍历和路径等;树等数据结构的查找;排序等。

本书既有理论知识的讲解,又有重要的算法分析和实现过程,可作为计算机及其相关专业的本科和专科学生教材,也可作为相关从业人员的培训资料或参考用书。

图书在版编目(CIP)数据

数据结构/张海燕主编 . —西安:西北工业大学出版社,2012.10
ISBN 978 - 7 - 5612 - 3502 - 7

Ⅰ.①数… Ⅱ.①张… Ⅲ.①数据结构—高等学校—教材 Ⅳ ①TP311.12

中国版本图书馆 CIP 数据核字(2012)第 241142 号

出版发行:西北工业大学出版社
通信地址:西安市友谊西路 127 号   邮编:710072
电 话:(029)88493844 88491757
网 址:www.nwpup.com
印 刷 者:陕西兴平报社印刷厂
开 本:787 mm×1 092 mm   1/16
印 张:17.75
字 数:429 千字
版 次:2013 年 1 月第 1 版   2013 年 1 月第 1 次印刷
定 价:36.00 元

前　　言

随着计算机技术的发展,选择合适的数据处理对象及数据结构已成为亟待解决的关键问题。数据结构的任务就是讨论数据的逻辑结构和物理结构,以及其之上的算法的实现。

数据结构是一门理论与实践相结合的课程,但目前的大多数教材都只用类语言描述了数据结构的算法,并没有给出完整的能实际运行的程序,读者在学习时会遇到较多的困难。而作为计算机、电子和通信类专业的本科和专科学生及相关从业人员由于时间紧张或学习工作任务重等原因,没有足够精力将类语言变换成程序代码,影响到对数据结构知识的掌握,从而迫切需要一本既介绍了数据结构的基础知识,又有完整的程序代码和运行结果的书。本书就是出于这样的目的而编写的。

通过数据结构课程的学习,学生可以具备从事系统开发以及对各种数据进行处理和应用计算机解决实际问题的能力。

本书共 10 章。第 1 章是绪论,介绍了数据、数据结构和抽象数据类型等基本概念并且复习了 C 语言的相关知识;第 2 章是线性表,介绍了线性表的逻辑结构,顺序存储结构和链式存储结构,以及相应存储结构上基本运算的实现;第 3 章是栈,介绍了栈的逻辑结构,顺序存储结构和链式存储,结构以及相应存储结构上基本运算的实现;第 4 章是队列,介绍了队列的逻辑结构,顺序存储结构和链式存储结构,以及针对相应存储结构基本运算的实现;第 5 章是串,介绍了串的各种存储结构及其存储结构上基本运算的算法实现;第 6 章是数组,介绍了数组和稀疏矩阵的各种存储结构及其基本运算的实现;第 7 章是树与二叉树,介绍了树的定义与表示,二叉树以及哈夫曼树的基本操作及其算法实现;第 8 章是图,介绍了图的定义,图存储结构,图的遍历以及最小生成树,最短路径等概念与基本操作的实现;第 9,10 章是查找和排序,介绍了数据处理中常用的两种技术查找、排序,以及常用的查找和排序的算法及其算法实现并对算法进行了分析,比较。

本书概念阐述准确、精炼,通俗易懂,并且集教材、习题、课程设计为一体,使学生既加深了对基本概念的理解,也提高了分析和处理、解决问题的能力。

本书第 1 章由史占江、杨可乙编写,第 2,3 章由魏红娟编写,第 4,5 章由王艳华编写,第 6 章由胡鹏飞、肖静编写,第 7 章由张海燕编写,第 8 章由赵晓莉编写,第 9 章由胡鹏飞编写,第 10 章由肖静编写。

由于时间关系和水平所限,书中难免有不足或错误之处,敬请读者批评指正。

编　者
2012 年 5 月

目　　录

第1章 绪 论

数据结构作为计算机领域里的一门学科形成于 20 世纪六七十年代。随着计算机产业的飞速发展和它的应用范围的迅速扩展,数据结构技术也得到了发展和完善。借助于新技术和新方法,数据结构技术更加易于使用,并逐渐巩固了它在计算机科学领域里独特的和不可替代的作用与地位。在计算机领域,计算机语言不同,对数据进行分类的规则也不同,如果使用实际应用领域中经常使用的程序设计语言来描述数据结构和算法,将会更有实用价值。C 语言是普遍流行的程序设计语言,系统程序员和应用程序员都经常采用 C 语言作为编程工具。

本章将介绍数据结构的基本概念、几种典型的数据结构和常用的存储结构、算法的描述和算法分析,并简单介绍在数据结构算法描述中常用到的 C 程序设计知识点。

1.1 数据结构的基本概念和术语

1. 数据(Data)

在计算机科学中,一切能够被计算机识别、存取和加工处理的符号、字符、图形、图像、声音、视频信号等一切信息等都称为数据。

在计算机科学中,所谓数据就是计算机加工处理的对象,它可以是数值数据,也可以是非数值数据。数值数据包括整数、实数等,主要用于科学计算、金融、财会和商务处理等;非数值数据包括文字、符号、图形、图像、动画、语音、视频信号等。

数据是需要经过计算机加工处理的,它是计算机处理的"原料",信息则是经过计算机加工处理以后产生的有意义的数据。

例如:一个学籍管理程序所需要处理的数据可能是一张学生情况登记表,如表 1-1 所示。

表 1-1 学生情况登记表

学号	姓名	性别	入校时间/年	籍贯
2010001	张三	女	2010	北京
2010002	李四	男	2010	上海
2010003	王五	女	2010	河南
2010004	赵六	男	2010	宁夏
2010005	钱七	男	2010	黑龙江

2.数据元素(Data Element)

数据元素是组成数据的基本单位,是数据中的"个体"。数据元素也称为结点,在计算机中,常作为一个整体来处理,例如表1-1中的每一行就是一个结点。数据元素在C语言中可以用结构体来描述,每个数据项都是结构体中的一个分量。

3.数据项(Data Item)

数据项是数据不可分割的、具有独立意义的最小数据单位,是对数据元素属性的描述。数据项也称为域或字段。

数据项一般有名称、类型长度等属性。在C语言中数据的类型有整型、实型、浮点型、字符型、指针型等。

数据、数据元素、数据项反映了数据组织的3个层次,即数据可以由若干个数据元素组成,数据元素又由若干个数据项组成。

4.数据的逻辑结构(Logical Structure)

数据的逻辑结构描述结点和结点之间的逻辑关系。

例如表1-1中,每个数据元素之间在逻辑上有一种线性关系,除第一个结点和最后一个结点外,每个结点都有唯一的前驱结点和一个唯一的后继结点。

5.数据存储结构(Physical Structure)

数据的存储结构是数据元素及其关系在计算机存储器内的表示,也称为物理结构。

例如表1-1中数据在计算机可以有多种存储表示:可以表示为数组放在内存中;一页可以表示成文件,存放到磁盘上;等等。

6.数据结构(Data Structure)

数据结构是带结构的数据元素的集合,是指数据之间的相互关系,即数据的组织形式;一般包括三个方面的内容:数据的逻辑结构、数据的存储结构和对数据的运算。这三个方面的关系为:

数据的逻辑结构独立于计算机,是数据本身所固有的。

数据的存储结构是逻辑结构在计算机存储器中的映像,必须依赖于计算机。

运算是指所施加的一组操作的总称。运算的定义直接依赖于逻辑结构,但运算的实现必须依赖于存储结构。

7.数据类型(Data Type)

数据类型是在程序设计语言中已经实现了的数据结构。数据类型已经规定了数据的取值范围、存储方式以及允许进行的运算。

数据类型是一组具有相同性质的数据的集合以及这个集合上的运算方法的总称。如整型、字符类型等,每一种数据类型都有自身特点的一组操作方法。

8.抽象数据类型(Abstract Data Type)

抽象数据类型是指一个数学模型以及在该模型上定义的一套运算规则的集合。在对抽象数据类型进行描述时,要考虑到完整性和广泛性。

9.算法(Algorithm)

算法是一个能解决问题的、有具体步骤的方法,是指令的有限序列。

1.2　数据的逻辑结构及存储结构

1.2.1　数据逻辑结构

1.数据的逻辑结构的定义

数据的逻辑结构(Logical Structure)是指数据元素之间逻辑关系的描述。数据的逻辑结构通常分为两大类：线性结构和非线性结构。

根据数据元素之间关系的不同特性，数据逻辑结构通常有下列四类，如图 1-1 所示。

(1)集合——结构中数据元素之间，除了"同属于一个集合"关系之外，别无其他关系。

(2)线性结构——结构中的数据元素之间存在着"一对一"的线性关系。它的特征是若结构为非空集，则该结构有且只有一个开始结点和一个终端结点，并且所有结点都最多只有一个直接前驱结点(与该结点相邻且在其前面的结点)和一个直接后继结点(与该结点相邻且在其后面的结点)。

(3)树形结构——结构中的数据元素之间存在着"一对多"的层次关系。它的特征是若结构为非空集，则该结构有且只有一个结点没有双亲(前驱)结点，其余所有结点都只有一个双亲结点、零个或多个孩子(后继)结点。

(4)图形结构——结构中的数据元素之间存在着"多对多"的任意关系。它的特征是若结构为非空集，则该结构中的每个结点都可能有多个直接前驱(结点)和直接后继(结点)。

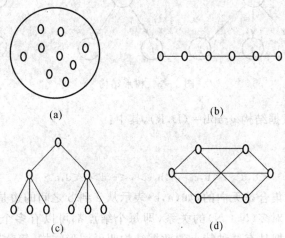

(a)　　　　　　　　　　(b)

(c)　　　　　　　　　　(d)

图 1-1　四类基本逻辑结构的示意图

2.逻辑结构的描述

一个数据的逻辑结构可以用二元组来表示：

$$G=(D,R)$$

其中，D 是数据元素的集合；R 是 D 上所有数据元素之间关系的有限集合。

【例 1-1】　一种数据结构 Line=(D,R)，其中：

D={a,b,c,d,e,f,g,h,i,j}

R={r}

r={<e,a>,<a,c>,<c,h>,<h,b>,<b,g>,<g,d>,<d,f>,<f,i>,<i,j>}

<e,a>表示是有向的,即表示 e 指向 a。其特点是除了头结点"e"和尾结点"j"以外,其余结点都只有一个直接前驱和一个直接后继,即结构的元素之间存在着一对一(1：1)的关系,如图 1-2 所示。把具有这种特点的数据结构称为线性结构。

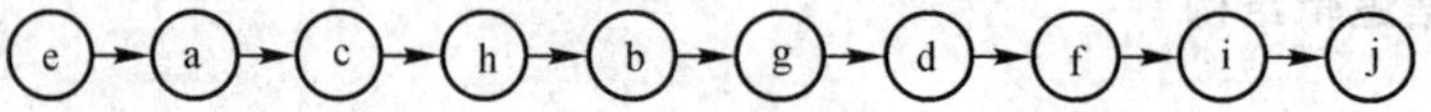

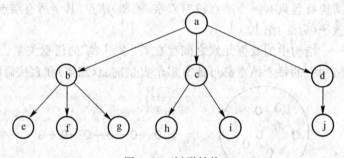

图 1-2　线性结构

【例 1-2】　一种数据结构 Tree=(D,R),其中:

D={a,b,c,d,e,f,g,h,i,j}

R={r}

r={<a,b>,<a,c>,<a,d>,<b,e>,<b,f>,<b,g>,<c,h>,<c,i>,<d,j>}

这种数据的逻辑结构的特点是"a"无直接前驱(称为根)以外,其余结点都只有一个直接前驱,但每个结点都可以有零个或多个直接后继,即结构的元素之间存在着一对多(1：N)的关系,如图 1-3 所示。把具有这种特点的数据的逻辑结构称为树形结构,简称树。大部分树形结构都忽略箭头,只画直线。

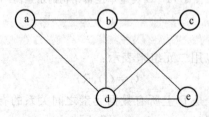

图 1-3　树形结构

【例 1-3】　一种数据结构 graph=(D,R),其中:

D={a,b,c,d,e}

R={r}

r={<a,b>,<a,d>,<b,d>,<b,c>,<b,e>,<c,d>,<d,e>}

圆括号表示的关系集合是无向的,如(a,b)表示从 a 到 b 之间的边是双向的。其特点是各个结点之间都存在着多对多(N：N)的关系,即每个结点都可以有多个直接前驱或多个直接后继,如图 1-4 所示。把具有这种特点的数据结构叫做图形结构,简称图。

图 1-4　图形结构

为了区别数据元素之间存在一对一关系的线性结构,把数据元素之间存在一对多关系的树形结构和数据元素之间存在多对多关系的图形结构称为非线性结构。

1.2.2 数据存储结构

数据的存储结构(Physical Structure)是指数据的逻辑结构用计算机语言的实现,即数据元素及其关系在计算机存储器内的表示,称为数据的存储结构,也称为数据的物理结构。

数据的存储结构可以用以下四种基本的存储方法得到:顺序存储方法、链式存储方法、索引存储方法和散列存储方法。

1. 顺序存储方法

顺序存储结构的特点是借助元素在存储器中的相对位置来表示数据元素之间的逻辑关系。

例如,一个字母占一个字节,输入 A,B,C,D,E,并存储在 2000 起始的连续的存储单元,如图 1-5 表示顺序存储结构。

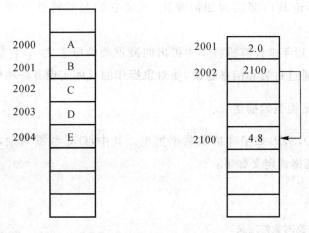

图 1-5　顺序存储结构　　　　　图 1-6　链式存储结构

2. 链式存储

借助指示元素存储地址的指针(Pointer)来表示数据元素之间的逻辑关系。如图 1-6 表示复数 $z=2.0+i4.8$ 的链式存储结构。其中地址 2001 存放实部,地址 2100 存放虚部,实部与虚部的关系用值为"2100"的指针来表示。

3. 索引存储

索引存储是在原有存储数据结构的基础上,附加建立一个索引表,索引表中的每一项都由关键字和地址组成。索引表反映了按某一个关键字递增或递减排列的逻辑次序,主要作用是为了提高数据的检索速度。

4. 散列存储

散列存储是通过构造散列函数来确定数据存储地址或查找地址的。例如,某一地区进行解放后出生人口的统计,用"出生年份-1948=存储地址"来构造一个函数,就能方便地得到某一个地区解放后出生人口的调查表,如表 1-2 所示。

表 1-2　散列存储结构

存储地址	01	02	03	…	21	…	54	55
出生年份	1949	1950	1951	…	1969	…	2002	2003
人　数	1 000	1 200	1 500	…	1 800	…	1 350	1 100

1.3　抽象数据类型

1.3.1　抽象数据类型的定义

抽象数据类型(Abstract Data Type,简称 ADT)是指一个数学模型以及定义在该模型上的一组操作。抽象数据类型的定义仅取决于它的一组逻辑特性,而与其在计算机内部如何表示和实现无关。即不论其内部结构如何变化,只要它的数学特性不变,都不影响其外部的使用。

抽象数据类型是近年来计算机科学中提出的最重要的概念之一,它集中体现程序设计中一些最基本的原则:通过封装和信息隐蔽,使对象操作的具体实现方法和外部引用相分离。

1.3.2　抽象数据类型的描述

可以用三元组(D,S,P)来描述抽象数据类型。其中,D 是数据对象,S 是 D 上关系集,P是对 D 的操作集。其格式定义如下:

ADT 抽象数据类型名

{

　　　数据元素:<数据对象的定义>

　　　数据关系:<数据关系的定义>

　　　基本操作:<基本操作的定义>

}ADT 抽象数据类型名

ADT Liner_List

{

　　　数据元素:$D=\{a_i \mid a_i \in elemset, i=1..n(n \geqslant 0)\}$

　　　数据关系:$S=\{<a_{i-1}, a_i> \mid a_{i-1}, a_i \in D, i=2..n(n \geqslant 0)\}$

　　　基本操作:InitList(L):初始化为一个空的线性表。

　　　　　　　ListLength(L):求线性表 L 中元素个数。

　　　　　　　GetElem(L,i):取线性表中的第 i 个元素。

　　　　　　　Locate(L,e):确定元素 e 在线性表中的位置。

　　　　　　　InsertList(L,i,e):在线性表的第 i 个位置之前插入数据元素。

　　　　　　　DeleteList(L,i):删除线性表 L 中第 i 个元素。

　　}ADTLiner_List

1.4 算法及算法设计原则

1.4.1 算法的概念及特性

1.算法的概念

算法(Algorithm)是一组有穷的规则,规定了解决某一特定类型问题的一系列运算,是对解题方案的准确与完整的描述。

算法是解题的步骤,可以把算法定义成解一确定类问题的任意一种特殊的方法。在计算机科学中,算法要用计算机算法语言描述,算法代表用计算机解一类问题的精确、有效的方法。算法＋数据结构＝程序,求解一个给定的可计算或可解的问题,不同的人可以编写出不同的程序,来解决同一个问题。这里存在两个问题:一是与计算方法密切相关的算法问题;二是程序设计的技术问题。算法和程序之间存在密切的关系。

2.算法的特性

作为一个算法,一般应具有以下几个基本特性。

(1)确定性。算法的每一种运算必须有确定的意义,该种运算执行某种动作应无二义性,目的明确。这一性质反映了算法与数学公式的明显差别。在解决实际问题时,可能会出现这样的情况:针对某种特殊问题,数学公式是正确的,但按此数学公式设计的计算过程可能会使计算机系统无所适从,这是因为根据数学公式设计的计算过程只考虑了正常使用的情况,而当出现异常情况时,此计算过程就不能适应了。

(2)可行性。要求算法中有待实现的运算都是基本的,每种运算至少在原理上能由人用纸和笔在有限的时间内完成;针对实际问题设计的算法,人们总是希望能够得到满意的结果。但一个算法又总是在某个特定的计算工具上执行,因此,算法在执行过程中往往要受到计算工具的限制,使执行结果产生偏差。

(3)输入。一个算法有零个或多个输入,在算法运算开始之前给出算法所需数据的初值,这些输入取自特定的对象集合。

(4)输出。作为算法运算的结果,一个算法产生一个或多个输出,输出是同输入有某种特定关系的量。

(5)有穷性。一个算法总是在执行了有穷步的运算后终止,即该算法是可达的。数学中的无穷级数,在实际计算时只能取有限项,即计算无穷级数值的过程只能是有穷的。因此,一个数的无穷级数表示只是一个计算公式,而根据精度要求确定的计算过程才是有穷的算法。算法的有穷性还应包括合理的执行时间的含义。这是因为,如果一个算法需要执行千万年,显然失去了实用价值。

满足前四个特性的一组规则不能称为算法,只能称为计算过程,操作系统是计算过程的一个例子。在一个算法中,有些指令可能是重复执行的,因此指令的执行次数可能远远大于算法中的指令条数。由有穷性可知,对于任何输入,一个算法在执行了有限类指令后一定要终止并且必须在有限的时间内完成,因此,一个程序如果对任何输入都不会陷入无限循环时,即是有穷的,则它就是一个算法。操作系统用来管理计算机资源,控制作业的运行,没有作业运行时,计算过程并不停止,而是处于等待状态。

1.4.2 算法的描述方法

算法可以使用各种不同的方法来描述,如自然语言、流程图等,下面分别介绍。

1.自然语言

自然语言即用人们日常使用的语言和数学语言描述的算法。

【**例 1-4**】 sum＝1＋2＋3＋4＋…＋n 求和问题使用自然语言描述。

(1)输入 N 的值;

(2)设 i 的值为 1,sum 的值为 0;

(3)如果 i＜＝N,则执行第(4)步,否则转到第(7)步执行;

(4)计算 sum＋i,并将结果赋给 sum;

(5)计算 i＋1,并将结果赋给 i;

(6)重新返回到第(3)步开始执行;

(7)输出 sum 的结果。

用自然语言描述算法的优点是简单直观且便于人们阅读,缺点是易出现二义性,难以清晰表达出分支、循环结构,其描述的算法冗长。

2.流程图

流程图即用一组标准的图形符号来描述算法,如表 1-3 所示。

表 1-3 流程图符号

开始 结束	开始/结束符,表示算法的开始或结束
输入 输出	输入/输出框,用于指出数据的输入或输出
处理框	处理框,用于指出要处理的内容
判断框	判断框,用于指出分支情况,通常,上面的顶点表示入口,其他顶点表示出口
→	流程线,表示流程控制方向

【**例 1-5**】 sum＝1＋2＋3＋4＋…＋n 求和问题使用流程图描述。该问题的流程图如图 1-7 所示。

使用流程图、N-S 图等描述算法,其特点是直观、简洁、明了,但比较烦琐,有时也容易造成混乱。

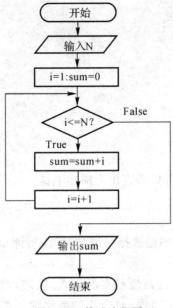

图 1-7　算法流程图

3.伪代码

它是一种非正式代码,常用自然语言、数学语言和符号来描述算法的操作步骤。

【例 1-6】 sum＝1＋2＋3＋4＋…＋n 求和问题使用伪代码描述。

(1)算法开始;

(2)输入 n 的值;

(3)i←1;

(4)sum←0;

(5)while(i＜＝n)

(6){

(7)sum←sum＋i;

(8)i=i＋1;

(9)}

(10)输出 sum 的值;

(11)算法结束。

伪代码是介于自然语言和计算机语言之间的语言,常用文字和符号来表示。它不用图形符号,因此书写方便、格式紧凑,也比较好改动,便于向计算机语言算法(程序)过渡。

4.程序设计语言

用计算机编程语言表示算法实际上就是用某种语言来编写程序。这和伪代码不同,因为要严格遵循语言的语法规则。

【例 1-7】 sum＝1＋2＋3＋4＋…＋n 求和问题使用 C 语言描述。

```
main()
{   int n;
    int i=1;
```

```
    int sum＝0;
    scanf("%d",&n);
    while(i<＝n)
    {
        sum＝sum+i;
        i＝i+1;
    }
    printf("sum＝%d",sum);
}
```

为了便于描述算法,本书采用 C 语言作为描述工具。

1.4.3 算法设计的要求

程序设计的实质是对确定的问题选择一种"好算法",评价一个算法的"好坏"一般从以下几个方面进行:

(1)正确性。算法是否正确,这是最基本的要求,它表示算法应该满足具体问题的需求。具体的含义包括:程序不存在语法错误;对合法的数据输入都能产生满足规格说明要求的结果。这两点,在软件测试中经常要考虑。

(2)简单性。算法的主要目的是让读者阅读和理解,其次才是执行。简单有助于阅读。

(3)稳健性。算法能对异常情况进行处理。

(4)运行时间和占用空间。一个算法在计算机上的运行所花费的时间应尽可能地少,同时所花费的存储空间也应尽可能地小。这也就是指算法的效率和时空复杂度的问题。

1.4.4 算法的性能分析

算法效率的评价用时间复杂度(所需运算时间)和空间复杂度(所占存储空间)表示,重点是时间复杂度。

1. 时间复杂度(Time Complexity)

算法执行时间需通过依据算法编制的程序在计算机上运行时所消耗的实际时间来度量。许多因素会影响程序的运行时间,撇开与计算机硬件、软件有关的因素,可以认为一个特定算法的大小,只依赖于问题的规模。问题规模是一个和输入有关的量。

通常把算法中所包含的简单操作次数的多少叫做算法的时间复杂度。但是当一个算法比较复杂时,其时间复杂度的计算会变得相当困难。实际上,没有必要精确地计算出算法的时间复杂度,只要大致计算出相应的数量级(Order)即可。

一般情况下,算法中原操作重复执行的次数是问题规模 n 的某个函数 $f(n)$,算法的时间复杂度 $T(n)$ 的数量级可记为:$T(n)=O(f(n))$。

它表示随着问题规模的扩大,算法执行时间的增长率和 $f(n)$ 的增长率相同,称为算法的渐进时间复杂度,简称时间复杂度。

[例 1-8] 计算下面求累加和程序段的时间复杂度。

(1)x＝0;y＝0;   //执行 2 次

(2)for (k=1;k<＝n;k++)

(3)x++;   //执行 n 次

(4)for(i=1;i<=n;i++)

(5)for(j=1;j<=n;j++)

(6)y++;   //执行 n² 次

解 以上所有语句执行之和为：$T(n) = n^2 + n + 2$，当 $n \to \infty$ 时，显然有

$$\lim_{n \to \infty} \frac{T(n)}{n^2} = \lim_{n \to \infty} \frac{(n^2 + n + 2)}{n^2} = 1$$

所以 $T(n) = O(n^2)$。

当 $T(n)$ 为多项式时，可只取其最高次幂项，其他系数可忽略。

常见的函数增长率如图 1-8 所示。

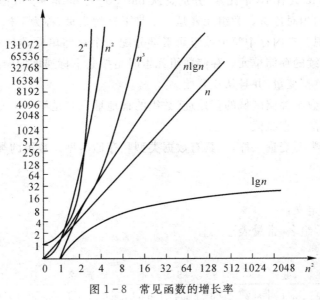

图 1-8 常见函数的增长率

2. 空间复杂度(Spase Complexity)

一个程序的空间复杂度是指程序运行从开始到结束所需的存储空间。类似于算法的时间复杂度，把算法所需存储空间的量度，记为：$S(n) = O(f(n))$，其中 n 为问题的规模。一个程序上机执行时，除了需要存储空间来存放本身所用的指令、常数、变量和输入数据以外，还需要一些对数据进行操作的工作单元和实现算法所必需的辅助空间。在进行时间复杂度分析时，如果所占空间量依赖于特定的输入，一般都按最坏情况来分析。

1.5 数据结构中用到的部分 C 语言相关知识点

1.5.1 数组

数组在 C 语言中属于构造数据类型，除此之外，在 C 语言中还存在其他构造数据类型(结构体、共用体)。

1. 数组的概念

数组是一种数据结构，处于这种结构中的变量具有相同的性质，并按一定的顺序排列，C

数组中每个分量称为数组元素,每个元素都有一定的位置,所处的位置用下标来表示。即数组的特点是:数组元素排列有序且数据类型相同。

例如:int data[10],a[3][4],sum[3][6][5]。其中:

(1)data,a,sum 称为数组名,它们是由用户定义的标识符。

(2)带有一个方括号的称为一维数组,带有两个以上方括号的分别称为二维数组、三维数组等。二维及二维以上的数组统称为多维数组。

(3)数组的元素必须是同一类型,它们是在数组说明时规定的。数组的类型可以是基本数据类型,也可以是构造数据类型。

(4)一维数组 data 共有 10 个元素,分别是从 data[0]到 data[9],方括号中的下标表示该数组元素在数组中的相对位置。数组元素是一个带下标的变量,称为下标变量,一维数组元素用一个下标变量标识。在内存中每个数组元素都分配一个存储单元,同一数组的元素在内存中连续存放,占有连续的存储单元。存储数组元素时是按其下标递增的顺序存储各元素的值。下标是整型常量或整型变量,并且从 0 开始。

(5)数组名表示数组存储区域的首地址,数组的首地址也就是第一个元素的地址。数组名是一个地址常量,不能向它赋值。

(6)数组与基本类型变量一样,也具有数据类型和存储类型。数组的类型就是它所有元素的类型。

2. 一维数组

(1)一维数组的定义:

类型说明符 数组名[常量表达式];

例如:int a[10];

9	8	7	6	5	4	3	2	1	0
a[0]	a[1]	a[2]	a[3]	a[4]	a[5]	a[6]	a[7]	a[8]	a[9]

(2)一维数组的初始化:

· 在定义数组时对数组元素赋以初值。例如:int a[10]={0,1,2,3,4,5,6,7,8,9};

· 只给一部分元素赋值。例如:int a[10]={0,1,2,3,4};

· 在对全部数组元素赋初值时,可以不指定数组长度。例如:int a[1]={1,2,3,4};

(3)一维数组元素的引用。数组元素是变量,所以必须先定义数组后才能引用。但是,它与基本类型变量不同,对整个数组不能引用,只能引用数组中的某一个元素。

数组元素的表示形式为:数组名[下标];

(4)一维数组的应用:

【例 1-9】 用选择法对数组 s 从小到大排序。

解 选择法基本思想:假设有 n 个数据要排序,每次选出 1 个满足条件的,经过 $n-1$ 次就选好了 $n-1$ 个数据,而剩下的最后一个数自然排好了,所以 n 个数排序共需要 $n-1$ 步。

```
# include "stdio. h"
# define N 9
void main( )
{   int s[N]={7,5,3,4,2,6,1,9,8},j,k,m;
    for(j=0;j<N-1;j++)          //控制排序总步骤为 n-1 步
```

```
        for(k=j+1;k<N;k++)        //把 s[j]～s[n-1]间的最小数交换到 s[j]处
            if(s[j]>s[k])
            { m=s[j]; s[j]=s[k]; s[k]=m; }
        printf("排序后的数据:\n");
    for(j=0;j<N;j++) printf("%3d",s[j]); putchar('\n');
}
```

程序运行结果如图 1-9 所示。

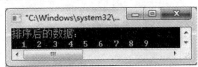

图 1-9　选择法排序

3. 二维数组

(1)二维数组的定义。二维数组定义的一般形式为:

类型说明符 数组名[常量表达式][常量表达式];

例如:定义二维数组为 3×4(3 行 4 列)的数组,二维数组为 5×10(5 行 10 列)的数组的形式为:int a[3][4],b[5][10]。

(2)二维数组的初始化:

· 分行给二维数组赋初值。例如:int a[3][4]={{1,2,3,4},{5,6,7,8},{9,10,11,12}};
· 可以将所有数据写在一个花括号内,按数组元素排列的顺序对各元素赋初值。例如:
　int a[3][4]={1,2,3,4,5,6,7,8,9,10,11,12};
· 可以对部分元素赋初值。例如:int a[3][4]={{1},{2},{3}};
· 如果对全部元素都赋初值,则定义数组时对第一维的长度可以不指定,但第二维的长度不能省。例如:int a[3][4]={1,2,3,4,5,6,7,8,9,10,11,12};它等价于:int a[][4]=
　{1,2,3,4,5,6,7,8,9,10,11,12};

(3)二维数组元素的引用。二维数组元素的表示形式为:数组名[下标][下标];

例如:a[2][3];

(4)二维数组的应用:

【例 1-10】　求二维数组每行元素的平均值。

```
#include<stdio.h>
void main()
{   int score[3][3]={ {85,90,65},{70,85,95},{90,80,85} };
    int i,j,sum;
    float aver;
    for(i=0;i<3;i++)
    { sum=0;//每行求和前赋初值 0
        for(j=0;j<3;j++) sum+=score[i][j];
        aver=sum/3.0;
        printf("%5.2f\n",aver);
    }
}
```

程序运行结果如图 1-10 所示。

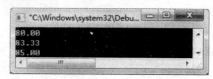

图 1-10　求二维数组每行元素的平均值

1.5.2　指针

1.指针与指针变量的概念

指针和地址描述的是同一个内容,一个指针是一个地址,是一个常量,是变量在内存中的地址。

指针变量是变量,用来存放变量的指针(地址)。

2.指针变量的定义

类型标识符 * 变量名;

类型标识符是定义指针变量的基类型,给出指针变量对应存储单元所存放的数据的类型,一般用"指向"这个词来说明这种关系,即类型标识符给出指针所指向的变量的数据类型,可以是简单类型,也可以是复杂类型。用" * "表示定义的是指针变量,不是普通变量。变量标识符给出的是指针变量名。

例如:int * p1, * p2, * p3;　　定义指向整型数据的指针变量 p1,p2,p3。

3.指针运算符

(1)取地址运算符 &。它是单目运算符,其结合性为自右至左,其功能是取变量的地址。

(2)取内容运算符 * 。它是单目运算符,其结合性为自右至左,用来表示指针变量所指的变量。在 * 运算符之后跟的变量必须是指针变量。需要注意的是指针运算符 * 和指针变量说明中的指针说明符 * 不是一回事。在指针变量说明中,"*"是类型说明符,表示其后的变量是指针类型。而表达式中出现的"*"则是一个运算符用以表示指针变量所指的变量。

int a=5, * p=&a;表示指针变量指向变量 a 的内存单元。

4.指针变量的引用

利用指针变量,是提供对变量的一种间接访问形式。对指针变量的引用形式为:

* 指针变量;

其含义是获取指针变量所指向的内存单元的值。

5.指针变量作函数参数

函数的参数不仅可以是整型、实型、字符型等数据,还可以是指针类型。若指针变量作形参,函数调用时实指针变量成地址。

【例 1-11】 输入 a,b,c 三个整数,按大小顺序输出。

```
void swap (int * pt1,int * pt2)
{    int temp;
    temp= * pt1;
    * pt1= * pt2;
    * pt2=temp;
```

```
}
void change (int ＊q1,int ＊q2,int ＊q3)
{   if(＊q1＜＊q2) swap(q1,q2);
    if(＊q1＜＊q3) swap(q1,q3);
    if(＊q2＜＊q3) swap(q2,q3);
}
main( )
{   int a,b,c,＊p1,＊p2,＊p3;
    printf("请输入排序前序列");
    scanf("%d,%d,%d",&a,&b,&c);
    p1＝&a;p2＝&b;p3＝&c;
    change(p1,p2,p3);
    printf("排序后序列为:");
    printf("\n%d,%d,%d\n",a,b,c);
}
```

程序运行结果如图 1－11 所示。

图 1－11　利用指针作函数参数

1.5.3　结构体

1.结构体的概念

一个学生的学号、姓名、性别、年龄、成绩、家庭地址等项都与该学生相联系,C 语言没有提供这种现成的数据类型,假设程序中要用到这种数据结构,用户就必须要在程序中建立所需的结构体类型。

2.结构体的声明

声明一个结构体类型的一般形式为:

```
struct 结构体名
{成员表列};
```

"结构体名"用作结构体类型的标志,它又称"结构体标记"(structure tag)。上面的结构体声明中 student 就是结构体名。大括号内是该结构体中的各个成员,由它们组成一个结构体。

例如:声明一个结构体。

```
struct student
        {   int num;
            char name[20];
            char sex;
            int age;
            float score;
            char addr[30];
```

} ;

3.结构体变量的定义

·先声明结构体类型再定义变量名,如上面已定义了一个结构体类型 struct student,可以用它来定义变量。如:struct student student1,student2;

·在声明类型的同时定义变量。例如

struct student

{int num;

char name[20];

char sex;

int age;

float score;

char addr[30];

}student1,student2;

·直接定义结构类型变量。其一般形式为:

struct

{

成员表列

}变量名表列;

即不出现结构体名。

4.结构体变量的引用

·不能将一个结构体变量作为一个整体进行输入和输出。只能对结构体变量中的各个成员分别进行输入和输出。引用结构体变量中成员的方式为:结构体变量名.成员名;“.”是成员(分量)运算符,它在所有的运算符中优先级最高。

·如果成员本身又属一个结构体类型,则要用若干个成员运算符,一级一级地找到最低的一级的成员。只能对最低级的成员进行赋值或存取以及运算。

·对结构体变量的成员可以像普通变量一样进行各种运算(根据其类型决定可以进行的运算)。

1.5.4 用 typedef 定义类型

C 语言中除了系统定义的标准类型(如 int,char,long,double 等)和用户自己定义的结构和联合等类型之外,还可以用类型说明语句 typedef 定义新的类型来代替已有的类型。

typedef 语句的一般形式是:

typedef 已定义的类型 新的类型

例如:typedef int INTEGER;

typedef float REAL;

1.5.5 常用系统函数

(1)malloc(长度)函数用来在堆中申请内存空间。malloc(长度)函数是在内存的动态存储区中分配一定长度的连续空间。其参数是一个无符号整型数,返回一个指向所分配的连续存储域的起始地址的指针。当函数未能成功分配存储空间时(如内存不足)则返回一个

NULL 指针。

malloc(长度)函数的语法是:指针变量=(数据类型 *)malloc(长度);其中(数据类型 *)表示指针。

(2)free()函数释放原先申请的内存空间。

free()函数的语法是:free(指针变量);

使用这两个函数必须包含头文件 stdlib. h。

1.6 C 基础知识实训

1.6.1 【问题描述】 输出 Fibonacci 数列的前 20 项。

【C 语言源程序】

```
#include<stdio. h>
void main()
{
    int i;
    int f[20]={1,1};
    for(i=2;i<20;i++)
    f[i]=f[i-2]+f[i-1];
    for(i=0;i<20;i++)
    {
        if(i%5==0)printf("\n");
        printf("%12d",f[i]);
    }
    printf("\n");
}
```

程序运行结果如图 1-12 所示。

图 1-12 Fibonacci 数列前 20 项

1.6.2 【问题描述】 利用顺序查找,在给定的数据中查找一个数据是否存在,若存在,输出元素位置,否则输出不存在的信息。

【C 语言源程序】

```
#include<stdio. h>
void main()
{
    int a[10],i,j;
    int N=10;
    printf("\n please a array\n");
```

```
for (i=0;i<10;i++)
scanf("%d",&a[i]);
printf("\n please input j\n");
scanf("%d",&j);
for(i=0;i<10&&a[i]! =j;i++)
;
if(i>=N)
    printf("not found\n");
else
    printf("found%d\n",i);
}
```

程序运行结果如图 1-13 所示。

图 1-13　输出查找结果

本 章 小 结

（1）本章重点掌握的内容是数据结构的基本概念、基本知识及 C 语言相关知识点的回顾。

（2）涉及的重要基本概念有数据、数据元素、数据结构、数据的逻辑及结构、数据的存储结构、抽象数据类型、算法及算法分析。

（3）数据的逻辑结构包括集合、线性结构、树形结构、图形结构 4 种类型。

（4）数据的存储结构包括顺序存储、链式存储、索引存储、散列存储 4 种。

（5）算法具有有穷性、确定性、可行性、输入、输出等特性。

（6）一个好的算法应该达到正确性、可读性、健壮性、高效性和低存储量等目标。

（7）算法的时间复杂度是指算法中包含简单操作次数的多少。一般只要大致计算出相应的数量级即可；一个算法的空间复杂度是指程序运行从开始到结束所需的存储量。

（8）算法的时间复杂度和空间复杂度是衡量算法效率的指标。

课 后 习 题

一、判断题(下列各题,正确的请在前面的括号内打√;错误的打×)

（1）数据的逻辑结构与数据元素本身的内容和形式无关。　　　　　　　　　　　　（　　）

（2）一个数据结构是由一个逻辑结构和这个逻辑结构上的一个基本运算集构成的整体。

　　　　　　　　　　　　　　　　　　　　　　　　　　　　　　　　　　　（　　）

（3）数据元素是数据的最小单位。　　　　　　　　　　　　　　　　　　　　　　（　　）

(4)数据的逻辑结构和数据的存储结构是相同的。 （ ）

(5)程序和算法原则上没有区别,所以在讨论数据结构时可以通用。 （ ）

(6)从逻辑关系上讲,数据结构主要分为线性结构和非线性结构两类。 （ ）

(7)数据的存储结构是数据的逻辑结构的存储映像。 （ ）

(8)数据的物理结构是指数据在计算机内实际的存储形式。 （ ）

(9)数据的逻辑结构是依赖于计算机的。 （ ）

(10)算法是对解题方法和步骤的描述。 （ ）

二、填空题

(1)数据有逻辑结构和_____两种结构。

(2)数据逻辑结构除了集合以外,还包括:线性结构、树形结构和_____。

(3)数据结构按逻辑结构可分为两大类,它们是线性结构和_____。

(4)_____和_____合称为非线性结构。

(5)在树形结构中,除了树根结点以外,其余每个结点只有_____个前趋结点。

(6)在图形结构中,每个结点的前趋结点数和后续结点数可以_____。

(7)数据的存储结构又叫_____。

(8)数据的存储结构形式包括:顺序存储、链式存储、索引存储和_____。

(9)线性结构中的元素之间存在_____的关系。

(10)树形结构结构中的元素之间存在_____的关系,

(11)图形结构的元素之间存在_____的关系。

(12)数据结构主要研究数据的逻辑结构、存储结构和_____三个方面的内容。

(13)数据结构被定义为(D,R),其中 D 是数据的有限集合,R 是 D 上的_____的有限集合。

(14)算法是一个_____的集合。

(15)一个算法的时间复杂性是算法_____的函数。

(16)若一个算法中的语句频度之和为 $T(n)=6n+3n1bn$,则算法的时间复杂度为_____。

(17)若一个算法中的语句频度之和为 $T(n)=3n+n1bn+n^2$,则算法的时间复杂度为_____。

(18)评价算法性能优劣的两个重要指标是_____和_____。

(19)算法的五个重要特性是_____、_____、_____、_____和_____。

(20)数据结构是一门研究非数值计算的程序设计问题中计算机的_____,以及它们之间的关系和运算的学科。

三、选择题

(1)数据结构通常是研究数据的( )及它们之间的相互联系。

A.存储结构和逻辑结构 B.存储和抽象 C.联系和抽象 D.联系与逻辑

(2)在逻辑上可以把数据结构分成:( )。

A.动态结构和静态结构 B.紧凑结构和非紧凑结构

C.线性结构和非线性结构 D.内部结构和外部结构

(3)数据在计算机存储器内表示时,物理地址和逻辑地址相同并且是连续的,称之为（　　）。

A.存储结构　　　　　　B.逻辑结构　　　　　C.顺序存储结构　　D.链式存储结构

(4)非线性结构中的每个结点（　　）。

A.无直接前趋结点

B.无直接后继结点

C.只有一个直接前趋结点和一个直接后继结点

D.可能有多个直接前趋结点和多个直接后继结点

(5)链式存储的存储结构所占存储空间（　　）。

A.分两部分,一部分存放结点的值,另一部分存放表示结点间关系的指针

B.只有一部分,存放结点的值

C.只有一部分,存储表示结点间关系的指针

D.分两部分,一部分存放结点的值,另一部分存放结点所占单元素

(6)算法的计算量大小称为算法的（　　）。

A.现实性　　　　　　　B.难度　　　　　　　C.时间复杂性　　　D.效率

(7)数据的基本单位是（　　）。

A.数据结构　　　　　　B.数据元素　　　　　C.数据项　　　　　D.文件

(8)每个结点只含有一个数据元素,所有存储结点相继存放在一个连续的存储区里,这种存储结构称为（　　）结构。

A.顺序存储　　　　　　B.链式存储　　　　　C.索引存储　　　　D.散列存储

(9)每一个存储结点不仅含有一个数据元素,还包含一组指针,该存储方式是（　　）存储方式。

A.顺序　　　　　　　　B.链式　　　　　　　C.索引　　　　　　D.散列

(10)以下任何两个结点之间都没有逻辑关系的是（　　）。

A.图形结构　　　　　　B.线性结构　　　　　C.树形结构　　　　D.集合

(11)在数据结构中,与所使用的计算机无关的是（　　）。

A.物理结构　　　　　　B.存储结构　　　　　C.逻辑结构　　　　D.逻辑和存储结构

(12)下列四种基本逻辑结构中,数据元素之间关系最弱的是（　　）。

A.集合　　　　　　　　B.线性结构　　　　　C.树形结构　　　　D.图形结构

(13)与数据元素本身的形式、内容、相对位置、个数无关的是数据的（　　）。

A.逻辑结构　　　　　　B.存储结构　　　　　C.逻辑实现　　　　D.存储实现

(14)每一个存储结点只含有一个数据元素,存储结点存放在连续的存储空间,另外有一组指明结点存储位置的表,该存储方式是（　　）存储方式。

A.顺序　　　　　　　　B.链式　　　　　　　C.索引　　　　　　D.散列

(15)算法能正确地实现预定功能的特性称为算法的（　　）。

A.正确性　　　　　　　B.易读性　　　　　　C.健壮性　　　　　D.高效性

(16)算法在发生非法操作时可以作出处理的特性称为算法的（　　）。

A.正确性　　　　　　　B.易读性　　　　　　C.健壮性　　　　　D.高效性

(17)下列时间复杂度中最坏的是（　　）。

A.$O(1)$　　　　　　　B.$O(n)$　　　　　　C.$O(1bn)$　　　　D.$O(n^2)$

(18)下列算法的时间复杂度是( )。

```
for  (i=0;i<n;i++)
  for  (j=0;j<n;j++)
    c[i][j]=i+j;
```

A. O(1)　　　　　　　B. O(n)　　　　C. O(1bn)　　　　D. O(n^2)

(19)算法分析的两个主要方面是( )。

A. 空间复杂性和时间复杂性　　　　B. 正确性和简明性

C. 可读性和文档性　　　　　　　　D. 数据复杂性和程序复杂性

(20)计算机算法必须具备输入、输出和( )。

A. 计算方法　　　　　　　　　　　B. 排序方法

C. 解决问题的有限运算步骤　　　　D. 程序设计方法

四、分析下面各程序段的时间复杂度

```
(1)for (i=0;i<m;i++)
       for (j=0;j<n;j++)
           B[i][j]
```

```
(2)s=0;
     for (i=0;i<n;i++)
       for (j=0;j<n;j++)
         s+=B[i][j];
       sum=s;
```

```
(3)s1(int n)
     {  int p=1,s=0;
     for (i=1;i<=n;i++)
       {  p*=i;s+=p;  }
     return(s);
     }
```

```
(4)s2(int n)
   {  x=0;
     y=0;
     for (k=1;k<=n;k++)
        x++;
     for (i=1;i<=n;i++)
       for (j=1;j<=n;j++)
        y++;
   }
```

五、根据二元组关系,画出对应逻辑图形的草图,并指出它们属于何种数据结构。

(1)A=(D,R),其中:

D={a,b,c,d,e},

R={ }

（2）B=(D,R)，其中：

D={a,b,c,d,e,f}, R={r}

R={<a,b>,<b,c>,<c,d>,<d,e>,<e,f>} （尖括号表示结点之间关系是有向的）

（3）F=(D,R)，其中：

D={50,25,64,57,82,36,75,55}，

R={<50,25>,<50,64>,<25,36>,<64,57>,<64,82>,<57,55>,<57,75>}

（4）C=(D,R)，其中：

D={1,2,3,4,5,6}，

R={(1,2),(2,3),(2,4),(3,4),(3,5),(3,6),(4,5),(4,6)}

（圆括号表示结点之间关系是有向的）

（5）E=(D,R)，其中：

D={a,b,c,d,e,f,g,h}，

R={<d,b>,<d,g>,<d,a>,<b,c>,<g,e>,<g,h>,<e,f>}

第2章 线 性 表

线性表(Linear List)是一种最简单且最常用的数据结构。线性数据结构的特点是,在数据元素的非空有限集合中,除第一个元素和最后一个元素外,集合中其他数据元素均有唯一的直接前驱元素和唯一的直接后继元素。本章将介绍线性表的定义、基本运算、线性表的顺序存储结构和链式存储结构以及在相应存储结构上线性表的运算的实现。

2.1 线性表的定义和基本运算

2.1.1 线性表的定义

线性表是一种线性数据结构,其特点是数据元素之间存在"一对一"的关系。在一个线性表中每个数据元素的类型都是相同的,即线性表是由同一类型的数据元素构成的线性结构。

1. 线性表的定义

线性表是由 $n(n \geqslant 0)$ 个类型相同的数据元素 $a_1, a_2, \cdots, a_n$ 组成的有限序列,数据元素之间是一对一的关系,记作

$$L = (a_1, a_2, \cdots, a_{i-1}, a_i, a_{i+1}, \cdots, a_n)$$

式中,L 是线性表名称,其中 n 为表长,$n=0$ 时称为空表。

a_i 是组成该线性表的数据元素,在线性表中相邻元素之间存在着顺序关系,对于元素 a_i 而言,a_{i-1} 称为 a_i 的直接前驱,a_{i+1} 称为 a_i 的直接后继。也就是说:在线性表中

(1)有且仅有一个开始结点(a_1),它没有直接前驱。

(2)有且仅有一个终端结点(a_n),它没有直接后继。

(3)除了开始结点和终端结点以外,其余的结点都有且仅有一个直接前驱和一个直接后继。

2. 线性表的举例

线性表中的数据元素的具体含义在不同情况下可以不同。例如:

(1)简单的线性表——英文字母表(A,B,…,Z)是一个线性表,表中的数据元素是单个字母。

(2)复杂的线性表——数据元素可由若干数据项组成,如表 2-1 所示。

表 2-1 学生信息表

学 号	姓 名	性 别	出生日期	专 业
10060301001	冯伟	男	1992 - 5 - 9	计算机网络
10060301002	刘苗	女	1993 - 9 - 6	计算机网络
10060302001	张坤	男	1992 - 2 - 8	计算机应用
10060302002	孙朵朵	女	1993 - 12 - 6	计算机应用

综上所述,线性表中的数据元素可以是各种类型,但有以下 3 个共同点:

(1)同一性:同一线性表中的元素必定具有相同特点,即属于同一数据类型。

(2)有穷性:线性表中数据元素的个数是有限的。

(3)有序性:线性表中相邻元素之间存在着序偶关系$<a_i,a_{i+1}>$。

2.1.2 线性表的基本运算

线性表是一种相当灵活且非常简便的数据结构,对线性表中的元素不仅可以进行访问,还可以根据需要改变表的长度,即完成插入和删除操作。常见的线性表的基本运算介绍如下:

1. InitList(L):初始化线性表

初始条件:表不存在。

操作结果:构造一个空的线性表 L。

2. ListLength(L):求表长

初始条件:表存在。

操作结果:对于给定的线性表 L,返回线性表 L 中数据元素的个数,即线性表的表长。

3. LocateElem(L,e):按值查找

初始条件:线性表存在,e 是待查的数据元素。

操作结果:在给定的线性表 L 中查找值为 e 的数据元素,若查找到,则返回该数据元素首次出现在线性表 L 中的位置;若没有查找到,则返回一个特殊值表示查找失败。

4. GetElem(L,i):取数据元素

初始条件:线性表 L 存在,待取元素的位置之正确,$1 \leqslant i \leqslant ListLength(L)$。

操作结果:在给定的线性表 L 中,取其中第 i 个数据元素。

5. InsertList(L,i,e):插入元素

初始条件:线性表 L 存在,插入位置之正确,$1 \leqslant i \leqslant ListLength(L)+1$。

操作结果:在给定的线性表 L 的第 i 个位置上插入一个值为 e 的数据元素,线性表 L 的长度加 1。

6. DeleteList(L,i):删除元素

初始条件:线性表 L 存在,待取元素的位置之正确,$1 \leqslant i \leqslant ListLength(L)$。

操作结果:在给定的线性表 L 中,删除其中第 i 个数据元素。

7. ShowList(L):显示表

初始条件:线性表 L 存在。

操作结果:显示在给定的线性表 L 中的所有元素。

上述运算不是线性表的全部运算,只是给出了一组最基本的运算,在给定实际问题中线性表的运算还有很多,对于实际问题中涉及的复杂运算,可以用基本运算的组合来实现。

上述运算是定义在线性表的逻辑结构上的,此时只要给出这些运算的功能,即它们是"做什么"的,至于"如何做"等实现细节,与线性表具体采用哪种存储结构有关,运算的具体实现是在存储结构上进行的。

在计算机中存储线性表,主要有两种基本的存储结构:顺序存储结构和链式存储结构。下面首先介绍线性表的顺序存储结构及基本运算在其上的实现。

2.2 线性表的顺序存储和实现

2.2.1 顺序表的定义及结构特点

线性表的顺序存储是指一组地址连续的存储单元依次存储线性表的各个数据元素。采用顺序存储结构的线性表称为顺序表(Sequential List),如图 2-1 所示,它的特点是逻辑上相邻的数据元素,其物理位置也相邻,即通过数据元素物理存储的相邻关系来反映数据元素之间逻辑上的相邻关系。

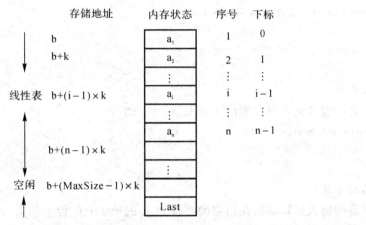

图 2-1 线性表的顺序存储示意图

假设线性表中有 n 个元素,每个元素占 k 个单元,第一个元素的存储地址为 $LOC(a_1)$,称为基地址,相邻两个数据元素的存储地址之间的关系为

$$LOC(a_{i+1}) = LOC(a_i) + k$$

则第 i 个数据元素 a_i 的存储地址计算方法为

$$LOC(a_i) = LOC(a_1) + (i-1)k$$

此公式表明,在顺序表中,每个元素 a_i 的存储地址是该元素在表中位置 i 的线性函数。只要知道基地址和表中每个元素所占存储单元的多少,就可在相同时间内计算出任一数据元素的存储地址,从而实现对顺序表中元素的随机存取,所以,顺序表是一种随机存取结构。

由于高级程序设计语言中的一维数组也采用顺序存储结构表示,故可借一维数组来描述顺序表。除了用一维数组来存储线性表的元素外,还应该用一个变量来表示线性表的长度属性,因此可用结构体类型来定义顺序表类型。将线性表的长度属性和表示顺序表的一维数组封装在一起,如:

```
# define MaxSize 100     //顺序表的最大长度
typedef struct
{   ElemType data[MaxSize];/* ElemTypede 类型可按实际情况而定,data 数组用于存放顺序表中的
元素 */
    int last;             //顺序表中末尾元素的下标
}SeqList;
```

因为 C 语言中数组的下标从 0 开始,所以,请注意区分元素的序号和数组的下标,如 a_1 的序号为 1,而其对应的数组下标为 0。

2.2.2 顺序线性表的基本运算及算法描述

在定义了线性表的存储结构之后,就可以讨论在该存储结构上如何具体实现定义在逻辑结构上的基本运算了。

1. 初始化顺序表

初始化顺序表操作是指构造一个空的顺序表,并为其分配存储空间,其算法描述如下:

```
SeqList * InitList(SeqList * L)
{  L=(SeqList * )malloc(sizeof(SeqList));
   L->last=-1;
   return L;
}
```

2. 求表长

顺序表的表长是末尾元素的下标 last+1。如:

```
int ListLength(SeqList * L)
{   return L->last+1;
}
```

3. 插入运算

顺序表的插入运算是指在给定的线性表 L 的第 i 个位置上插入一个值为 e 的数据元素,顺序表 L 的长度加 1。顺序表插入节点运算的步骤如下:

(1)判断表是否满并且判断插入的位置是否正确,正确的插入位置应该满足 $1 \leqslant i \leqslant ListLength(L)+1$。

(2)将 $a_n \sim a_i$ 之间的所有结点后移,空出第 i 个位置。

(3)将新结点 e 插入到第 i 个位置。

(4)修改表的长度,末尾元素的下标增 1。

```
int   InsList(SeqList * L,int i,ElenType e)
{ int j;
  printf("\n对顺序表进行插入操作\n");
  if  (L->last==MAXLEN-1)
  { printf ("顺序表已满!");
  return(-1);              //表满,不能插入
  }
  if  (i<1 || i>(L->last+1)+1)    //检查给定的插入位置的正确性
    { printf ("位置出错!");  return(0); }
  for(j=L->last;j>=i-1;j--)          //结点移动
  L->data[j+1]=L->data[j];
  L->data[i-1]=e;
  L->last++;     //last 仍指向最后元素
  return (1);
}
```

要注意的问题是：

(1)顺序表中数据区域有 MAXLEN 个存储单元,所以在插入时先检查顺序表是否已满,在表满的情况下不能再做插入,否则产生溢出错误。

(2)检验插入位置的有效性,这里 i 的有效范围是 $1 \leqslant i \leqslant n+1$,其中 n 为原表长。

(3)注意数据的移动方向,必须从原线性表最后一个结点(a_n)起往后移动,如图 2-2 所示。

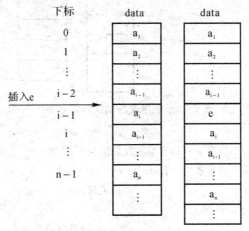

图 2-2　顺序表的插入运算示意图

(4)插入算法的时间性能分析如下:顺序表上的插入运算,时间主要消耗在数据的移动上,在第 i 个位置上插入 e,从 a_i 到 a_n 都要向下移动一个位置,共需要移动 $n-i+1$ 个元素,而 i 的取值范围为 $1 \leqslant i \leqslant n+1$,即有 $n+1$ 个位置可以插入。设在第 i 个位置上做插入的概率为 p_i,则平均移动数据元素的次数为

$$E_{in} = \sum_{i=1}^{n+1} p_i(n-i+1)$$

设 $p_i = 1/(n+1)$,即为等概率情况,则

$$E_{in} = \sum_{i=1}^{n+1} p_i(n-i+1) = \frac{1}{n+1} \sum_{i=1}^{n+1}(n-i+1) = \frac{n}{2}$$

这说明:在顺序表上做插入操作需移动表中一半的数据元素。显然时间复杂度为 O(n)。

4.删除运算

顺序表的删除运算是指将给定的线性表 L 中的第 i 个元素从线性表中去掉,删除后使顺序表 L 的长度减 1。顺序表删除结点运算的步骤如下(见图 2-3):

(1)判断表是否空并且判断删除的位置是否正确,正确的删除位置应该满足 $1 \leqslant i \leqslant$ List-Length(L)。

(2)将 $a_{i+1} \sim a_n$ 之间的结点依次顺序向上移动。

(3)修改表的长度,末尾元素的下标减 1。

(5)算法描述:

```
intDeleteList (SeqList * L,int i)
{   int  j;
    if(L->last == -1)
```

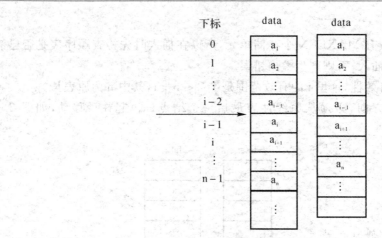

图 2-3　顺序表的删除运算示意图

```
        return(0);
    if(i<1 || i>L->last+1)          //检查空表及删除位置的合法性
        { printf ("不存在第 i 个元素"); return(0); }
    for(j=i;j<=L->last;j++)                //向上移动
      L->data[j-1]=L->data[j];
      L->last--;                           //last 仍指向最后元素
    return(1);                       //删除成功
}
```

(6)要注意的问题是:

· 首先要检查删除位置的有效性,删除第 i 个元素,i 的取值为 $1 \leqslant i \leqslant n$。

· 当表空时不能做删除,因表空时 $L->last$ 的值为 -1,条件($i<1$ || $i>L->last+1$) 也包括了对表空的检查。

· 在删除 a_i 之后,该数据则已不存在,如果需要,必须先取出 a_i,再将其删除,如图 2-3 所示。

· 删除算法的时间性能分析如下:与插入运算相同,其时间主要消耗在了移动表中元素上,删除第 i 个元素时,其后面的元素 $a_{i+1} \sim a_n$ 都要向上移动一个位置,共移动了 $n-i$ 个元素,所以平均移动数据元素的次数为

$$E_{de} = \sum_{i=1}^{n} p_i(n-1)$$

在等概率情况下,$p_i=1/n$,则

$$E_{de} = \sum_{i=1}^{n} p_i(n-1) = \frac{1}{n} \sum_{i=1}^{n+1} (n-i) = \frac{n-1}{2}$$

这说明顺序表上做删除运算时大约需要移动表中一半的元素,显然该算法的时间复杂度为 $O(n)$。

2.3　线性表的链式存储和实现

线性表的顺序存储结构有很多优点,例如可方便地随机存取表中的任一元素,但也有自身

的缺点。例如:

(1)元素的插入和删除需要移动大量的元素。

(2)在给长度变化较大的线性表预先分配空间时必须按最大空间分配,使得存储空间不能得到充分利用。

(3)表的容量难以扩充。

(4)对表进行插入操作前要判断表是否已满。

为了克服这些缺点,可以采用链式存储结构来对表进行存储。

本节介绍的线性表链式存储结构,是通过"链",建立数据元素之间的逻辑关系。链式存储的线性表在进行元素的插入和删除操作时不再需要移动数据元素,但顺序表随机存储的优点也随之失去了。

采用链式存储结构的表称为链表(Linked List)。链式存储是最常用的存储方式之一,它不仅可用来表示线性表,而且可用来表示各种非线性的数据结构,在以后的章节中将反复使用到这种存储方式。

链表可分为单链表、循环链表和双链表。下面先讨论单链表。

2.3.1 单链表的定义及结构特点

(1)链式存储结构用一组任意的存储单元依次存储线性表中的元素。这组存储单元可以是连续的,也可以是不连续的,甚至是零散分布在内存的任何位置上的。因此,为反映出各元素在线性表中的逻辑关系,对每个数据元素来说,除了存储其本身的信息之外,还需存储一个指示器直接后继元素的信息(即指示器直接后继的存储位置)。这两部分信息构成了数据元素的存储结构,称为结点(Node),如图 2-4 所示为单链表的结点结构。

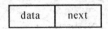

图 2-4 单链表结点结构

(2)结点包括两个域:存储数据元素的域称为数据域 data,存储直接后继存储位置的域称为指针域 next,链表正是通过每个指针域将线性表的 n 个结点按其逻辑顺序链接在一起的。n 个结点链接成一个链表,即为线性表的的链式存储结构,链表中每个结点只包含一个指针域,这样的链表称为线性链表或单链表。

(3)单链表的的存取必须从头指针开始。由于单链表中的每个结点的存储地址是存放在其前驱结点的的指针域 next 中,并且第一个结点没有前驱结点,因而设一个头指针 head 指向第一个结点。同时,由于表中最后一个结点没有直接后继,则指定线性表中最后一个结点的指针域为"空",即 NULL(图中也可以使用∧)。

【例 2-1】 线性表(bat,cat,eat,fat,hat,jat,lat,mat)的单链表存储结构如图 2-5 所示单链表示意图。

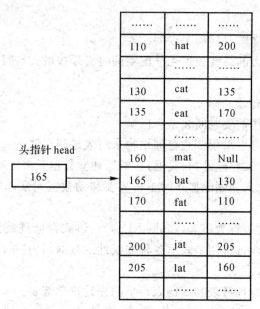

......	......	......
110	hat	200
	......	......
130	cat	135
135	eat	170
	......	......
160	mat	Null
165	bat	130
170	fat	110
	......	......
200	jat	205
205	lat	160
	......	......

图 2-5 单链表示意图

通常用箭头表示指针域中的指针,于是链表就可以更直观地画成用箭头链接起来的结点序列,如图 2-5 所示的单链表可画成图 2-6 所示的形式。这是因为在使用链表时,关心的只是它所表示的线性表中数据元素之间的逻辑顺序,而不是数据元素在内存中的实际位置。

图 2-6 单链表的逻辑状态

如果线性表为空表,则头指针 head 为空(head==NULL),表长为零。如图 2-7 所示为空链表。

head ∧

图 2-7 空链表

(4)为了操作方便,还可以在单链表的第一个结点之前增加一个结点称为头结点,头结点的类型与链表中其余结点类型一致。头结点是在链表的开始结点之前附设的一个结点;其数据域可以存放表长等附加信息,也可以什么都不存;其指针域存储开始结点的指针。如图2-8所示为带头结点的非空单链表(见图2-8(a))和带头结点的空表(见图2-8(b))。

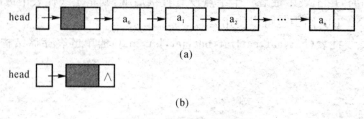

(a)

(b)

图 2-8 带头结点的链表

(5)结点的描述:

```
typedef  struct   Node
{  Elem Type   data;
     struct Node  * next;
}ListNode,* LinkList;
```

2.3.2　单链表的基本运算

下面讨论用单链表作存储结构时,如何实现线性表的几种基本运算。

1.初始化带头结点的单链表

```
ListNode * InitList (ListNode * head)  //建立以 head 为头指针的带头结点的空链表
{  head=(ListNode  * )malloc(sizeof (ListNode));
    ( * head)—>next=NULL;
    return head;
}
```

2.建立单链表

(1)在链表的头部建立线性表的算法。链表与顺序表不同,它是一种动态管理的存储结构,链表中的每个结点占用的存储空间不是预先分配的,而是运行时系统根据需求生成的,因此建立链表从空表开始,每读入一次数据元素则申请一个结点,然后插在链表的头部,如图2-9所示。

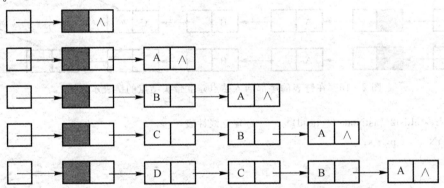

图 2-9　在链表的头部插入结点建立带头结点的链表示意图

```
 void CreateList1(ListNode * head)
//在链表的头部插入结点建立带头结点的链表的算法:
{ListNode * p,* s;
    char x;
    int z=1;
    printf("\n\t\t 建立一个线性表");
    printf("\n\t\t 说明:请逐个输入字符,结束标记为"x"! \n");
    while(z)
{    printf("\t\t 输入:");
      scanf("%c",&x);
      getchar();
```

```
        if(x! = 'x')                  //输入"x"完成建立
    {   s=(ListNode * )malloc(sizeof (ListNode));
        s->data=x;
        s->next=head->next;
        head->next=s;
    }
    else z=0;        //输入循环结束
    }
}
```

（2）在链表的尾部建立线性表的算法。头插入结点建立链表简单,但读入的数据元素的顺序与生成的链表中元素的顺序是相反的,若希望次序一致,则用尾插入的方法。因为插入的新结点总是末尾结点,所以需要有一个指针 p 始终指向链表中的尾结点,以便将新结点插入到链表的尾部,如图 2-10 所示。

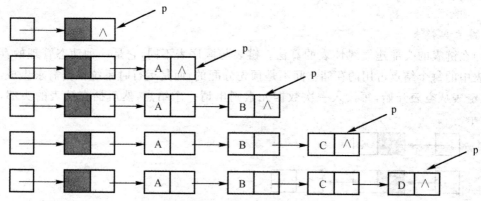

图 2-10　在链表的尾部插入结点建立带头结点的链表示意图

```
void CreateList2(ListNode * head)        //建立线性表
{   ListNode * p, * s;
    char x;
    int z=1;
    p=head;
    printf("\n\t\t 建立一个线性表");
    printf("\n\t\t 说明:请逐个输入字符,结束标记为"x"! \n");
    s=(ListNode * )malloc(sizeof (ListNode));
    p=head;
    while(z)
    {   printf("\t\t 输入:");
        scanf("%c",&x);
        getchar();
        if(x! = 'x')           //输入"x"完成建立
    {   s=(ListNode * )malloc(sizeof (ListNode));
        s->data=x;
        p->next=s;
```

```
        s->next=NULL;
        p=s;
          }
      else z=0;              //输入循环结束
    }
  }
```

算法的时间复杂度：上述两个查找算法的时间复杂度与 while 语句的频度即输入的次数有关，因此，对于长度为 n 的单链表而言，算法的时间复杂度为 O(n)。

3. 求带头结点的链表的表长

算法思路：设 head 是带头结点的线性链表（线性表的长度不包括头结点），设一个移动指针 p 和计数器 n，初始化后，p 所指结点后面若还有结点，p 向后移动，计数器加 1，算法如下：

```
intListLength (ListNode * head)
 { ListNode * p=head;                // p 指向头结点
   int  n=0;
   while (p->next)
   { p=p->next；n++ }                 // p 所指的是第 n 个结点
   return  n;
 }
```

4. 查找结点

（1）在带头结点的链表中按序号查找结点。算法思路：从链表的开始结点开始，判断当前结点是否是第 i 个，若是，则返回该结点的指针，否则继续下一个，直到链表结束。若没有第 i 个结点则返回空。

```
ListNode * SearchList1(ListNode * head, int i)
//在线性链表 L 中查找第 i 个元素结点，找到返回其指针，否则返回空
    { ListNode * p=head;
         int  j=0;
      while (p->next！=NULL&&j<i)
      { p=p->next；  j++; }
        if (j==i)
          return p;
        else
          return NULL；
      }
```

（2）在带头结点的链表中按值查找结点。算法思路：从链表的开始结点开始，判断当前结点其值是否等于 x，若是，则返回该结点的指针，否则继续下一个，直到链表结束。若找不到则返回空。算法如下：

```
ListNode * SearchList2 (ListNode * head,ElemType  x)
    //在带头结点的线性链表 L 中查找值为 x 的结点
    {     ListNode * p=head;
          while (p->next！=NULL&&p->data！=x)
        p=p->next；
      return p;
```

}

算法的时间复杂度:上述两个查找算法的时间复杂度与 while 语句的频度有关,最坏情况为搜索完整个链表,因此,对于长度为 n 的单链表而言,算法的时间复杂度为 O(n)。

5. 插入结点

(1)在查找到的结点前插入新结点。算法思路:要在第 i 个结点之前插入元素 x,必须先找到第 i−1 个结点,这样,才能将第 i−1 个结点的指针修改指向新插入的结点,而新结点的指针指向第 i 个结点,如图 2−11 所示。

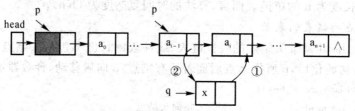

图 2−11　在第 i 个结点前插入新结点

首先要找到第 i 个结点前的一个结点第 i−1 个结点,p 指向该结点,然后完成在 * p 之后插入 * q,设线性链表头指针为 head。操作如下:

①q−>next=p−>next;

②q−>next=q;

注意:两条语句的顺序不能颠倒。

在查找到的结点前插入新结点的算法如下:

```
int InsList(ListNode * head,int i,Elem Type x)
/* 在以 head 为头指针的带头结点的单链表中的第 i 个结点之前插入值为 x 的结点 */
{ ListNode * p, * q;/* p:搜索指针,q:新生成指针 */
    int j =1;
    p=head;
    while(p−>next! =NULL&&j<i−1)/* 寻找第 i−1 个结点 */
    { p=p−>next; j++; }
     if (j! =i−1)
       {  printf("\n 插入位置 i 不合理!");return 0;  }
    q=( ListNode  * ) malloc (sizeof (ListNode) );
     q−>data=x;
     q−>next=p−>next;
     p−>next=q;/* 注意:上面两条语句的次序不能颠倒 */
     return 1;
  }
}
```

前插入操作因为有查找过程,所以时间性能为 O(n)。

(2)在查找到的结点后插入新结点。算法思路:要在第 i 个结点之后插入元素 x,首先要找到第 i 个结点,p 指向该结点,然后完成在 * p 之后插入 * q,设线性链表头指针为 head,如图 2−12所示。

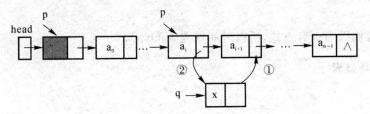

图 2-12　在第 i 个结点后插入新结点

操作如下：

①q->next=p->next;

②q->next=q;

后插入结点操作因为也有查找，所以时间性能为 O(n)。

6. 删除结点

算法思路：要删除第 i 个结点，同样必须找到第 i-1 个结点，指针 p 指向第 i-1 个结点，这样，才能将第 i-1 个结点的指针修改指向第 i+1 个结点，如图 2-13 所示。

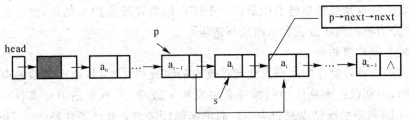

图 2-13　删除第 i 个结点

```
intDeleteList(ListNode * head, int i, Elem Type * x)
/*删除以 head 为头指针的带头结点的单链表中的第 i 个结点*/
 {ListNode * p, * s;
    int j;
    p=head;　j= - 1;
    /*寻找第 i-1 个结点*/
    while (p->next! =NULL && p->next->next! =NULL&&j<i-1)
      { p=p->next;
        j++;
      }
  if (j! =i-1)
    {  printf("\n 删除位置不合理!");
       return 0;
    }
    /*删除*/
    s=p->next;
    * x=s->data;
    p->next=p->next->next;
  free(s);
    return 1;
```

}

删除结点操作因为也有查找,所以时间性能为 O(n)。

2.3.3 循环链表

1. 循环链表

循环链表(Circular Linked List)是另一种形式的链式存储结构,它是一个首尾相接的链表,如图 2-14 所示。

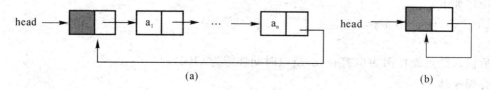

图 2-14 带头结点的单循环链表

循环链表的特点是线性单链表中最后一个结点的指针域指向头结点,整个链表形成一个环,循环链表分为单向循环链表和双向循环链表。

2. 循环链表上的操作

循环单链表的各种操作的实现算法与单链表的实现算法类似,结点类型的声明和非循环链表是一致的,差别仅在于算法中的循环条件发生了改变,单链表的循环条件一般是 p—>next! =NULL(判断后继结点是否为空),而单向循环链表的循环条件是 p—>next! =head (判断后继结点是否为头结点)。下面列举两个循环链表操作的算法示例。

(1)初始化循环链表。

```
void InitList(ListNode * head)
{   head=( ListNode * )malloc(sizeof(ListNode));
    if (head)
    head—>next= head;
}
```

(2)将有两个带头结点的循环单链表 LA,LB,合并为一个循环单链表,其头指针为 LA。算法思路:先找到两个链表的尾,并分别由指针 p,q 指向它们,然后将第一个链表的尾与第二个表的第一个结点链接起来,并修改第二个表的尾 Q,使它的链域指向第一个表的头结点。

```
ListNode * MergeList (ListNode * LA, ListNode * LB)
{   /* 此算法将两个采用头指针的循环单链表的首尾连接起来 */
ListNode * p, * q;
p=LA;
q=LB;
while(p—>next! =LA)/* 找到表 LA 的表尾,用 p 指向它 */
        p=p—>next;
while(q—>next! =LB) /* 找到表 LB 的表尾,用 q 指向它 */
        q=q—>next;
    q—>next=LA;/* 修改表 LB 的尾指针,使之指向表 LA 的头结点 */
    p—>next=LB—>next; /* 修改表 LA 的尾指针,使之指向表 LB 中的第一个结点 */
```

```
    free(LB);
    return(LA);
}
```

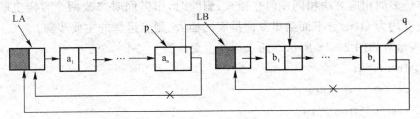

图 2-15　两个单循环链表的连接

2.3.4　双向链表

1. 双向链表的定义

在单向循环链表中，虽然从任一结点出发能找到其直接前驱结点，但时间耗费是 O(n)，若希望从表中快速确定一个结点的直接前驱，可以在单链表的每个结点里再增加一个指向其直接前驱的指针域 prior，这样就形成了链表中有两条方向不同的链，称之为双向链表(Double Linked List)。

双向链表的结点结构如图 2-16 所示。

图 2-16　双向链表的结点结构

2. 双向链表的结构定义

```
typedef struct DNode
{   datatype data;//结点数据
    struct cdlist * front;//指向先前结点的指针
    struct cdlist * rear;   //指向后继结点的指针
} DlistNode;
```

与单链表类似，双向链表一般也是由头指针 head 唯一确定，增加头结点也能使双向链表的某些运算变得方便。同时双向链表也可以是循环的，称为双向循环链表，如图 2-17 所示。

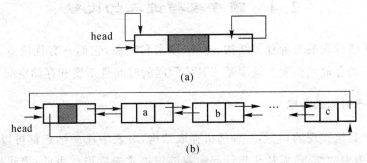

(a)

(b)

图 2-17　双向循环链表图示

(a)空表；　(b)非空表

3.插入、删除运算

在双向链表中,有些操作如求长度、取元素、定位等,因仅需涉及一个方向的指针,故它们的算法与单链表的相应算法相同。但在插入、删除时,则需同时修改两个方向上的指针,两个的时间复杂度均为O(n)。下面给出双向链表的插入、删除运算的主要步骤。

(1)插入运算如图2-18所示。插入运算主要步骤:

①p->front=q;

②p->rear=q->rear;

③q->rear->front=p;

④q->rear=p;

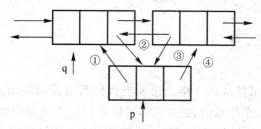

图 2-18 双向链表插入结点 * p

(2)删除运算如图 2-19 所示。删除运算主要步骤:

①p->front->rear=p->rear

②p->rear->front=p->front;

③free(p);

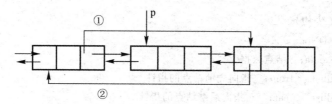

图 2-19 双向链表删除结点 * p

2.4 顺序表与链表的比较

本章介绍了线性表的两种存储结构——顺序表和链表,它们各有优缺点。在实际应用中如何选取线性表的存储结构呢? 这要基于具体问题的时间复杂度和存储空间来考虑。

2.4.1 基于时间的考虑

顺序表是由数组实现的,它是一种随机存取结构,对表中任一结点都可以在O(1)时间内直接存取;而链表中的结点,需从头指针起顺着链扫描才能取得。由此,当线性表的操作主要是进行查找,很少做插入和删除操作时,采用顺序表做存储结构为宜。

在链表中的任何位置上进行插入和删除,都只需要修改指针;而在顺序表中进行插入和删除,平均要移动表中近一半元素,尤其是当每个元素的信息量较大时,移动元素的时间花费就相当可观。因此,对于频繁进行插入和删除的线性表,应采用链表做存储结构。若表的插入和删除主要发生在表的两端,则宜采用尾指针表示的循环单链表。

2.4.2　基于空间的考虑

在链表中的每个结点,除了数据域外,还要额外设置指针域以表示元素之间的逻辑关系。从存储密度来讲,这是不经济的。所谓存储密度(Storase Density)是指结点数据本身所占的存储和整个结点结构所占的存储总量之比,即

$$存储密度＝结点数据本身所占的存储量/结点结构所占的存储总量$$

一般地,存储密度越大,存储空间的利用率越高。显然,顺序表的存储密度为1,而链表的存储密度小于1。例如,若单链表的结点数据均为整数,指针所占空间和整型量相同,则单链表的存储密度为 50%。若不考虑顺序表中的空闲区,则顺序表的存储空间利用率为 100%。顺序表的存储空间是静态分配的,在程序执行之前必须明确规定它的存储规模。若线性表的长度 n 变化较大,则存储规模难以预先确定。估计过大将造成空间浪费,估计过小又将使空间溢出的机会增多。因此,当线性表的长度变化较大、难以估计其存储规模时,以采用动态链表作为存储结构为好。由此可知,①当线性表的长度变化不大、易于确定其存储控件大小时,为了节约存储空间,宜采用顺序表作为存储结构;②当线性表的长度变化较大、难以估计其存储规模时,宜采用动态链表作为存储结构。

2.5　线性表实训

2.5.1　一元多项式求和

1. 问题描述

已知 n 阶多项式 An(x)和 m 阶多项式 Bm(x)(设 n＞m),求它们的和 Cn(x)。

$An(x)＝100x^6＋60x^4＋8x^1＋31$

$Bm(x)＝9x^5＋x^2$

2. 算法分析

(1)一元 n 阶多项式 An(x)可以按升幂表示为

$$An(x)＝a_0＋a_1x＋a_2x^2＋\cdots＋a_nx^n$$

它由 n＋1 个系数唯一确定。因此,可用一个线性表来表示一元 n 阶多项式的系数:

$$A＝(a_0＋a_1＋a_2＋\cdots＋a_n)$$

(2)分别将多项式 An(x)和 Bm(x)的系数存放在两个顺序表中,将两个顺序表中下标相同的系数相加,并将相加所得系数保存在第三个顺序表中。

(3)可用顺序表存储多项式的系数,多项式对应的结点的数据类型定义如下:

```
typedef  struct
{ int  data[MAXLEN];
    int  last;
```

```
} Seqlist;
```

3.算法实现

```
#include<stdio. h>
#include<stdlib. h>
#define  MAXLEN  100
typedef   struct
{    int   data[MAXLEN];
     int   last;
}  seqlist;
seqlist  *  InitList ()
{    seqlist  * p;
     p=(seqlist  * )malloc(sizeof(seqlist));
     p->last=-1;
     return p;
}
seqlist  *  input(seqlist * p,int i)
{    printf("请按照多项式 X 的升幂的顺序输入系数:\n");
     printf("输入数据空格间隔! \n");
     while(p->last+1<i)
      {
         scanf("%d",&p->data[p->last+1]);
         p->last++;
      }
     return p;
}
void  sum(seqlist * p1,seqlist * p2,seqlist  * p3)
{  int i,max;
   if(p1->last >=p2->last)
    max=p1->last ;
   else
   max=p2->last ;
   for(i=0;i<=max;i++)
   {   p3->data[++(p3->last)]=p1->data[i]+p2->data[i];
    }
}
void  output(seqlist  * p)
{  int a;
   printf("两个多项式的和系数分别为(升幂排列)\n");
   for(a=p->last;a>=0;a--)
   printf("%dx%d+",p->data[a],a);
printf("\n");
}
int  main()
```

```
{       seqlist  * p1 , * p2 , * p3 ;
        int  x,y;
        p1=  InitList ();
        p2=  InitList ();
        p3=  InitList ();
        printf("请输入第一个多项式项数:\n");
        scanf("%d",&x);
        printf("请输入第二个多项式项数:\n");
        scanf("%d",&y);
        x=x>y? x:y;
        p1=input(p1,x);
        p2=input(p2,x);
        output(p1);
        output(p2);
        sum(p1,p2,p3);
        output(p3);
}
```

程序运行结果如图 2-20 所示。

图 2-20　一元多项式求和运行结果

2.5.2　约瑟夫环问题

1.问题描述

有 N 个人围成一圈,从某一个开始报数,报到 M 的人退出,并由其他人填补空位,继续重头开始报数,报到 M 的人退出……如此下去,要求输出离开环的顺序。

2.算法分析

先构造一个由 N(由输入数决定)个结点构成的单循环链表,以链表首指针指向的结点为 1 开始计数,计到 M 时,对应结点从链表中删除,然后再以被删除结点的下一结点为 1 开始计数,重复上述过程,直到最后一个结点从链表中删除。

3.算法实现

#include <stdlib. h>

```
#include <stdio. h>
typedef struct node
{  int data;
   struct node *next;
}LNode;


main()
{  LNode * Create(int,int);
   LNode * GetNode(LNode *);
   int Print(LNode *,int);
   LNode *p;
   int n,k,m;
   do
   {   printf ("输入总人数");
       scanf ("%d",&n);
   }while (n<=0);
do
{
   printf ("输入开始人的序号(1~%d)",n);
   scanf ("%d",&k);
}while (k<=0 || k>n);
do
{  printf ("输入间隔数字");
   scanf ("%d",&m);
}while(m<=0);
p=Create(n,k);
Print(p,m);
return 0;
};


LNode * Create(int n,int k)/* 创建循环链表 */
{  int start=k-1;
   LNode *s,*p,*L=0,*t;
   if (start==0) start=n;
   while (n! =0)
{  s=(LNode *)malloc(sizeof(LNode));
   if (L==0) p=s;
   if (n==start) t=s;
   s->data=n;
   s->next=L;
   L=s;
   n--;
}
```

```
p->next=L;
return t;
}
LNode * GetNode(LNode * p)/* 出队函数 */
{   LNode * q;
    for (q=p;q->next!=p;q=q->next);
    q->next=p->next;
    free (p);
    return (q);
}
Print(LNode * p,int m)/* 输出函数 */
{   int i;
    printf ("出队编号:\n");
    while (p->next!=p)
{   for (i=1;i<=m;i++)
    p=p->next;
    printf ("%d ",p->data);
    p=GetNode(p);
}
printf("%d\n",p->data);
return 0;
}
```

程序运行结果如图 2-21 所示。

图 2-21 约瑟夫环运行结果

本 章 小 结

(1)线性表是一种最简单的数据结构,数据元素之间存在着一对一的关系。其存储方法通常采用顺序存储和链式存储。

(2)线性表的顺序存储结构采用结构体的形式声明,它含有两个域。一个整型的长度域,用以存放表中元素的个数;另一个数组域,用来存放元素,其类型可以根据需要而定。顺序存储的最大优点是可以随机存取,且存储空间比较节约,而缺点是表的扩充困难,插入、删除要做大量的元素移动。

(3)线性表的链式存储是通过结点之间的链接而得到的。根据链接方式又可以分为单链表、双链表和循环链表等。

（4）单链表中的结点由一个数据域（data）和一个指针域（next）组成，数据域用来存放结点的信息；指针域指出表中下一个结点的地址。在单链表中，只能从某个结点出发找它的后继结点。单链表最大的优点是表的扩充容易，插入和删除操作方便，而缺点是存储空间比较浪费。

（5）双链表由一个数据域（data）和两个指针域（prior 和 next）组成，它的优点是既能找到结点的前驱，又能找到结点的后继。

（6）循环链表是最后一个结点的指针指向头结点（或开始结点）的地址，形成一个首尾链接的环。利用循环链表将使某些运算比单链表更方便。

课 后 习 题

一、判断题（下列各题，正确的请在前面的括号内打√；错误的打×）

1．取线性表的第 i 个元素的时间同 i 的大小有关。　　　　　　　　　　　　　　（　　）

2．线性表的特点是每个元素都有一个前驱和一个后继。　　　　　　　　　　　　（　　）

3．顺序存储方式的优点是存储密度大，且插入、删除运算效率高。　　　　　　　（　　）

4．线性表采用链表存储时，结点的存储空间可以是不连续的。　　　　　　　　　（　　）

5．链表是采用链式存储结构的线性表，进行插入、删除操作时，在链表中比在顺序存储结构中效率高。　　　　　　　　　　　　　　　　　　　　　　　　　　　　　　　　（　　）

6．顺序存储方式只能用于存储线性结构。　　　　　　　　　　　　　　　　　　（　　）

7．顺序存储结构的主要缺点是不利于插入或删除操作。　　　　　　　　　　　　（　　）

8．顺序存储方式插入和删除时效率太低，因此它不如链式存储方式好。　　　　　（　　）

二、填空题

1．线性表 L＝（a1,a2,…,an）用数组表示，假定删除表中任一元素的概率相同，则删除一个元素平均需要移动元素的个数是_____。

2．在单链表中设置头结点的作用是_____。

3．线性表的顺序存储是通过_____来反映元素之间的逻辑关系，而链式存储结构是通过_____来反映元素之间的逻辑关系。

4．当对一个线性表经常进行的是存取操作，而很少进行插入和删除操作时，则采用_____存储结构最节省时间，相反当经常进行插入和删除操作时，则采用_____存储结构最节省时间。

5．对于一个具有 n 个结点的单链表，在已知的结点 ∗p 后插入一个新结点的时间复杂度为_____，在给定值为 x 的结点后插入一个新结点的时间复杂度为_____。

6．对于双向链表，在两个结点之间插入一个新结点需修改的指针共_____个，单链表为_____个。

7．循环单链表的最大优点是_____。

8．若要在一个不带头结点的单链表的首结点 ∗p 结点之前插入一个 ∗s 结点，可执行下列操作：

　　　　　s—＞next＝_____(1)_____；

　　　　　p—＞next＝s；

t=p->data;

p->data=＿＿＿＿(2)＿＿＿＿;

s->data=＿＿＿＿(3)＿＿＿＿;

9. 某线性表采用顺序存储结构,每个元素占据 4 个存储单元,首地址为 100,则下标为 11 的(第 12 个)元素的存储地址为＿＿＿＿＿＿。

10. 带头结点的双循环链表 L 中只有一个元素结点的条件是＿＿＿＿＿＿。

三、选择题

1. 对于线性表最常用的操作是查找指定序号的元素和在末尾插入元素,则选择(   )最节省时间。

A. 顺序表   B. 带头结点的双循环链表

C. 单链表   D. 带尾结点的单循环链表

2. 若长度为 n 的线性表采用顺序存储结构,在其第 i 个位置插入一个新元素的算法时间复杂度为(   )(1≤i≤n+1)。

A. O(0)   B. O(1)   C. O(n)   D. O(n2)

3. 双向链表中有两个指针域 prior 和 next,分别指向前驱及后继,设 p 指向链表中的一个结点,q 指向一待插入结点,现要求在 p 前插入 q,则正确的插入为(   )。

A. p->prior=q; q->next=p; p->prior->next=q; q->prior=p->prior;

B. q->prior=p->prior; p->prior->next=q; q->next=p; p->prior=q->next;

C. q->next=p; p->next=q; p->prior->next=q; q->next=p;

D. p->prior->next=q; q->next=p; q->prior=p->prior; p->prior=q;

4. 在一个具有 n 个结点的有序单链表中插入一个新结点并仍然保持有序的时间复杂度是(   )。

A. O(nlog2n)   B. O(1)   C. O(n)   D. O(n2)

5. 在一个以 h 为头指针的单循环链中,p 指针指向链尾结点的条件是(   )。

A. p->next==NULL   B. p->next==h

C. p->next->next==h   D. p->data==-1

6. 对于一个具有 n 个结点的线性表,建立其单链表的时间复杂度是(   )。

A. O(n)   B. O(1)   C. O(nlog2n)   D. O(n2)

8. 在双向链表存储结构中,删除 p 所指的结点时须修改指针(   )。

A. p->prior->next=p->next;p->next->prior=p->prior;

B. p->prior=p->prior->prior;p->prior->next=p;

C. p->next->prior=p;p->next=p->next->next;

D. p->next=p->prior->prior;p->prior=p->next->next;

9. 线性表采用链式存储时,其元素地址(   )。

A. 必须是连续的   B. 一定是不连续的

C. 部分地址是连续的   D. 连续与否均可

10.在(　　)的运算中,使用顺序表比链表好。

A.插入　　　　　　　B.根据序号查找　　C.删除　　　　　　D.根据元素查找

四、下述算法的功能是什么?

(1)ListNode * Demo1(LinkList L,ListNode * p)
```
{      // L 是有头结点的单链表
       ListNode * q=L->next;
       While (q && q->next! =p)
         q=q->next;
       if (q)
         return q;
       else
         Error(" * p not in L");
}
```

(2)void Demo2(ListNode * p,ListNode * q)
```
{    // p, * q 是链表中的两个结点
     DataType temp;
     temp=p->data;
     p->data=q->data;
     q->data=temp;
}
```

五、程序填空

1.已知线性表中的元素是无序的,并以带表头结点的单链表作存储。试写一算法,删除表中所有大于 min,小于 max 的元素,试完成下列程序填空。

```
void delete (LinkList head, Elem Type min, Elem Type)
{ p=head->next;
  q=head;
while (p! =NULL)
  { if  ((p->data<=min ) || (_____(1)_____)
       {q=p;p=_____(2)_____;}
else
       { q->next=_____(3)_____;
         _____(4)_____         p=_____(5)_____;}
  }
}
```

2.在带头结点 head 的单链表的结点 a 之后插入新元素 x,试完成下列程序填空。

```
typedef struct node
{ elemtype data;
  node * next;
}Node;
void lkinsert (Node * head, elemtype x)
{ node * s, * p;
  s=_____(1)_____;
```

```
s->data=____(2)____;
p=head->next;
while (p!=NULL) && ( p->data!=a)
        ____(3)____
if (p==NULL)
    printf("不存在结点 a!");
else{____(4)____;
    ____(5)____
    }
}
```

3.设顺序表 va 中的数据元素递增有序。试设计一个算法,将 x 插入到顺序表的适当位置上,以保持该表的有序性。

【算法源代码】

```
void  Insert_SqList(SqList va,int x)/* 把 x 插入递增有序表 va 中 */
{ int i;
    if(va->length> MAXSIZE) return;
    for(i=va->length-1;va->elem[i]>x&&i>=0;i--)
        ____(1)____
    va->elem[i+1]=x;
    ____(2)____
}
```

六、程序设计题

1.设 A=(a1,a2,…,am)和 B=(b1,b2,…,bn)均为顺序表,试设计一个比较 A,B 大小的算法(请注意:在算法中,不要破坏原表 A 和 B.。

2.已知指针 ha 和 hb 分别指向两个单链表的头结点,并且已知两个链表的长度分别为 m 和 n。试设计一个算法将这两个链表连接在一起(即令其中一个表的首元结点连在另一个表的最后一个结点之后),假设指针 hc 指向连接后的链表的头结点,并要求算法以尽可能短的时间完成连接运算。

3.试设计一个算法,在无头结点的动态单链表上实现线性表操作 INSERT(L,i,b),并和在带头结点的动态单链表上实现相同操作的算法进行比较。

4.已知线性表中的元素以值递增有序排列,并以单链表作存储结构。试设计一个高效的算法,删除表中所有值大于 mink 且小于 maxk 的元素(若表中存在这样的元素),同时释放被删结点空间(注意:mink 和 maxk 是给定的两个参变量。它们的值可以和表中的元素相同,也可以不同)。

第3章 栈

3.1 栈的定义和运算

3.1.1 栈的定义

栈(Stack)又称为堆栈,是一种只允许在一端进行插入和删除的线性表。栈的逻辑结构和线性表相同,是软件设计中常用的一种数据结构。其特点是按"后进先出"的原则进行操作,而且栈的操作被限制在栈顶进行,栈是一种运算受限制的线性表。

1.栈

设有 n 个元素的栈 $L=(a_1,a_2,\cdots,a_n)$,栈中允许进行插入和删除的一端称为栈顶(top),另一端称为栈底(botton)。栈的插入操作通常称为入栈或进栈(pash),而栈的删除操作则称为出栈或退栈(pop)。当栈中无数据元素时,称为空栈。在栈 L 中称 a_1 为栈底元素,a_n 为栈顶元素。栈中的元素按 $a_1,a_2,\cdots,a_n$ 次序进栈,按 $a_n,\cdots,a_2,a_1$ 的次序出栈,即栈的操作是按照"后进先出"(Last In First Out)的原则进行,如图 3-1 所示。

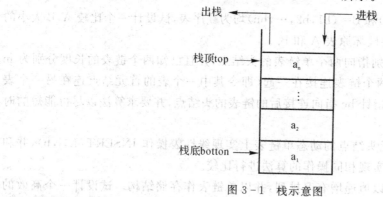

图 3-1 栈示意图

2.栈的举例

栈在日常生活中常见到。

(1)如将食堂中洗净的一摞碗看做一个栈,在通常情况下,最先洗净的碗总是放在最底下,后洗净的碗总是摞在最顶上,而在使用时,却是从顶上拿取,也就是说,后摞上的先取用,如果把洗净的碗"摞上"称为进栈,把"取用碗"称为出栈,那么本例的特点就是:后进先出。

(2)在建筑工地上,使用的砖块从底往上一层一层地码放,在使用时,将从最上面一层一层地拿取。

【例 3-1】 设一个栈的输入序列为 A,B,C,D,则借助一个栈所得的输出序列可能是哪个?

(1)A,B,C,D　　(2)D,C,B,A　　(3)A,C,D,B　　(4)D,A,B,C

解　根据栈的特点,很容易得出(4)序列是不可能的,因为 D 先出栈,说明 A,B,C 不可能还在栈中,不可能比 D 后出栈,因此(3)序列也不可能。(1)和(2)序列可能。

3.1.2　栈的基本运算

栈的基本运算如下:

1.InitStack(L):初始化空栈

初始条件:栈不存在。

操作结果:构造一个空栈 L。

2.IsEmpty(L):判断栈空

初始条件:栈 L 存在。

操作结果:若 L 为空栈,则返回真值,否则返回假值。

3.IsFull(L):判断栈满

初始条件:栈 L 存在。

操作结果:若 L 为满栈,则返回真值,否则返回假值。该运算只适用于栈的顺序存储结构。

4.Push(L,x):进栈

初始条件:栈 L 存在。

操作结果:若栈 L 不满,则将元素 x 插入 L 的栈顶。

5.Pop(L):出栈

初始条件:栈 L 存在。

操作结果:若栈 L 非空,则将 L 的栈顶元素删去,并用 x 带回该元素值。

6.GetTop(L,x):取栈顶元素

初始条件:栈 L 存在。

操作结果:若栈 L 非空,则取得栈顶元素(放入 x),但不改变栈的状态。

与线性表类似,栈也有两种存储结构:顺序存储结构和链式存储结构。

3.2　栈的顺序存储和实现

3.2.1　顺序栈的定义及结构特点

顺序栈是指采用顺序存储结构的栈,即利用一组地址连续的存储单元以此存放自栈底到栈顶的数据元素,同时设置一个指针 top,动态指示栈顶元素的当前位置。

栈的顺序存储结构可以用一个一维数组来描述,顺序栈的类型定义如下:

```
# define MaxSize 100
typedef struct
{ Elem Type data[MaxSize];      /* 用来存放栈中的元素的一维数组 */
int top;
}SeqStack;
```

如图 3-2 所示,其中,栈顶指针 top 表示某一时刻栈顶元素的下标。

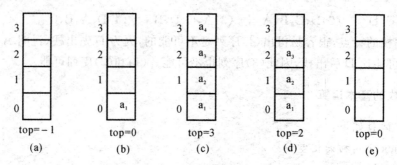

图 3-2 栈操作示意图

(a)空栈； (b)a_1进栈； (c)a_1,a_2,a_3,a_4依次进栈,栈满； (d)a_4退栈； (e)a_1,a_2,a_3依次退栈

当 top=-1 时,表示栈空；当栈空时再做出栈操作会产生溢出,简称"下溢"。

每当进栈一个元素时,top 值加 1。

当 top=MaxSize-1 时,表示栈满,当栈满时再做进栈操作必定产生控件溢出,简称"上溢"。

每当出栈一个元素时,top 值减 1。

3.2.2 顺序栈基本操作及算法描述

设 L 是 SeqStack 类型的指针变量。L->data[i]表示栈中元素,L->top 表示栈顶元素的下标。

1.初始化顺序栈

```
SeqStack * InitStack(SeqStack * L)
{  L=(SeqStack * )malloc(sizeof(SeqStack));
   L->top=-1;
   return L;
}
```

2.判断栈空

```
int IsEmpty(SeqStack * L)
{      if(L->top==-1)
      return 1;
      else
      return 0;
}
```

3.判断栈满

```
int IsFull(SeqStack * L)
{ if(L->top==MaxSize-1)
   return 1;
  else
   return 0;
}
```

4.进栈

```
int Push(SeqStack * L, Elem Type x)
```

```
{   if(IsFull(L))
        return 0;
    else
        {       L->top++;
                L->data[L->top]=x;
                return 1;
        }
}
```

5. 出栈

```
int Pop(SeqStack  *L,Elem Type  *x)
{   if(IsEmpty(L))
        return 0;
    else
        {       *x=L->data[L->top];
                L->top--;
                return 1;
        }
}
```

6. 取栈顶元素

```
int GetTop(SeqStack  *L,Elem Type  *x)
{       if(IsEmpty(L))
                return 0;
        else
        {   *x=L->data[L->top];
                return 1;
        }
}
```

【例 3-2】 阅读下列程序,写出程序的运行结果,并叙述其功能。

```
#define MaxSize 100
#include "stdlib.h"
#include "stdio.h"
typedef struct
{   int data[MaxSize];      /*用来存放栈中的元素的一维数组*/
    int top;
}SeqStack;
SeqStack * InitStack(SeqStack  *L)
{   L=(SeqStack  *)malloc(sizeof(SeqStack));
    L->top=-1;
    return L;
}
int IsEmpty(SeqStack  *L)
{   if(L->top==-1)
```

```
        return 1;
    else
        return 0;
}
int IsFull(SeqStack * L)
{ if(L->top==MaxSize-1)
    return 1;
  else
    return 0;
}


int Push(SeqStack * L,int x)
{    if(IsFull(L))
        return 0;
    else
        {
        L->top++;
        L->data[L->top]=x;
        return 1;
        }
}
int Pop(SeqStack * L,int * x)
{    if(IsEmpty(L))
        return 0;
    else
{    * x=L->data[L->top];
  L->top--;
 return 1;
}
}
void main()
{    SeqStack * s;
int   i,ia;
s=InitStack(s);
for(i=0;i<5;i++)
{ Push(s,i);
   printf("%3d",i);
}
printf("\n");
while(IsEmpty(s)==0)
{ Pop(s,&ia);
  printf("%3d",ia);
}
```

```
printf("\n");
}
```

程序运行结果如图 3-3 所示。

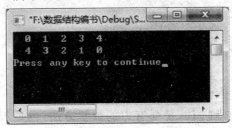

图 3-3 例 3-2 运行结果

3.2.3 共享栈

顺序栈的应用非常广泛,经常会出现在一个程序中需要同时使用多个栈,同时对栈的空间大小难以准确估算,会造成栈溢出或者栈空间空闲的情况。为了解决这些问题,可以让多个栈共享一个足够大的内存空间,通过利用栈的动态特性来使存储空间互相补充。这样既充分利用了栈存储空间,又降低了上溢发生的概率,这就是多栈的共享技术。

在栈的共享技术中常用的是两个栈的共享技术,如图 3-4 所示,两个栈共享一个数组空间,在对共享栈操作过程中,将两个栈的栈底设在数组空间的两端,让两个栈各自向中间延伸,这样就形成"栈底位置不变,栈顶位置动态变化",在一个栈内的元素超过数组空间的一半并且栈不满的情况下,仍然可以继续进行入栈操作,这样既充分利用了栈空间,也减少了溢出的发生概率。

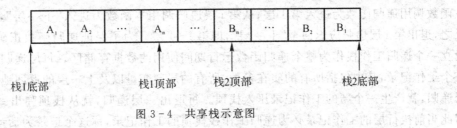

图 3-4 共享栈示意图

3.2.4 栈与递归的实现

栈非常重要的一个应用是在程序设计语言中用来实现递归。递归是指在定义自身的同时又出现了对自身的调用。如果一个函数在其定义体内直接调用自己,则称直接递归函数;如果一个函数经过一系列的中间调用语句,通过其他函数间接调用自己,则称间接递归函数。

1. 典型递归函数

二阶 Fibonacci 数列:

$$Fib(n) = \begin{cases} 0 & (n=0) \\ 1 & (n=1) \\ Fib(n-1) + Fib(n-2) & (n>1) \end{cases}$$

```
int  fac (int n)
```

```
{   if (n==0)
        return0;
    else
    if (n==1)
        return1;
    else return (n * fac(n - 1));
}
```

2.递归问题的优点

通过上面的例子可看出,递归既是强有力的数学方法,也是程序设计中一个很有用的工具。其特点是对递归问题描述简捷,结构清晰,程序的正确性容易证明。

3.递归过程的实现

递归进层(i→i+1层)系统需要做三件事:

(1)保留本层参数与返回地址(将所有的实在参数、返回地址等信息传递给被调用函数保存)。

(2)给下层参数赋值(为被调用函数的局部变量分配存储区)。

(3)将程序转移到被调函数的入口。

当递归函数调用时,应按照"后调用先返回"的原则处理调用过程,因此上述函数之间的信息传递和控制转移必须通过栈来实现。系统将整个程序运行时所需的数据空间安排在一个栈中,每当调用一个函数时,就为它在栈顶分配一个存储区,而每当从一个函数退出时,就释放它的存储区。显然,当前正在运行的函数的数据区必在栈顶。

一个递归函数的运行过程调用函数和被调用函数是同一个函数,因此,与每次调用时相关的一个重要的概念是递归函数运行的"层次"。假设调用该递归函数的主函数为第0层,则从主函数调用递归函数为进入第1层;从第i层递归调用本函数为进入"下一层",即第i+1层。反之,退出第i层递归应返回至"上一层",即第i−1层。为了保证递归函数正确执行,系统需设立一个递归工作栈作为整个递归函数运行期间使用的数据存储区。每层递归所需信息构成一个工作记录,其中包括所有的实在参数、所有的局部变量以及上一层的返回地址。每进入一层递归,就产生一个新的工作记录压入栈顶。每退出一层递归,就从栈顶弹出一个工作记录。因此当前执行层的工作记录必为递归工作栈栈顶的工作记录,称这个记录为活动记录,并称指示活动记录的栈顶指针为当前环境指针。由于递归工作栈是由系统来管理的,不需用户操心,所以用递归法编制程序非常方便。

3.3 栈的链式存储和实现

3.3.1 链栈的定义及结构特点

链栈即采用链表作为存储结构实现的栈。

(1)链栈的插入和删除操作都是在链表的表头进行的,把链栈设计成带头结点的链表结构,删除和插入操作改变的都只是头指针所指的头结点的指针域的值,而不是头指针的值,因此头指针就不用改变。

(2)结点的描述:

```
typedef struct SNode
{   Elem Type data;
    struct SNode * next;
}   StackNode, * LinkStack;
```

3.3.2　链栈的基本运算

一般来说,在内存充足的情况下,链栈不存在满的情况,因此链栈可以不定义栈满运算。下面主要讨论初始化带头结点链栈的进栈,出栈,去栈顶元素和判断栈空的运算。

1.初始化链栈

```
StackNode * Sinitate(StackNode * Head)
{ StackNode * SL;
  SL=(StackNode * )malloc(sizeof(StackNode));
  Head=SL;
  Head->next=NULL;
  return Head;
}
```

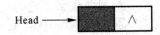

图 3-5　初始化空链栈

初始化链栈操作如图 3-5 所示。

2.进栈

```
void SPush(StackNode * Head, Elem Type x)
{   StackNode * p;
  p=(StackNode * )malloc(Sizcof(StackNode));
  p->data=x;
  p->next=Head->next;
  Head->next=p;
}
```

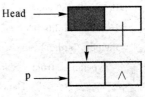

图 3-6　进栈操作示意图

进栈操作如图 3-6 所示。

3.出栈

```
void SPop(StackNode * Head, Elem Type * x)
{   StackNode * q;
    if(SEmpty(Head)==1)
        return;
    else
{
    q=Head->next;
    * x=q->data;
    Head->next=q->next;
    free(q);}
}
```

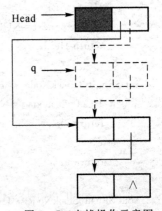

图 3-7　出栈操作示意图

出栈操作如图 3-7 所示。

4.取栈顶元素

```
Int SgetTop(StackNode * Head, Elem Type * x)
{    StackNode * q;
     if(SEmpty(Head)==0)
     {   q=Head->next;
         * x=q->data;
         return 1;
     }
  else
         return 0;
}
```

5.判断栈空

```
int SEmpty(StackNode * Head)
{   if(Head->next==NULL)
        return 1;
    else
        return 0;
}
```

【例 3 - 3】 将例 3 - 2 用链栈实现。

```
#define DataType int
#include "stdlib. h"
#include "stdio. h"
    typedef  struct  SNode
                 {  Data Type  data;
                    struct SNode * next;
                 } StackNode, * LinkStack;
StackNode * Sinitate(StackNode * Head)
{    StackNode * SL;
     SL=(StackNode * )malloc(sizeof(StackNode));
     Head=SL;
     Head->next=NULL;
     return Head;
}
int SEmpty(StackNode * Head)
{   if(Head->next==NULL)
        return 1;
    else
        return 0;
}
void SPush(StackNode * Head,Elem Type x)
{    StackNode * p;
     p=(StackNode * )malloc(sizeof(StackNode));
```

```
        p->data=x;
        p->next=Head->next;
        Head->next=p;
}
void SPop(StackNode * Head, Elem Type * x)
{    StackNode * q;
     if(SEmpty(Head)==1)
        return;
     else
{    q=Head->next;
   * x=q->data;
   Head->next=q->next;
   free(q);}
}
void main()
{    StackNode * head=NULL;
     int  i,ia;
     head=Sinitate(head);
     for(i=0;i<5;i++)
{    SPush(head,i);
     printf("%3d",i);
}
printf("\n");
while(SEmpty(head)==0)
{    SPop(head,&ia);
     printf("%3d",ia);
}
printf("\n");
}
```

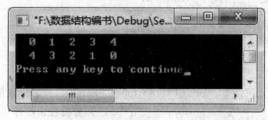

图 3-8　例 3-3 运行结果

程序运行结果如图 3-8 所示。

3.4　栈　实　训

3.4.1　数制转换

1.问题描述

任意给定一个十进制的数 N,转换为其他任意进制的数据。

2.算法分析

将数 N 转换为 j 进制:

(1)若 N≠0,则将 N%j 取得的余数压入栈 s 中,执行(2);若 N=0,将栈 s 的内容依次出栈,算法结束。

(2)用 N/j 代替 N。

(3)若 N>0,则重复步骤(1)(2)。

3.算法实现

```
#include "stdio.h"
#include "conio.h"
#include "stdlib.h"
    typedef struct
{   int   data;                           //定义数据类型
    struct stacknode * next;              //定义一个结构体的链指针
} stacknode,* Linkstack;
    Linkstack  top;
 void Conversion(int N,int j)             //将十进制数 N 转换为二进制数
{   stacknode * p;
    int x;
    top=NULL;
    do
    { x=N%j;                              //除 2 取余
      N=N/j;

      p=malloc(sizeof( stacknode));       //申请一个新结点
      p->next=top;                        //修改栈顶指针
      top=p;
      top->data=x;
    }                       //入栈
    while(N);
      printf("转换后的%d 进制数值为:",j);
      while(top)                          //余数出栈处理
      {   printf("%d",top->data);   //输出栈顶的余数
          p=top;                    //修改栈顶指针
          top=top->next;
          free(p);                        //回收一个结点,C 语言中用 free p
      }
}
main()
{   int N;
    printf("请输入要转换的十进制数:");
    scanf("%d",&N);
    Conversion(N,2);
}
```

图 3-9　数制转换运行结果

程序运行结果如图 3-9 所示。

3.4.2　括号匹配的检验算法

1. 问题描述

假设一个算术表达式中包含圆括号、方括号两种类型的括号,编写一个程序用于判别表达式中括号是否正确配对。

2. 算法分析

算术表达式中各种括号的使用规则为:出现左括号,必有相应的右括号与之匹配,并且每对括号之间可以嵌套,但不能出现交叉情况。可以利用一个栈结构保存每个出现的左括号,当遇到右括号时,从栈中弹出左括号,检验匹配情况。在检验过程中,若遇到以下几种情况之一,就可以得出括号不匹配的结论。

(1)当遇到某一个右括号时,栈已空,说明到目前为止,右括号多于左括号;

(2)从栈中弹出的左括号与当前检验的右括号类型不同,说明出现了括号交叉情况;

(3)算术表达式输入完毕,但栈中还有没有匹配的左括号,说明左括号多于右括号。

3. 算法实现

```c
#include <stdio.h>
#include<stdlib.h>
#define M 100
typedef struct
{       int stack[M];
        int top;   //栈顶指针
}Seqstack;
Seqstack  *  InitStack(Seqstack * s)
{     s=(Seqstack  *)malloc(sizeof(Seqstack  *));
      s->top=-1;
      return s;
}
int push(Seqstack  * s,char x)
{    if(s->top==M-1)   //栈已满
        return 0;
     s->top++;
     s->stack[s->top]=x;   //添加元素
      //将栈顶加 1
     return 1;
}
int pop(Seqstack  * s,char * x) //出栈
{    if(s->top==-1) //空栈
        return 0;
     else
     {         *x=s->stack[s->top];
               s->top--;
               return 1;
```

```
        }
}
int gettop(Seqstack * s,char * x) //取栈顶元素
{      if(s->top==-1)
              return 0;
       else
       {         * x=s->stack[s->top];
              return 1;
       }
}
int isempty(Seqstack * s) //判断是否为空
{      if(s->top==-1)
          return 1;
       else
          return 0;
}
int match(char ch,char b)//匹配
{      if((ch=='(' && b==')') || (ch=='[' && b==']'))
          return 1;
       else
          return 0;
}
void BrackeMatch(char str[],int n)
{      int i;
       bool flag;
       char ch,b;
       Seqstack * s=NULL;//创建一个栈
       s=InitStack(s);
       if(n! =0 && n! =1)
       {  for(i=0;i<n;i++)
          {  switch(str[i])
             {  case '(':
                case '[':
                    push(s,str[i]);
                    break;
             case ')':
             case ']':
                if(isempty(s))
                    printf("\n 左括号多余!");
                else
                {  gettop(s,&ch);
                   b=str[i];
                    if(match(ch,b))    //判断是否匹配
```

```
                { pop(s,&ch);
                    flag=true;
                }
                else
                { flag=false;
                    break;
                }
            }
        }
    }
    if(flag)
        printf("匹配！\n");
    else
        printf("不匹配！\n");
}
else
    if(n==0)
        printf("没有任何括号！\n");
    else
        if(n==1)
            printf("只有一个括号,不匹配！\n");

}
void main()
{    int i=0,length;
    char ch, str[M];
    //输入括号,输入#时候结束输入
    printf("请输入括号(press # to quit ): \n");
    while((ch=getchar())! ='#')
{    str[i]=ch;
    ++i;
}
    length=i;
    BrackeMatch(str,length);
}
```

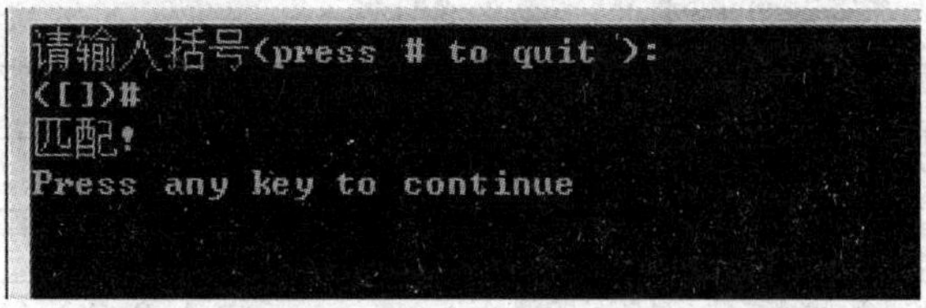

程序运行结果如图 3-10 所示。

图 3-10 括号匹配的检验算法的运行结果

3.4.3 中缀表达式转换后缀表达式

1. 问题描述

表达式是由运算对象、运算符、括号等组成的有意义式子。把中缀表达式转换为后缀表达式,是栈应用的一个典型例子。

(1)中缀表达式(Infix Notation)。一般所用表达式是将运算符号放在两运算对象的中间,比如 a+b,把这样的式子称为中缀表达式。

(2)后缀表达式(Postfix Notation)。后缀表达式规定把运算符放在两个运算对象(操作数)的后面。在后缀表达式中,不存在运算符的优先级问题,也不存在任何括号,计算的顺序完全按照运算符出现的先后次序进行。

(3)中缀表达式转换为后缀表达式。将 A/B^C+D＊E-A＊C 中缀表达式转换为后缀表达式,其转换方法采用运算符优先算法。转换过程需要两个栈:一个运算符号栈和一个后缀表达式输出符号栈。

2.算法分析

(1)读入操作数,直接输出。

(2)读入运算符,压入运算符栈。

(a)若后进的运算符优先级高于先进的,则继续进栈;

(b)若后进的运算符优先级不高于先进的,则将运算符号栈内高于或等于后进运算符级别的运算符依次弹出后栈运算符再入栈。

(3)括号处理:

(a)遇到开括号"(",进运算符号栈;

(b)遇到闭括号")",则把最靠近的开括号"(",以及其后进栈的运算符依次弹出运算符号栈。

(4)遇到结束符"♯",则把运算符号栈内的所有运算符依次弹出运算符号栈,并压入输出符号栈。

(5)若输入为＋、-单目运算符,改为 0 与运算对象在前,运算符在后。例如:-A,转换为0A-。

表达式:A/B^C+D＊E-A＊C 转换为后缀表达式过程如表 3-1 所示。

表 3-1 中缀表达式转换为后缀表达式过程

输入符号	运算符栈	输出结果	操作说明
A		A	输出 A
/	/	A	/进栈
B	/	A,B	输出 B
^	/,^	A,B	^优先级高于/,继续进栈
C	/,^	A,B,C	输出 C
+	+	A,B,C,^,/	^,/依次弹出
D	+	A,B,C,^,/,D	输出 D
＊	+,＊	A,B,C,^,/,D	＊优先级高于+,继续进栈
E	+,＊	A,B,C,^,/,D,E	输出 E
-	-	A,B,C,^,/,D,E,＊,+	＊,+依次弹出,-进栈
A	-	A,B,C,^,/,D,E,＊,+,A	输出 A
＊	-,＊	A,B,C,^,/,D,E,＊,+,A	＊优先级高于-,继续进栈
C	-,＊	A,B,C,^,/,D,E,＊,+,A,C	输出 C
♯		A,B,C,^,/,D,E,＊,+,A,C,＊,-	遇到结束符♯,依次弹出＊,-

3. 算法实现

```
#include<stdio. h>
#include<stdlib. h>
typedef struct stack
{       char data[100];
        int top;
}stack;
//符号优先级函数
int yxj(char ch)
{       int n;
        switch(ch)
        {       case '(';n=0;break;
                case '+';
                case '-';n=1;break;
                case '*';
                case '/';n=2;break;
        }
        return n;
}
//申请栈空间函数
stack  * space()
{       stack  * p1;
        p1=(stack * )malloc(sizeof(stack));
        p1->data[0]='(';
        p1->top=0;
        return p1;
}
//输出栈元素函数
void out(stack * p1)
{     printf("%c",p1->data[p1->top]);
        p1->top--;
}
//进栈
void push(stack * p1,char x)
{       p1->top++;
        p1->data[p1->top]=x;
}
//显示栈顶元素
 char show(stack * p1)
{       return p1->data[p1->top];
}
//后缀表达式函数
void zhuanhuan(stack * p,char ch[])
```

```
{       int  a=0,b=0;
        while(ch[a]! ='\0')
  {   if(ch[a]>='0'&&ch[a]<='9')
          printf("%c",ch[a]);
        //下边这个 while 循环是判断数组中的运算符与栈中的运算符的大小
        else {    while(p->top<100&&yxj(ch[a])<=yxj(show(p)))
                  out(p);
              push(p,ch[a]);
        }
        a++;
  }
        while(p->top! =0)
        out(p);
}
void main()
{   char a[100];
    stack  * p=space();
    printf("请输入中缀表达式...");
    scanf("%s",a);
    printf("转换后的后缀表达式...");
    zhuanhuan(p,a);
}
```

图 3-11   中缀表达式转换为后缀表达式

程序运行结果如图 3-11 所示。

本 章 小 结

(1)栈是一种运算受限制的线性表,它只允许在栈顶进行插入和删除等操作。

(2)栈的逻辑结构和线性表相同,数据元素之间存在一对一的关系,其主要特点是"后进先出"。

(3)栈的存储结构有顺序栈和链栈之分,要求掌握栈的 C 语言描述方法。

(4)重点掌握在顺序栈和链栈上实现进栈、出栈、读栈顶元素、判断栈空和判断栈满等基本操作。

(5)熟悉栈在计算机的软件设计中的各种应用,能灵活应用栈的基本原理解决一些综合性的应用问题。

课 后 习 题

一、判断题(下列各题,正确的请在前面的括号内打√;错误的打×)

1.消除递归不一定需要使用栈。   (   )

2.栈是实现过程和函数等子程序所必需的结构。   (   )

3.栈的特点是"后进先出"。   (   )

4.两个栈共享一片连续内存空间时,为提高内存利用率,减少溢出机会,应把两个栈的栈底分别设在这片内存空间的两端。   (　　)

5.空栈就是所有元素都是 0 的栈。   (　　)

6.若输入序列为 1,2,3,4,5,6,则通过一个栈可以输出序列 3,2,5,6,4,1。   (　　)

7.若输入序列为 1,2,3,4,5,6,则通过一个栈可以输出序列 1,5,4,6,2,3。   (　　)

8.任何一个递归过程都可以转换成非递归过程。   (　　)

9.只有那种使用了局部变量的递归过程在转换成非递归过程时才必须使用栈。   (　　)

10.栈一定是顺序存储的线性结构。   (　　)

二、填空题

1.栈是操作受限(或限定仅在表尾进行插入和删除操作)的线性表,其运算遵循_____的原则。

2.栈是限定仅在_____进行插入或删除操作的线性表。

3.一个栈的输入序列是 1,2,3 则不可能的栈输出序列是_____。

4.顺序栈 S 存储在数组 S->data[0..MAXLEN-1]中,进栈操作时要执行的语句为_____。

5.在作进栈运算时应先判别栈是否满;在作退栈运算时应先判别栈是否空;当栈中元素为 n 个,作进栈运算时发生上溢,则说明该栈的最大容量为_____。

6.多个栈共存时,最好用_____作为存储结构。

7.若进的次序是 A,B,C,D,E,执行三次出栈操作以后,栈顶元素为_____。

8.在栈顶结构中,允许插入、删除的一端称为_____。

9.在栈中,出栈操作的时间复杂度为_____。

10.向一个栈顶指针为 top 的链栈插入一个新结点 *p 时,应执行_____和_____操作。

三、选择题

1.一个栈的输入序列为 123…n,若输出序列的第一个元素是 n,输出第 i(1<=i<=n)个元素是(　　)。

A.不确定　　　　B.n-i+1　　　　C.i　　　　D.n-i

2.若一个栈的输入序列为 1,2,3,…,n,输出序列的第一个元素是 i,则第 j 个输出元素是(　　)。

A.i-j-1　　　　B.i-j　　　　C.j-i+1　　　　D.不确定的

3.若已知一个栈的入栈序列是 1,2,3,…,n,其输出序列为 p1,p2,p3,…,pN,若 pN 是 n,则 pi 是(　　)。

A.i　　　　B.n-i　　　　C.n-i+1　　　　D.不确定

4.有六个元素 6,5,4,3,2,1 的顺序进栈,问下列哪一个不是合法的出栈序列?(　　)。

A.543612　　　B.453126　　　C.346521　　　D.234156

5.设栈的输入序列是 1,2,3,4,则(　　)不可能是其出栈序列。

A.1,2,4,3　　　B.2,1,3,4　　　C.1,4,3,2　　　D.4,3,1,2

6.一个栈的输入序列为 12345,则下列序列中不可能是栈的输出序列的是(　　)。

A.23415　　　B.54132　　　C.23145　　　D.15432

7.设一个栈的输入序列是 1,2,3,4,5,则下列序列中,是栈的合法输出序列的是( )。

A.5 1 2 3 4　　　　B.4 5 1 3 2　　　　C.4 3 1 2 5　　　　D.3 2 1 5 4

8.某堆栈的输入序列为 a,b,c,d,下面的四个序列中,不可能是它的输出序列的是( )。

A.a,c,b,d　　　　B.b,c,d,a　　　　C.c,d,b,a　　　　D.d,c,a,b

9.设 abcdef 以所给的次序进栈,若在进栈操作时,允许退栈操作,则下面得不到的序列为( )。

A. fedcba　　　　B. bcafed　　　　C. dcefba　　　　D. cabdef

10.设有三个元素 X,Y,Z 顺序进栈(进的过程中允许出栈),下列得不到的出栈排列是( )。

A. XYZ　　　　B. YZX　　　　C. ZXY　　　　D. ZYX

四、应用题

1.有 5 个元素,其入栈次序为 A,B,C,D,E,在各种可能的出栈次序中,以元素 C,D 最先出栈(即 C 第一个且 D 第二个出栈)的次序有哪几个?

2.如果输入序列为 1 2 3 4 5 6,试问能否通过栈结构得到以下两个序列:4 3 5 6 1 2 和 1 3 5 4 2 6;请说明为什么不能或如何才能得到。

3.若元素的进栈序列为 A,B,C,D,E,运用栈操作,能否得到出栈序列 B,C,A,E,D 和 D,B,A,C,E? 为什么?

五、求后缀表达式

(1)A⁻B⁻C/D　　　　(2)−A+B*C+D/E　　　　(3)A * (B+C) * D−E

(4)(A+B) * C−E/(F+G/H)−D　　　　(5)8/(5+2)−6

六、程序设计题

1.设用一维数组 stack[n]表示一个堆栈,(1)试写出其入栈操作的算法。(2)试写出其出栈操作的算法。

2.设计一个算法,要求判别一个算术表达式中的圆括号配对是否正确。

第4章 队 列

4.1 队列的定义和运算

4.1.1 队列的定义

队列(Queue)是一种只允许在表的两端进行插入和删除的线性表。队列的逻辑结构和线性表相同,是软件设计中常用的一种数据结构。其特点是按"先进先出"的原则进行操作,而且队列的操作被限制在队列的两端进行,队列是一种运算受限制的线性表。

1.队列

设有 n 个元素的队列 $Q=(a_1,a_2,\cdots,a_n)$,队列中允许进行删除的一端称为队首(Front),见杆进行插入的一端称为队尾(Rear)。队列的插入操作通常称为入队,而队列的删除操作则称为出队。当队列中无数据元素时,称为空队列。在队列 Q 中称 a_1 为队首元素,a_n 为队尾元素。队列中的元素按 $a_1,a_2,\cdots,a_n$ 次序入队,按 $a_1,a_2,\cdots,a_n$ 的次序出队,即队列的操作是按照"先进先出"(First In First Out)的原则进行,如图4-1所示。

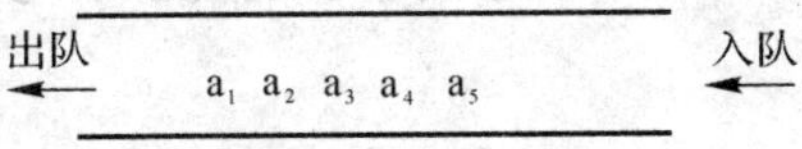

出队 ← a₁ a₂ a₃ a₄ a₅ → 入队

图 4-1 队列示意图

2.队列的特性

(1)队列的主要特性就是"先进先出",常用它的英文缩写表示,称为 FIFO 表。

(2)队列是限制在两个端进行插入和删除操作的线性表。能够插入元素的一端称为队尾,允许删除元素的一端称为队首。

3.队列的举例

在日常生活中队列的例子很多,如排队买东西,排在队头的先买完后走掉,新来的排在队尾。

4.1.2 队列的基本运算

在队列上进行的基本运算如下:

1. InitQueue(q,x):初始化空队列

初始条件:队列不存在。

操作结果:构造一个空队列 Q。

2. QEmpty(q):判断队列空

初始条件:队列 Q 存在。

— 67 —

操作结果:若 Q 为空队列,则返回真值,否则返回假值。

3. QFull(q):判断队列满

初始条件:队列 Q 存在。

操作结果:若 Q 为满队列,则返回真值,否则返回假值。该运算只适用于队列的顺序存储结构。

4. InQueue(q,x):入队

初始条件:队列 Q 存在。

操作结果:若队列 Q 不满,则将元素 x 插入 L 的队尾。

5. OutQueue(q,x):出队

初始条件:队列 Q 存在。

操作结果:若队列 Q 非空,则将 Q 的队首元素删去,并用 x 带回该元素值。

6. ReadFront(q,x):取队首元素

初始条件:队列 Q 存在。

操作结果:若队列 Q 非空,则取得队首元素(放入 x),但不改变队列的状态。

7. Qlen(q):求队列长度

初始条件:队列 Q 存在。

操作结果:若队列 Q 非空,返回队列的长度。

与线性表类似,队列也有两种存储结构:顺序存储结构和链式存储结构。

4.2 队列的顺序存储和实现

4.2.1 顺序队列的定义及结构特点

用顺序存储结构存储的队列称为顺序队列。顺序队列是用内存中一组连续的存储单元(数组)依次存放队列中的数据元素。

由于入队操作和出队操作分别在队列的两端进行,因此在顺序队列中需要设置一个队首指针(front)表示队首元素前一个元素的下标,还要设置一个队尾指针(rear)表示队尾元素的下标。

顺序队列的的定义类型为:

```
#defineMAXSIZE   10        //队列的最大容量
typedef struct
{Elem Type data[MAXSIZE];    //Elem Type 可根据用户需要定义
 int front, rear;   //定义队头、队尾指针
 }Queue;
```

初始化队列时,令 front=rear=-1,表示此时是一个空队列。

入队时,要从队尾处入队,先将队尾指针 rear 自增,然后将待入队元素插入 rear 指向存储单元。

出队时,要从队首处出队,先将队首指针 front 自增,然后取出队首指针所指元素。

由此可见,当队首指针与队尾指针相等时,队列为空队列。

当 rear＝MAXSIZE－1 时,认为队列满。

4.2.2 顺序队列的基本操作及算法描述

设 q 是 Queue 类型的指针变量。q－＞front 表示队首元素的前一个元素的下标,q－＞rear 表示队尾元素的下标。

1.初始化空队列

```
Queue *   InitQueue( )
    { q＝(Queue * )malloc(sizeof(Queue));
      q－＞front＝－1;
      q－＞rear＝－1;
      return q;
    }
```

2.判断队空

```
int QEmpty(Queue * q)
{   if(p－＞front ＝ ＝ p－＞rear)
      return 1;
    else
      return 0;
}
```

3.判断队满

```
int QFull(Queue  * L)
{   if(q－＞rear＝ ＝MAXSIZE－1)
      return 1;
    else
      return 0;
}
```

4.入队

```
int InQueue(Queue  * q ,Elem Type x)
  { if (q－＞rear＝ ＝MAXSIZE－1)
  { printf ("队满");
    return 0;              //队满不能入队,返回 0
  }
    else
    { p－＞rear++;
    q－＞data[q－＞rear]＝x;
    }
    return 1;              //入队完成,返回 1
}
```

5.出队

```
int OutQueue(Queue * q ,Elem Type * x)
  {if (q－＞front＝ ＝q－＞rear＝ ＝－1)
    {printf ("队空");
```

```
      return 0;                    //队空不能出队,返回0
    }
      else
    { q->front++;
      * x=q->data[q->front];       //读出队头元素
    }
      return 1;                    //出队完成,返回1
}
```

设队列长度为 MAXSIZE=10,则队列操作的示意图如图 4-2 所示。

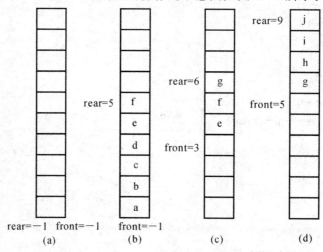

图 4-2 队列操作的示意图

4.2.3 顺序队列的"假溢出"

在顺序队列中,有可能出现如图 4-2(d)中的现象,虽然队列中还有空的存储单元,但是队尾指针已经指向队列的末尾,不可能再插入新的元素,这种现象称为假溢出。

这种假溢出使得队列的空间没有得到有效的利用。解决假溢出的问题有两种方法:

(1)用平移元素的方法。当发生假溢出时,就把整个队列的元素平移到存储区的首部,然后再插入新元素。这种方法需要移动大量的元素,因而效率是很低的。

(2)一个较巧妙的办法是将顺序队列假想为一个环状的空间,如图 4-3 所示,称为循环队列。

4.2.4 顺序循环队列定义及结构特点

1. 顺序循环队列

循环队列仍然是顺序队列结构,为了克服顺序队列中的假溢出现象,假想将一维数组首尾相连成为一个圆环,即队首单位和队尾单元连接在一起,如图 4-3 所示。

在循环队列中指针和队列元素之间的关系不变,只不过因为是头尾相接的循环结构,入队时的队尾指针加 1 操作修改为

$$q->rear=(q->rear+1)\%MAXSIZE;$$

出队时的队头指针加 1 操作修改为

$$q\text{—}>front=(q\text{—}>front+1)\%MAXSIZE;$$

设 MAXSIZE=10,如图 4-4 所示是循环队列操作示意图。

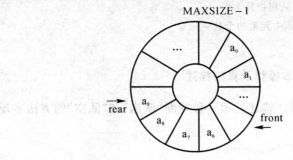

图 4-3 循环队列

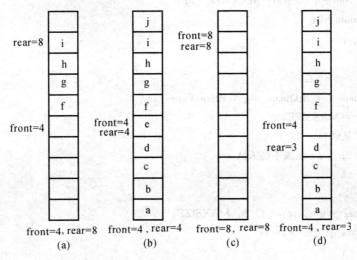

图 4-4 循环队列操作示意图

(a)有 4 个元素； (b)队满； (c)队空； (d)队满

从图 4-4 所示的循环队可以看出,在(a)中具有 f,g,h,i,共 4 个元素,此时 front＝4,rear＝8;随着 i～e 相继入队,队中具有了 10 个元素——队满,此时 front＝4,rear＝4,如(b)所示,可见在队满情况下有 front＝＝rear。若在(a)情况下,f～i 相继出队,此时队空,front＝4,rear＝4,如(c)所示,即在队空情况下也有 front＝＝rear。这就是说“队满”和“队空”的条件是相同的了。解决这一问题有两种方法：

(1)附设一个存储队中元素个数的变量如 num,当 num＝＝0 时为队空,当 num＝＝MAXSIZE 时为队满。

(2)少用一个元素空间,把图 4-4(d)所示的情况就视为队满,此时的状态是队尾指针加 1 就会从后面赶上队头指针,在这种情况下队满的条件是(rear＋1)％MAXSIZE＝＝front,也能和空队区别开。

2.顺序循环队列的类型

顺序循环队列的类型定义为：

```
#define MAXSIZE    10
typedef    struct
    {Elem Type data[MAXSIZE];  /* 数据的存储区 */
    int front,rear;  /* 队头队尾指针 */
    int num;                /* 队中元素的个数 */
    }c_SeQueue;    /* 循环队 */
```

4.2.5   顺序循环队列基本操作及算法描述

下面的循环队列操作及算法描述按第一种判断"队满"和"队空"的方法实现。

1. 初始化空循环队列

```
c_SeQueue *    Init_SeQueue(C_SeQquue * q)
    {  q=malloc(sizeof(c_SeQueue));
    q->front=q->rear=MAXSIZE-1;
    q->num=0;
    return q;
    }
```

2. 入队

```
int    In_SeQueue ( c_SeQueue  * q , Elem Type  x)
{   if  (num==MAXSIZE)
    { printf("队满");
    return - 1;    /* 队满不能入队 */
    }
    else
    { q->rear=(q->rear+1) % MAXSIZE;
    q->data[q->rear]=x;
    num++;
    return 1;    /* 入队完成 */
    }
}
```

3. 出队

```
int    Out_SeQueue (c_SeQueue * q , Elem Type   * x)
{   if  (num==0)
    { printf("队空");
    return - 1;   /* 队空不能出队 */
    }
    else
    { q->front=(q->front+1) % MAXSIZE;
    * x=q->data[q->front]; /* 读出队头元素 */
    num--;
    return 1;    /* 出队完成 */
    }
}
```

4. 判断队空

```
int Empty_SeQueue(c_SeQueue  * q)
{   if  (num==0)  return 1;
    else return 0;
}
```

4.3   队列的链式存储结构和实现

4.3.1   链队列的定义及结构特点

队列的链式存储结构为链队列。和链栈类似,用单链表来实现链队,根据队的 FIFO 原则,为了操作上的方便,分别需要一个头指针和尾指针,如图 4-5 所示。

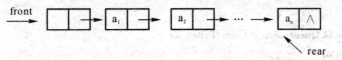

图 4-5   带头结点的链队示意图

队列有队首和队尾,所以在链队列中除了要有头指针指示队首结点外,还要有一个队尾指针指示队尾结点。图 4-5 中,头指针 front 和尾指针 rear 是两个独立的指针变量,但类型一致从结构性上考虑,通常将把链队列的头指针和尾指针封装在一个结构中,如图 4-6 所示。

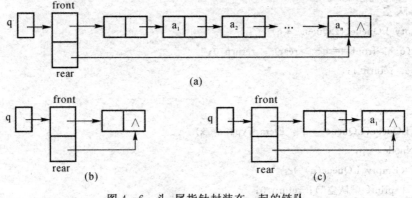

(a)

(b)   (c)

图 4-6   头、尾指针封装在一起的链队

(a)非空队; (b)空队; (c)链队中只有一个元素结点

链队列的类型定义为:

```
typedef struct node
{ Elem Type   data;
  struct  node  * next;
} QNode;        /* 链队结点的类型 */
typedef struct
  { QNnode  * front, * rear;
  }LQueue;       /* 将头尾指针封装在一起的链队 */
```

4.3.2 链队列的基本操作及算法描述

定义一个指向链队的指针:LQueue ＊q;定义指向队列中结点指针:QNode ＊p;在链队列中无须考虑队满和上溢。

1. 创建一个带头结点的空队

```
LQueue   ＊Init_LQueue()
   {  LQueue  ＊q,＊p;
      q＝malloc(sizeof(LQueue)); /＊申请头尾指针结点＊/
      p＝malloc(sizeof(QNode));  /＊申请链队头结点＊/
      p—>next＝NULL;   q—>front＝q—>rear＝p;
      return q;
   }
```

2. 入队

```
void In_LQueue(LQueue ＊q , Elem Type  x)
   {  QNode ＊p;
      p＝malloc(sizeof(QNnode)); /＊申请新结点＊/
      p—>data＝x;    p—>next＝NULL;
      q—>rear—>next＝p;
      q—>rear＝p;
   }
```

3. 判断队空

```
int  Empty_LQueue( LQueue ＊q)
   {  if (q—>front＝＝q—>rear)    return 0;
      else  return 1;
   }
```

4. 出队

```
int Out_LQueue(LQueue ＊q , Elem Type  ＊x)
   {  QNnode ＊p;
      if (Empty_LQueue(q) )
        { printf ("队空"); return 0;
        }    /＊队空,出队失败＊/
      else
        { p＝q—>front—>neat;
          q—>front—>next＝p—>next;
          ＊x＝p—>data;/＊队头元素放 x 中＊/
          free(p);
          if (q—>front—>next＝＝NULL)
          q—>rear＝q—>front;
          return 1;
        }
   }
```

4.4 其 他 队 列

4.4.1 双向队列

1. 双向队列的定义

除了栈和队列之外,还有一种限定性数据结构,它是双向队列(double-ended queue)。双向队列是限定插入和删除操作在线性表的两端进行,可以将它看成是栈底连在一起的两个栈,但它与两个栈共享存储空间是不同的。共享存储空间中的两个栈的栈顶指针是向两端扩展的,因而每个栈只需一个指针;而双端队列允许两端进行插入和删除元素,因而每个端点必须设立一个指针,如图 4-7 所示。

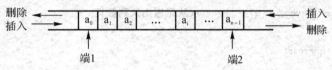

图 4-7 双向队列的示意图

如果将图 4-7 切成左、右两部分,则成了两个独立的栈,所以双队列就是将两个栈的栈底结合起来而构成的。与队列相同的是双队列也需要两个指针分别指向结构的两端。CPU 的调度在多人使用的计算机系统中是一种重要的概念,其调度的方法也可分为输入限制性双队列和输出限制性双队列等形式。

2. 双向队列的算法

输入限制性双向队列由双向队列数据输入、从队头输出数据、从队尾输出数据三部分组成,可以由用户按照提示自由选择"从队头输出"或"从队尾输出",以模拟各种可能的输出结果。

双向队列的类型定义为:

```
#define   MAXLEN   100
typedef  struct
{ Elem Type queue [MAXSLEN];
  int front, rear; } Dqveve;
```

(1)向队列数据输入 InQueue( )。

```
Dqveve * InQueue(int val, Dqveve * q)        //输入队列数据
{    q=(Dqveve * ) Mauoc(size of (Dgveve));
  q→rear=1;
  q→front=-1;
  q→rear=(rear++)%MAXLEN;
  if(q→front==q→rear)
  printf("队列已满!");
  else
  q→queue[rear]=val;
  return * q;
```

```
}
```

（2）队头输出数据 OutQueue_front( )。

```
int OutQueue_front(Dqveve * q)          //从队头输出队列数据
{int t;
  if(q→front==q→rear)
    return −1;
    t=q→queue[++front];
  if(q→front==MAXLEN)
    q→front=0;
    return t;
}
```

（3）从队尾输出数据 OutQueue_rear( )。

```
int OutQueue_rear(Dqveve * q)          //从队尾输出队列数据
{int t;
  if(q→front==q→rear)
    return −1;
    t=q→queue[rear−−];
  if(q→rear<0&&q→front! ==−1)
    q→rear=MAXLEN−1;
    return t;
}
```

4.4.2　优先队列(Priority Queue)

在实际应用中,有时往往需要根据任务的优先级别来决定先做那些最重要的事情,此时必须对这种"先进先出"的规则进行适当的修改。

假设每个元素都有一个相当于权的数据项,那么就可以根据权值的大小来决定元素出队的顺序。也就是说,在队列中哪一个优先级最高,哪一个就优先出队。这种按优先级高低来决定出队顺序的队列,称为优先队列。

优先队列的一个典型的应用就是批处理操作系统中的作业处理。每个作业都有一个优先级,系统在处理文件的时候,并不是根据一般队列的"先进先出"原则,而是根据文件优先级的高低来选择处理对象。

在优先队列中的每一个元素都有一个被称为权的数据项,权的大小决定了元素的优先级。实现优先队列有两种方法:

（1）按权的大小进行插入,使整个队列始终保持按优先级次序排列的状态,而删除操作则和普通队列一样,只删除队首元素。

（2）插入操作和普通队列一样,只在队尾进行插入,而删除操作则是根据元素的优先级来进行的,即只能删除优先级最高的元素。

限于篇幅,有关优先队列具体算法的实现,在此不作介绍了。

4.5 队列实训

4.5.1 打印杨辉三角形

1. 问题描述

利用循环队列打印如下所示的杨辉三角形:

```
1
1   1
1   2   1
1   3   3   1
1   4   6   4   1
1   5   10  10  5   1
1   6   15  20  15  6   1
```
……

杨辉三角形输出的行数可以在程序中由输入控制。

2. 算法分析

杨辉三角形的特点是两个腰上的数字都为1,其他位置上的数字是其上一行中与之相邻的两个整数之和。所以在打印过程中,第 i 行上的元素要由第 i-1 行中的元素来生成。在循环队列中依次存放第 i-1 行上的元素,然后逐个出队并打印,同时生成第 i 行元素并入队列。

3. 算法实现

```
# define   TRUE  1
# define   FALSE  0
# define  MAXSIZE 8   /* 队列的最大长度 */
# include  <stdlib. h>
# include <stdio. h>
typedef  struct
{   int element[MAXSIZE];   /* 队列的元素空间 */
    int front;   /* 头指针指示器 */
    int rear;   /* 尾指针指示器 */
}SeqQueue;
/* 初始化操作 */
SeqQueue  * InitQueue(SeqQueue * Q)
{   /* 将 * Q 初始化为一个空的循环队列 */
    Q->front=Q->rear=0;
    return Q;
}
/* 入队操作 */
int EnterQueue(SeqQueue * Q, int x)
{   /* 将元素 x 入队 */
    if((Q->rear+1)%MAXSIZE==Q->front)   /* 队列已经满了 */
```

```
        return(FALSE);
    Q->element[Q->rear]=x;
    Q->rear=(Q->rear+1)%MAXSIZE;  /*重新设置队尾指针 */
    return(TRUE);  /*操作成功*/
}
/*出队操作*/
int DeleteQueue(SeqQueue * Q, int * x)
{  /*删除队列的队头元素,用 x 返回其值*/
    if(Q->front==Q->rear)  /*队列为空*/
        return(FALSE);
    *x=Q->element[Q->front];
    Q->front=(Q->front+1)%MAXSIZE;  /*重新设置队头指针*/
    return(TRUE);  /*操作成功*/
}
int GetHead(SeqQueue  * Q, int  * x)
{  /*提取队列的队头元素,用 x 返回其值*/
    if(Q->front==Q->rear)  /*队列为空*/
        return(FALSE);
    *x=Q->element[Q->front];
        return(TRUE);  /*操作成功*/
}
void Yanghui()
{ SeqQueue  * Q;
  int n,i,temp,x;
  Q=(SeqQueue  * )malloc(sizeof(SeqQueue ));
  Q=InitQueue(Q);//初始化队列
  EnterQueue(Q,1);//第一行元素入列
  for(n=2;n<=MAXSIZE;n++)
{  EnterQueue(Q,1);//第一个元素入队
    for(i=1;i<=n-2;i++)
{  DeleteQueue(Q,&temp);//删除队列头元素并返回给 temp,对列的头指针发生变化+1
    printf(" %d",temp);
    GetHead(Q,&x);//取队头元素
    temp=temp+x;//产生下一行元素
    EnterQueue(Q,temp);//新元素入队
    }
  DeleteQueue(Q,&x);
  printf(" %d",x);
  EnterQueue(Q,1);
printf("\n");
}
while(Q->front==Q->rear)
{  DeleteQueue(Q,&x);
```

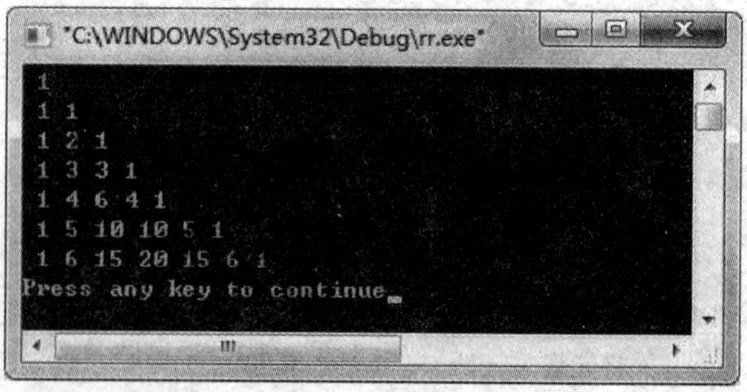

图 4-8 杨辉三角形

```
    printf(" %d",x);
  }
}
main()
{  Yanghui();
}
```

程序运行结果如图4-8所示。

4.5.2 回文判断

1.问题描述

正读和反读都相同的字符序列为"回文",例如,"abba"和"abcba"是回文,"abcde"和"ab-abab"则不是回文。回文具有两边对称的性质。

2.算法分析

构造一个栈和一个队列,让字符序列做入栈和入队列操作,遇到"@"停止,然后依次出栈和出队,依次比较,如果出栈完成,所有字符相等,说明是回文,否则不是回文。

3.算法实现

```
# include "stdio. h"
# include "stdlib. h"
# include "string. h"
# define EMPTY 0
# define FULL 10000
# define MAX 10000
typedef char data;
typedef struct  {
 data d;
 struct elem  * next;
}elem;
typedef struct  {
 int cnt;
 elem  * top;
}stack;
void initialize(stack  * stk);
void push(char d, stack  * stk);
char pop(stack  * stk);
int empty( stack  * stk);
int  full( stack  * stk); //栈操作函数
void initialize(stack  * stk)
{   stk->cnt = 0;
    stk->top = NULL;
}
int empty(stack  * stk)
{ if(stk->cnt == EMPTY)
```

```
      return 1;
      else
      return 0;
    }
int full( stack * stk)
{   if( stk->cnt == FULL)
    return 1;
      else
    return 0;
    }
void push(data d, stack * stk)
{   elem * p;
    if (! full(stk))
    {
    p = (elem *)malloc(sizeof(elem));
    p->d = d;
    p->next = stk->top;
    stk->top = p;
    stk->cnt++;
    }
    }
char pop(stack * stk)
{   data d;
    elem * p;
    if(! empty(stk))
    {    d=stk->top->d;
    p=stk->top;
    stk->top=stk->top->next;
    stk->cnt--;
    free(p);
    }
    return d;
    }
int main(void)
{    data input[MAX];
    stack temp;
    int i=0;
    int flag=0;
    initialize(&temp);   //初始化临时栈
    scanf("%s", &input);   //输入字符串
    while (input[i]! ='@')
{//字符串入栈
    push(input[i], &temp);
```

```
    i++;
  }
    while（！empty(&temp))
{//字符依次出栈和字符数组比较,判断是否回文数
  if（temp. top->d==input[flag]）
  {       pop(&temp);
      flag++;
  }
  else
  { printf("此字符序列不是回文! \n");
      break;
  }
}
  if（empty(&temp)）
    printf("此字符序列是回文! \n");
  return 1;
}
```

图 4-9　回文判断

程序运行结果如图 4-9 所示。

本 章 小 结

（1）队列是一种运算受限制的线性表,一般队列只允许在队尾进行插入操作,在队头进行删除操作。

（2）队列的逻辑结构和线性表也相同,数据元素之间存在一对一的关系,其主要特点是"先进先出"。

（3）队列的存储结构也有顺序存储结构和链接存储结构,要求能用 C(或 C++)语言描述它们的存储结构。

（4）重点掌握在顺序队列和链队列上的进队、出队、判队空、判队满、求队列长度和读队头元素等操作。

（5）熟悉队列在计算机的软件设计中的应用,能灵活应用队列的基本原理解决一些综合性的应用问题。

课 后 习 题

一、判断题(下列各题,正确的请在前面的括号内打√;错误的打×)

1.队列是一种插入与删除操作分别在表的两端进行的线性表,是一种先进后出型结构。
（　　）

2.通常使用队列来处理函数或过程的调用。
（　　）

3.在链队列上做出队操作时,会改变 front 指针的值。
（　　）

4.在循环队列中,若尾指针 rear 大于头指针 front,其元素个数为 rear−front。
（　　）

5.循环队列也存在空间溢出问题。　　　　　　　　　　　　　　　（　　　）

6.队列和栈都是运算受限的线性表,只允许在表的两端进行运算。（　　　）

7.栈和队列都是线性表,只是在插入和删除时受到了一些限制。　（　　　）

8.栈和队列的存储方式,既可以是顺序方式,又可以是链式方式。（　　　）

9.链队列在一定范围内不会出现队满的情况。　　　　　　　　　　（　　　）

10.在队列中允许删除的一端称为队尾。　　　　　　　　　　　　　（　　　）

二、填空题

1.循环队列的引入,目的是为了克服_____。

2._____又称为先进先出表。

3.读队首元素的操作_____队列元素的个数。

4.区分循环队列的满与空,只有两种方法,它们是_____和设队列元素个数方法。

5.设长度为 n 的链队列用单循环链表表示,若只设头指针,则入队操作的时间复杂度为_____。

6.队列 Q 经过 InitQueue(Q)(初始化队列);InQueue(Q,a);InQueue(Q,b);OutQueue(Q,x);ReadFront(Q,x);QEmpty(Q)后的值是_____。

7.队列 Q 经过 InitQueue(Q)(初始化队列);InQueue(Q,a);InQueue(Q,b);ReadFront(Q,x)后,x 的值是_____。

8.设循环队列的容量为 40(序号从 0~39),现经过一系列的入队和出队运算后,有 front=11,rear=19,则循环队列中还有_____个元素。

9.在一个链队列中,若队首指针为 front,队尾指针为 rear,则判断该队列只有一个结点的条件为_____。

10.设循环队列的头指针 front 指向队首元素,尾指针 rear 指向队尾元素后的一个空闲元素,队列的最大空间为 MAXLEN,则队满标志为_____。

三、选择题

(1)队列是限定在(　　)进行操作的线性表。

A.中间　　　　　　　B.队首　　　　　　　C.队尾　　　　　　　D.端点

(2)队列中的元素个数是(　　)。

A.不变的　　　　　　B.可变的　　　　　　C.任意的　　　　　　D.0

(3)同一队列内各元素的类型(　　)。

A.必须一致　　　　　B.不能一致　　　　　C.可以不一致　　　　D.不限制

(4)队列是一个(　　)线性表结构。

A.不加限制的　　　　B.推广了的　　　　　C.加了限制的　　　　D.非

(5)当利用大小为 n 的数组顺序存储一个队列时,该队列的最后一个元素的下标为(　　)。

A.n−2　　　　　　　B.n−1　　　　　　　C.n　　　　　　　　　D.n+1

(6)一个循环队列一旦说明,其占用空间的大小(　　)。

A.已固定　　　　　　B.可以变动　　　　　C.不能固定　　　　　D.动态变化

(7)循环队列占用的空间(　　)。

A.必须连续　　　　　B.不必连续　　　　　C.不能连续　　　　　D.可以不连续

(8)存放循环队列元素的数组 data 有 10 个元素,则 data 数组的下标范围是(　　)。

A.0..10　　　　　B.0..9　　　　　C.1..9　　　　　D.1..10

(9)若进队的序列为 A,B,C,D,则出队的序列是(　　)。

A.B,C,D,A　　　　B.A,C,B,D　　　　C.A,B,C,D　　　　D.C,B,D,A

(10)四个元素按 A,B,C,D 顺序连续进队 Q,则队尾元素是(　　)。

A.A　　　　　　　B.B　　　　　　　C.C　　　　　　　D.D

(11)四个元素按 A,B,C,D 顺序连续进队 Q,执行一次 OutQueue(Q)操作后,队头元素是(　　)。

A.A　　　　　　　B.B　　　　　　　C.C　　　　　　　D.D

(12)四个元素按 A,B,C,D 顺序连续进队 Q,执行四次 OutQueue(Q)操作后,再执行 QEmpty(Q)后的值是(　　)。

A.0　　　　　　　B.1　　　　　　　C.2　　　　　　　D.3

(13)队列 Q,经过下列运算后,x 的值是(　　)。

InitQueue(Q)(初始化队列);InQueue(Q,a);InQueue(Q,b);OutQueue(Q,x);Read-Front(Q,x)

A.a　　　　　　　B.b　　　　　　　C.0　　　　　　　D.1

(14)循环队列 SQ 队满的条件是(　　)。

A. SQ->rear==SQ->front

B. (SQ->rear+1)%MAXLEN==SQ->front

C. SQ->rear==0

D. SQ->front==0

(15)设链栈中结点的结构:data 为数据域,next 为指针域,且 top 是栈顶指针。若想在链栈的栈顶插入一个由指针 s 所指的结点,则应执行下列(　　)操作。

A. s->next=top->next;top->next=s;

B. top->next=s;

C. s->next=top;top=top->next;

D. s->next=top;top=s;

(16)带头结点的链队列 LQ 示意图如图 4-10 所示,链队列的队头元素是(　　)。

A.A　　　　　　　B.B　　　　　　　C.C　　　　　　　D.D

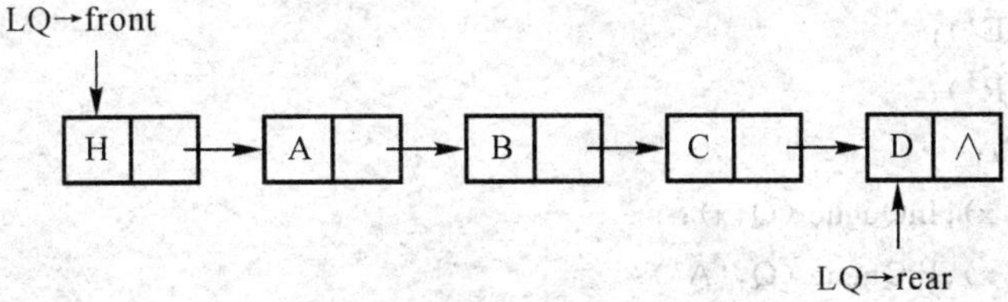

图　4-10

(17)带头结点的链队列 LQ 示意图如图 4-11 所示,指向链队列的队头指针是(　　)。

A. LQ->front　　　　　　　　　　B. LQ->rear

C. LQ->front->next　　　　　　　D. LQ->rear->next

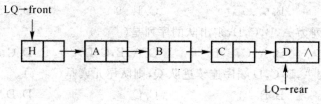

图 4-11

(18)带头结点的链队列 LQ 示意图如图4-12所示,在进行进队运算时指针 LQ->front
(   )。

 A. 始终不改变   B. 有时改变   C. 进队时改变   D. 出队时改变

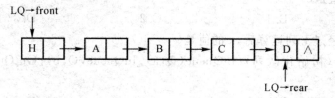

图 4-12

(19)队列 Q,经过下列运算后,再执行 QEmpty(Q)的值是(   )。

InQueue(Q)(初始化队列);InQueue(Q,b);InQueue(Q,a);OutQueue(Q,x);
ReadQueue(Q,x)

 A. a   B. b   C. 0   D. 1

(20)若用一个大小为 6 的数组来实现循环队列,且当前 front 和 rear 的值分别为 3 和 0,
当从队列中删除一个元素,再加入两个元素时,front 和 rear 的值分别为(   )。

 A.5 和 1   B.4 和 2   C.2 和 4   D.1 和 5

四、写出程序运行的结果

写出下列程序段的输出结果(队列中的元素类型为 char)。

```
void main( )
{    Queue Q;  InitQueue(Q);                //初始化队列
     char x='E';y='R';
     InQueue(Q,'E');
     InQueue(Q,'R');
     InQueue(Q,y);
     OutQueue(Q,x);InQueue(Q,x);
     OutQueue(Q,x);InQueue(Q,'A');
     while(! QEmpty(Q))
        {
        OutQueue(Q,y);
        printf(y);
        };
     printf(x);
}
```

五、程序填空

1. 假定用一个循环单链表表示一个循环队列,该队列只设一个队尾指针 rear,试填空完成向循环队列中插入一个元素为 x 的结点的函数。

```
typedef struct queuenode            //定义队列的存储结构
{  int data;
   struct queuenode * next;
}qu;
InQueue(rear,x)                     //向队列插入元素为 x 的函数
{ qu * rear;
  int x;
  { qu * head, * s;
    s=_____(1)_____;
    s->data=_____(2)_____;
    if  (rear==NULL)        //循环队列为空,则建立一个结点的循环队列
       { rear=s; rear->next;}
    else
       { head=_____(3)_____;        //循环队列非空,则将 s 插到后面
         rear->next=_____(4)_____;
         rear=s;
         _____(5)_____=head;}
  }
}
```

六、算法设计题

1. 设一个循环队列 Queue,只有头指针 front,不设尾指针,另设一个含有元素个数的计数器 cont,试写出相应的入队算法和出队算法。

2. 用一个循环数组 Q[0..MAXLEN−1]表示队列时,该队列只有一个头指针 front,不设尾指针,而改置一个计数器 count 用以记录队列中结点的个数。试编写一个能实现初始化队列、判队空、读队头元素、入队操作和出队操作的算法。

3. 一个用单链表组成的循环队列,只设一个尾指针 rear,不设头指针,请编写如下算法:

(1)向循环队列中插入一个元素为 x 的结点;

(2)从循环队列中删除一个结点。

第5章 串

随着计算机技术的不断发展,计算机被越来越多地用于解决非数值处理问题,这些问题中大量使用到字符串(或简称为串)。串是一种特殊的线性表,它的结点数据仅由字符组成。

在早期的程序设计语言中,串仅在输入或输出中以常量的形式出现,并不参与运算。随着计算机在各个领域的广泛应用,串在文字编辑、词法扫描、符号处理及定理证明等许多领域得到了越来越广泛的应用。在高级语言中也引入了串变量的概念,如同整型、实型变量一样,串变量也可以参与各种运算。

本章将讨论串的基本概念、存储表示、模式匹配算法以及串操作的简单应用举例。

5.1 串的类型定义和运算

5.1.1 串的定义

串是由零个或多个字符组成的有限序列,一般记为

$$S="a_1a_2a_3\cdots a_i\cdots a_n" \quad (n\geqslant 0)$$

其中 S 是串名,用双引号括起来的字符序列是串的值;$a_i(1\leqslant i\leqslant n)$可以是字母、数字或其他字符,串中的字符个数 n 称为串的长度。零个字符的串称为空串,其长度为 0。

串中任意个连续的字符组成的子序列称为该串的子串。包含子串的串相应地称为主串。通常将子串在主串中的序号称为该子串在主串的位置。空格串指由一个或多个空格字符组成的串。

【注意】 空格串与空串是不相同的。空串的长度为 0,空格串的长度为串中空格字符的个数。

例如,设 A,B,C,D 分别为:A = "My name is zhangsan";B = "zhangsan";C = " ";D = ""。其中,A 串的长度为 19;B 串的长度为 8;C 串的长度为 2;D 串的长度为 0。B 串是 A 串的子串,B 串在 A 串中的位置为 12,而 C 串是长度为 2 的空格串,它不是 A 和 B 的子串;D 是空串。串值必须用一对双引号括起来,但双引号本身不属于串,它的作用只是为了避免与变量或数的常量混淆而已。

又如:a="285";abc="abc"。这表明 a 是一个串名,串的值是字符序列 285,而不是整数 285;左边的 abc 表示一个串名,右边的字符序列 abc 是串的值。

5.1.2 串的基本操作

(1)StrAsign&(S,T):将一个值赋给串 S。

初始条件:T 是字符串常量。

操作结果:生成一个值等于 T 的串 S。

（2）StrInsert&(S,i,T)：将子串 T 插入到串 s 的第 i 个位置。

初始条件：串 S 和 T 存在，1≤i≤StrLength(S)+1。

操作结果：在串 S 的第 i 个字符之前插入串 T。

例如：S="student"，T="king"，则执行 StrInsert(S,4,T)之后得到

$$S="studkingent"$$

（3）StrDelete&(S,i,j)：删除串 s 中从第 i 个位置开始的 j 个字符。

初始条件：串 S 存在，1≤i≤StrLength(S)-len+1。

操作结果：从串 S 中删除第 i 个字符起长度为 j 的子串。

例如：S="beautiful"，则执行 StrLength(S,4,3)之后得到

$$S="beauul"$$

（4）StrCopy&(S,T)：将一个串 T 赋给串 S。

初始条件：串 S 存在。

操作结果：由串 T 复制得串 S。

例如：S="beautiful"，T="girl"，则执行 StrCopy(&S,T)之后得到

$$S="beautiful girl"$$

（5）StrEmpty(S)：判断串是否为空。

初始条件：串 S 存在。

操作结果：若串 S 为空串，则返回 TRUE，否则返回 FALSE。

例如：S1="abc"，S2=""，执行 StrEmpty(S1)之后得到 S1="TRUE"；执行 StrEmpty(S2)之后得到 S1="FALSE"。

（6）StrCompare(S,T)：串比较大小。

初始条件：串 S 和 T 存在。

操作结果：若 S>T，则返回值>0；若 S=T，则返回值=0；若 S<T，则返回值<0。

例如：

StrCompare("data","state")<0

StrCompare("data","data")=0

StrCompare("cat","case")>0

（7）StrLength(S)：返回串 s 的长度。

初始条件：串 S 存在。

操作结果：返回串 S 的长度，即串 S 中的元素个数。

例如：S="beautiful"，则执行 StrLength(S)之后得到 9。

（8）StrClear&(S)：串清空。

初始条件：串 S 存在。

操作结果：将 S 清为空串。

（9）Concat(&T,S,M)：返回串 S 和串 M 连接的结果。

初始条件：串 S 和 M 存在。

操作结果：用 T 返回由 S 和 M 连接而成的新串。

例如：Concate(&T,"Good","morning")，求得 T="Goodmorning"。

（10）SubString(&T,S,i,j)：返回串 s 的第 i 个位置开始的 j 个字符组成的串。

初始条件:串 S 存在,1≤i≤StrLength(S)且 1≤j≤StrLength(S)−pos+1。

操作结果:用 T 返回串 S 的第 i 个字符起长度为 j 的子串。

例如:SubString(&T,"computer",4,3),求得 T="put";

SubString(&T,"computer",1,8),求得 T="computer"。

(11)StrIndex&(S,T,i):返回子串 t 在主串 s 中的位置。

初始条件:串 S 和 T 存在,T 是非空串,1≤i≤StrLength(S)。

操作结果:若串 S 中存在与串 T 相同的子串,则返回它在串 S 中第 i 个字符之后第一次出现的位置;否则返回 0 。

"子串在主串中的位置"意指子串中的第一个字符在主串中的位序。

例如 S="feghkjroghkrtghk",T="ghk",StrIndex(&S,T,1)=3;Index(S,T,1)=3;strIndex&(S,T,3)=14;SerIndex(S,T,8)=0。

(12)StrReplace(S,T,V):将串 S 中子串 T 的所有出现均替换成 V。

初始条件:串 S,T 和 V 存在,且 T 是非空串。

操作结果:用 V 替换串 S 中出现的所有与 T 相等的不重叠子串。

例如:S="feghkjroghkrtghk",T="ghk"

若 V="b",则经置换后得到 S="febjrobrtb"。

若 V="bc",则经置换后得到 S="febcjrobcrtbc"。

(13)StrDestroy&(S):销毁串。

初始条件:串 S 存在。

操作结果:销毁串 S。

(14)StrEqual(S,T):两个串 S 和 T 相等时返回 1,否则返回 0。

初始条件:串 S 和串 T 存在。

操作结果:若串 S 和串 T 相等,则函数返回 true,否则返回 false。

(15)DispStr&(S):显示串 S 的所有字符。

对于串的基本操作集可以有不同的定义方法,在使用高级程序设计语言中的串类型时,应以该语言的参考手册为准。

5.2 串的存储结构

如果在程序设计语言中,串只是作为输入输出的常量出现,则只需要存储这个串常量的值,即字符序列。但在多数非数值处理的程序中,串也以变量的形式出现。所以需要根据串操作的特点,合理地选择和设计串值的存储结构及其维护方式。

5.2.1 串的顺序存储结构

存储串最常用的方式是采用顺序存储结构,即把串字符顺序地存储在内存一片相邻的空间内,称为顺序串。串的顺序存储结构就是用字符类型数组存放串的所有字符。

表示串的长度通常有两种方法:①设置一个串的长度参数。②在串值的末尾添加结束标记。

例如:"computer"的存储形式如图 5−1 所示。

图 5-1　串的顺序存储

所谓顺序存储结构,是直接使用字符数组来定义。

```
#define MaxSize 255        //最多字符个数
typedef struct
{   char ch[MaxSize];       //存放串字符
    int len;            //存放串的实际长度
} SqString;         //顺序串类型
```

其中,ch 域用来存储字符串;len 域用来存储字符串的实际长度;MaxSize 常量表示允许所存储字符串的最大长度。

顺序存储的特点:

(1)线性表中的所有元素所占的存储空间是连续的(即要求内存中可用存储单元的地址必须是连续的)。

(2)线性表中各数据元素在存储空间中是按逻辑顺序依次存放的。

即线性表逻辑上相邻、物理也相邻(逻辑与物理统一:相邻数据元素的存放地址也相邻),若已知第一个元素首地址和每个元素所占字节数,则可求出任一个元素首地址。

顺序存储的优点:

(1)无须为表示结点间的逻辑关系而增加额外的存储空间。

(2)可以方便地随机存取表中的任一结点。

(3)存储密度大(＝1),存储空间利用率高。

顺序存储的缺点:

(1)插入和删除运算不方便,需移动大量元素。

(2)由于要求占用连续的存储空间,存储分配只能按最大存储空间预先进行,所以存储空间不能得到充分利用。

(3)表的容量难以扩充。

5.2.2　串的链式存储结构

串也可以采用链式存储结构,由于串的数据元素是一个字符,它只有 8 位二进制数,因此用链表存储时,通常一个结点中存放的不是一个字符,而是一个子串。串的链式存储结构就是把串值分别存放在构成链表的若干个结点的数据元素域上,有单字符结点链和块链两种形式。单字符结点链就是每个结点的数据元素域只包括一个字符;块链就是每个结点的数据元素域包括若干个字符。

链串的类型定义如下:

```
typedef struct node
{      char data;          //存放字符
    struct node * next;        //指针域
} LinkString;
```

其中 data 域用来存储组成字符串的字符,next 域用来指向下一个结点。每个字符对应一个结点。如图 5-2 所示是链式串"girl"的存储形式。

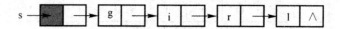

图 5-2　串的链式存储

链式存储的特点：链式存储时，相邻数据元素可随意存放，但所占存储空间分两部分，一部分存放结点值，另一部分存放表示结点间关系的指针。

链式存储的优点：

(1)插入、删除操作都很方便，可以直接通过修改结点的指针实现，无须移动元素。

(2)方便扩充存储空间。

链式存储的缺点：

(1)不能随机存取元素。

(2)存储密度小(<1)，存储空间利用率低。

5.2.3　串的基本操作及算法描述

1.串的基本操作

串的基本操作包括串的建立、遍历、插入、删除等操作。

2.串的算法描述

在顺序串上实现串的基本算法描述如下：

(1)串赋值运算算法。将一个字符数组 t 赋给串 s。

```
void  Assign(SqString s,char t[])
{     int i=0;
      while（t[i]! =\0')
      {     s. ch[i]=t[i];
            i++;
      }
      s. len=i;
}
```

(2)串复制运算算法。将一个串 t 赋给串 s。

```
void  StrCopy(SqString s,SqString t)
{     int i;
      for(i=0;i<t. len;i++)
            s. ch[i]=t. ch[i];
      s. len=t. len;
}
```

(3)求串长运算算法。返回串 s 的长度，即串中包含的字符个数。

```
int  StrLength(SqString s)
{     return(s. len);
}
```

(4)判断串相等运算算法。串相等是指两个串的长度及对应位置的字符完全相同。串 s 和串 t 相等时返回 1；否则返回 0。

```
int  StrEqual(SqString s,SqString t)
```

```
{    int i=0;
    if(s.len!=t.len)//串长不同时返回0
        return(0);
    else
    {    for(i=0;i<s.len;i++)
            if (s.ch[i]!=t.ch[i])//有一个对应字符不同时返回0
            return(0);
        return(1);
    }
}
```

（5）串连接运算算法。将串 t 连接到串 s 之后,返回连接后的结果串。

```
SqString Concat(SqString s,SqString t)
{    SqString r;
    int i,j;
    for(i=0;i<s.len;i++)//将 s 复制到 r
    r.ch[i]=s.ch[i];
    for (j=0;j<t.len;j++)//将 t 复制到 r
        r.ch[s.len+j]=t.ch[j];
        r.len=i+j;
    return(r);//返回 r
}
```

（6）求子串运算算法。返回串 s 的第 i 个位置开始的 j 个字符组成的串。

```
SqString SubStr(SqString s,int i,int j)
{    SqString t;
    int k;
    if(i<1 || i>s.len || j<1 || i+j>s.len+1)
        t.len=0;//参数错误时返回空串
    else
    {        for(k=i-1;k<i+j;k++)
        t.ch[k-i+1]=s.ch[k];
        t.len=j;
    }
    return(t);
}
```

（7）查找子串位置运算算法。返回子串 t 在主串 s 中的位置。若串 t 不在串 s 中,则返回 1。

```
int Index(SqString s,SqString t)
{    int i=0,j=0,k;                        //i和j分别扫描主串 s 和子串 t
    while(i<s.len && j<t.len)
    {
        if(s.ch[i]==t.ch[j])              //对应字符相同时,继续比较下一对字符
        {    i++;j++;
```

```
        }
        else                          //否则,主子串指针回溯重新开始下一次匹配
        {   i=i-j+1;j=0;
        }
    }
    if(j>=t.len)
        k=i-t.len+1;                   //求出第一个字符的位置
    else
        k=-1;                          //置特殊值-1
    return(k);
}
```

(8)子串插入运算算法。将子串 t 插入到串 s 的第 i 个位置。

```
int InsStr(SqString s,int i,SqString t)
{   int j;
    if(i>s.len+1)
        return(0);                     //位置参数值错误
    else
    {   for (j=s.len;j>=i-1;j--) //将 s.ch[i-1]-s.ch[s.len-1]后移 t.len 个位置
    s.ch[j+t.len]=s.ch[j];
        for(j=0;j<t.len;j++)
            s.ch[i+j-1]=t.ch[j];
        s.len=s.len+t.len;            //修改 s 串长度
        return(1);
    }
}
```

(9)子串删除运算算法。删除串 s 中从第 i 个位置开始的 j 个字符。

```
int DelStr(SqString s,int i,int j)
{   int k;
    if(i<1 || i>s.len || j<1 || i+j>s.len+1)
        return(0);                            //位置参数值错误
    else
    {   for(k=i+j-1;k<s.len;k++)   //将 s 的第 i+j 位置之后的字符前移 j 位
            s.ch[k-j]=s.ch[k];
            s.len=s.len-j;//修改 s 的长度
        return(1);
    }
}
```

(10)子串替换运算算法。将串 s 中所有出现的子串 s_1 均替换成 s_2。

```
SqString RepStrAll(SqString s,SqString s1,SqString s2)
{   int i;
    i=index(s,s1);
    while(i>=0)
```

```
{       DelStr(s,i,s₁. len);                //删除
        InsStr(s,i,s₂);                      //插入
        i=index(s,s₁);
    }
    return(s);
}
```

（11）输出串运算算法。显示串 s 的所有字符。

```
void DispStr(SqString s)//输出串运算
{    int i;
     for(i=0;i<s. len;i++)
          printf("%c",s. ch[i]);
     printf("\n");
}
```

在顺序串的基本运算设计好后,调用这些基本运算函数,读者可以对照程序执行结果进行分析,进一步体会顺序串各种操作的实现过程。

5.3　串　实　训

文本编辑程序是一个面向用户的系统服务程序,广泛用于源程序的输入和修改,用于报刊和书籍的编辑排版以及办公室的公文书稿的起草和润色。文本编辑的实质是修改字符数据的形式或格式。对于计算机用户来讲,一个文本文件可以包括若干页,每页包含若干行,每行包含若干个文字。但对于文本编辑程序来讲,可以把整个文本看成一个长字符串,称为文本串,页是文本串的子串,行是页的子串。

5.3.1　字符串分割

字符串按照特定字符进行分割是编程时候经常要用到的方法,C 语言中的 sscanf() 函数能够实现字符串的分割而且效率超高,不需要对分割后的字符串进行内存分配,而只是将被分割字符中的分隔符代替。而大家都知道字符串都是以\0 结尾的,所以这样就达到了将一个整串分割成多个字符串的目的。

sscanf()——从一个字符串中读进与指定格式相符的数据。

函数原型:

int sscanf(const char * , const char * , ...);

int sscanf(const char * buffer,const char * format,[argument]...);

buffer 存储的数据

format 格式控制字符串

argument 选择性设定字符串

sscanf 会从 buffer 里读进数据,依照 argument 的设定将数据写回。

【例 5 - 1】

```
# include <stdio. h>
int main(void)
```

```
{   char szStr0[12], szStr1[12], szStr2[12];
char a[]="www. hniec. net";
sscanf(a,"%[^.]. %[^.]. %s",szStr0, szStr1, szStr2);//格式输出
printf("szStr0= %s\n",szStr0);
printf("szStr1= %s\n",szStr1);
printf("szStr2= %s\n",szStr2);
return 0;
}
```

程序运行结果如图 5-3 所示。

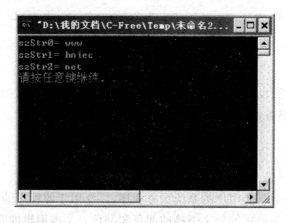

图 5-3　字符串分割结果

5.3.2　串的模式匹配

在计算机处理的各种数据中,有一大部分属于正文的内容,都是用文字来描述的,在编辑文档的时候需要在正文中找到和文档中相同的字符时,利用查找的功能,若能找到,即在屏幕上将光标移动到这个字符的起始位置,这个操作就是数据结构中的模式匹配。

模式匹配操作就是在主串 s 中定位子串 t 的操作,即在主串 s 中找到第一个与子串 t 相等的子串,通常把主串 s 称为目标串,把子串 t 称为模式串。模式匹配成功是指在 s 中找到一个;不成功则指 s 中不存在 t。模式匹配操作的实现算法如下:

1. 求子串位置的定位函数 Index(S,T,pos)

模式匹配:子串的定位操作称做串的模式匹配。

例如:定长顺序存储结构的匹配算法(不依赖于串的其他操作)。

思想:从主串 S 的第 pos 个字符起和模式的第一个字符比较,若相等,则继续比较后续字符,否则从主串的下一个字符起再重新和模式的字符比较。

算法:

```
int index(SString S, SStringR, int pos )
//返回字符串 R 在主串中第 pos 个字符之后的位置,若不存在,则函数值为 0,
//其中 R 为非空,1≤pos≤StrLength(S)
i=pos;j=1;
while(i<=S[0] && j<=R[0])
```

```
{     if（S[i]==R[j]{++i；++j；}        //继续比较后继字符
      else{i=i-j+2;j=1;}              //指针后退重新开始匹配
}
if(j>R[0])   return  i-R[0];
else return 0;
}
```

【例 5-2】　假设主串 S 为"xyxyzxyzxzyxy"，模式串 R 为"xyzxz"，匹配过程如图 5-4 所示。

$$\downarrow i=1$$
第一趟匹配：　S：x y x y z x y z x z y x y
　　　　　　　　R：x y z x z
　　　　　　　　　　$\uparrow j=3$

$$\downarrow i=2$$
第二趟匹配：　S：x y x y z x y z x z y x y
　　　　　　　　R：x y z x z
　　　　　　　$\uparrow j=3$

$$\downarrow i=3$$
第三趟匹配：　S：x y x y z x y z x z y x y
　　　　　　　　R：x y z x z
　　　　　　　$\uparrow j=1$

$$\downarrow i=4$$
第四趟匹配：　S：x y x y z x y z x z y x y
　　　　　　　　R：x y z x z
　　　　　　　$\uparrow j=1$

$$\downarrow i=5$$
第五趟匹配：　S：x y x y z x y z x z y x y
　　　　　　　　R：x y z x z
　　　　　　$\uparrow j=1$

......

$$\downarrow i=11$$
第 n 趟匹配：　S：x y x y z x y z x z y x y
　　　　　　　　R：x y z x z
　　　　　　　　　$\uparrow j=5$

图 5-4　字符串匹配过程

算法分析：开始将串 T 的第 1 个字符与串 S 的第 1 个字符比较，头两对字符均都匹配，但第 3 对字符为 a 与 c 不匹配；第 2 轮将 T 的第 1 个字符与 S 的第 2 个字符比较，可以发现 a 与 b 不匹配；第 3 轮再将 T 的第 1 个字符与 S 的第 3 个字符比较，前 4 对字符都匹配，第 5 对又不匹配；这样继续下去，直至进行到第 6 轮时才达到完全匹配，故返回子串在 S 中的起始位置为 6。

在最好的情况下算法时间复杂度为 O(n+m)，在最坏的情况下时间复杂度为 O(n*m)（n，m 分别为主串和模式的长度）。

该算法缺点：有时效率低，回溯指针次数多。

2. KMP 算法

KMP 算法是在 Brute-Force 算法基础上的改进算法。KMP 算法的特点主要是消除了 BF 算法的主串比较位置在相当多个字符比较相等后，只要有一个字符比较不相等，主串位置便需要回退的缺点，而是利用已经得到的"部分匹配"的结果将模式向右"滑动"尽可能远的一段距离后，继续进行比较。

从例 5-2 可以看出，在第三趟匹配中，当 i=7，j=5 字符比较不等时，又从 i=4，j=1 重新开始比较。在 i=4 和 j=1，i=5 和 j=1 以及 i=6 和 j=1 这三次比较都是不必要的。从第三趟开始部分匹配的结果就可得出，主串中第 4，5 和 6 个字符必然是"b"，"c"和"a"。因为模式中的第一个字符是 a，所以不需要再和这 3 个字符比较，只需将模式向右滑动 3 个字符的位置即可，继续进行 i=7，j=2 时的字符比较。同样，在第一趟匹配中出现字符不等时，仅需将模式向右移动两个字符的位置继续进行 i=3，j=1 时的字符比较，因此在整个过程中 i 没有回退。

假设主串"$S_1S_2\cdots S_n$"，模式串"$R_1R_2\cdots R_n$"，为了实现算法改进，需要解决在模式匹配的过程中产生"失配"（即 $S_i \neq R_j$）时，模式串向右滑动的距离是多少？

假设此时应与模式中第 k（k<j）个字符继续比较，则模式中前 k−1 个字符的子串必须满足如下关系：

$$"R_1R_2\cdots R_{k-1}" = "S_{i-k+1}S_{i-k+2}\cdots S_{i-1}"$$

得到的匹配结果是：

$$"R_{j-k+1}R_{j-k+2}\cdots R_{j-1}" = "S_{i-k+1}S_{i-k+2}\cdots S_{i-1}"$$

由上面结果得到：

$$"R_1R_2\cdots R_{k-1}" = "R_{j-k+1}R_{j-k+2}\cdots R_{j-1}"$$

如果模式串存在满足式子"$R_1R_2\cdots R_{k-1}$"="$R_{j-k+1}R_{j-k+2}\cdots R_{j-1}$"的两个子串，则当匹配过程中，主串中第 i 个字符与模式串中第 j 个字符比较不等时，仅需将模式向右滑动至模式串中第 k 个字符和主串中第 i 个字符对齐，此时模式中前 k−1 个字符的子串"$R_1R_2\cdots R_{k-1}$"必定与主串中第 i 个字符之前长度为 k−1 的子串"$S_{i-k+1}S_{i-k+2}\cdots S_{i-1}$"相等，由此，匹配仅需从模式中第 k 个字符与主串中第 i 个字符比较起继续进行。

若令 next[j]=k，则 next[j] 表明当前模式中第 j 个字符与主串中相应的字符失配时，在模式中需要重新和主串中该字符进行比较的字符的位置。由此，next 函数的定义如下：

$$next[j] = \begin{cases} 0, & j=1 \\ max\{k|1<k<j \quad 且 \quad R_1\cdots R_{k-1}" = "R_{j-k-1}\cdots R_{j-1}\} \\ 1 \end{cases}$$

这样在求得了模式的 next 函数之后，可按如下的 KMP 算法进行匹配。

KMP 算法：

```
int  Index_KMP(SString S, SStringR, int pos )
{//利用模式串 R 的 next 函数求 T 在主串 S 中第 pos 个位置
   //字符之后的位置的 KMP 算法。其中,R 非空
```

```
    //1≤pos≤StrLength(S)
     i＝pos；　j＝1；
while(i<＝S[0] && j<＝R[0])
{   if (j＝＝0 || S[i]＝＝R[j]){＋＋i；＋＋j；}   //继续比较后继字符
    else  j＝next[j]；　//模式串向右移动
}
if (j＞R[0]) return  i－R[0]；
elsereturn 0；
}
```

现在的问题就是如何求得模式的 next 函数,而求 next 函数值的过程实际上是一个递推过程,分析如下:

已知 next[1]＝0；假设：next[j]＝k；又 R[j]＝R[k]；则 next[j+1]＝k+1。

若 R[j]≠R[k]；则需往前回溯,检查 R[j]＝＝R[?]。

这实际上也是一个匹配的过程,只是主串和模式串是同一个串。求模式串 T 的 next 函数值的算法如下：

```
void get_next(SString &R,int &next[ ])
{     //求模式串 T 的 next 函数值并存入数组 next 中
    i＝1；next[1]＝0；j＝0；
    while (i<R[0])
    {     if(j＝＝0 || R[i]＝＝R[j])
        {  ＋＋i；＋＋j；next[i]＝j；}
        else j＝next[j]；
    }
}
```

【例 5-3】　假设主串 S 为"xyxyzxyzxzyxy",模式串 R 为"xyzxz",匹配过程如图 5-5 所示。

```
                        ↓i＝3
第一趟匹配：S：  x y x y z x y z x z y x y
           R：  x y z x z
                        ↑j＝3


                        ↓i＝2
第二趟匹配：S：  x y x y z x y z x z y x y
           R：  x y z x z
                    ↑j＝1


                        ↓i＝3
第三趟匹配：S：  x y x y z x y z x z y x y
           R：  x y z x z
                    ↑j＝1
```

图 5-5　字符串 KMP 匹配过程

第四趟匹配：
$\downarrow i=7$
S：x y x y z x y z x z y x y
R：x y z x z
$\uparrow j=5$

第五趟匹配：
$\downarrow i=6$
S：x y x y z x y z x z y x y
R：x y z x z
$\uparrow j=1$

第六趟匹配：
$\downarrow i=11$
S：x y x y z x y z x z y x y
R：x y z x z
$\uparrow j=5$

续图 5-5　字符串 KMP 匹配过程(续)

算法分析：当 R_3 和 S_3 不相等时，S 回溯到 S_2，R 回溯到 R_1；依此类推，到匹配第五趟时 S 回溯到 S_6，R 回溯到 R_1，第六趟匹配成功。

KMP 算法的时间复杂度是 O(m)。通常模式串的长度 m 比主串的长度 n 要小得多。KMP 算法最大的特点就是主串的指针不需要回退，整个匹配过程中对主串只需要从头到尾扫描一遍。

5.4　课程设计——大整数运算

在计算机的运算过程中，经常会遇到一些大整数的运算。进行大整数的四则运算的时候，主要解决位移出，相同符号和不同符号的四则运算，在本节中，只考虑大整数的加减运算。在大整数运算中，负数的使用是非常少的。如果要使用符号的话，同基本数据一样，最高位表示符号，剩余的数位用来表示有效值。

5.4.1　设计目的

(1)完成大整数的加运算。
(2)完成大整数的减运算。

5.4.2　设计内容

由于大整数有正负之分，所以两个大整数相加有四种情况：a+b,a+(-b),(-a)+b 和 -a+(-b)。对于 a+b 和 -a+(-b)，可以通过对数组对应位元素相加即可，主要是考虑进位问题。而 a+(-b)和(-a)+b，其实就是两个大整数的减法，其主要考虑的问题是向高位借位的问题。所以减法可以通过加法的运算得到结果。

5.4.3　算法分析

公共部分：先将 a,b,c 数组初始化为 0。
加法：

（1）判断输入的数是否为负数：①两数为正则正常相加；②两数为负则正常相加，输出结果为负；③一负一正则跳到减法。

（2）将字符型数组的数逆序到整型数组。

（3）数组 a，b 从低位起逐位相加，其值赋给数组 c。

（4）判断 a[i]是否大于 10，是，则有进位（a[i+1]+=1），否则无进位。

（5）通过 for 循环把 a 数组第一次出现非零后的数字转换为字符存入 c 数组中，并在窗口中输出来。

减法：

（1）判断输入的数是否为负数：①两数为正则正常相减；②两数为负则正常相减；③一正一负则跳到加法。

（2）将字符型数组的数逆序到整型数组。

（3）比较数 1 与数 2 的长度（分 3 种情况进行分析）：

1）len1＞len2：从低位起数 1 的每位数分别与数 2 对应的位数相减，把值存放在数组 a 中。

2）len1＜len2：从低位起数 2 的每位数分别与数 1 对应的位数相减，把值存放在 a 中。

3）len1＝len2：从高位起逐位比较直至某位不同，再用大数减小数存放到 a 中。

（4）判断 a1[j]是否小于 0，是，则向前借位，否则无。

（5）通过 for 循环把 a 数组第一次出现非零后的数字转换为字符存入 c 数组中，并在窗口中输出来。

5.4.4 算法实现

```
#include <stdio.h>
#include <stdlib.h>
#include <string.h>

#define MaxSize 1000
typedef struct
{   char a[MaxSize];
    char b[MaxSize];
    int c[MaxSize];
} SqString;                                    //顺序串类型
SqString pro;
int x,y,i,j,k;
int blen=0;
int alen=0;
char flag = '+';//用于减法标记负数
int Subtract(char * a, char * b, int len) { //为了避免代码重复,将共同的计算抽出写成函数
 int i;
 for (i=len-1; i>=0; i--) {
 if (a[i] < b[i]) {  if[pro. aIi]<pro. [Idi]
 pro.c[i] =pro.a[i] + 10 -pro.b[i];
 pro.b[i-1]++;
```

```
    } else {
      pro. c[i] = pro. a[i] - pro. b[i];
    }
  }
  return 0;
}
int Subtraction()
{ for (i=0;i<100;i++)
    {  scanf("%c",pro. b[i]);
        if(pro. b[i]=='\n')
      break;
        blen++;
    }
  printf("=");
  if(alen>blen)
  {  x=(alen-blen);
      for(i=blen-1;i>=0;i--)
    {   alen--;
        pro. b[alen]=pro. b[i];
    }
    for (i=0;i<x;i++)
    pro. b[i]='0';
    alen=blen+x;
    blen=alen;
  }
  else if (blen > alen) {   x=(blen-alen);
    for(i=alen-1;i>=0;i--)
    {   blen--;
        pro. a[blen]=pro. a[i];
    }
    for (i=0;i<x;i++)
    pro. a[i]='0';
    blen=alen+x;
    alen=blen;
  }
  for (i=alen-1;i>=0;i--) {
    pro. a[i]=pro. a[i]-'0';
    pro. b[i]=pro. b[i]-'0';
  }
  if (strcmp(a, b) > 0) {
    Subtract(pro. a,pro. b,alen);
  }
  else {   flag = '-';
```

```
        Subtract(pro. b,pro. a,alen);
    }
    return 0;
}
int Addition(){
    for (i=0;i<100;i++)
        {   scanf("%c",(& pro. b[i]);
            if(pro. b[i]=='\n')
        break;
            blen++;
        }
    printf("=");
    if(alen>blen)
    {
    x=(alen-blen);
      for(i=blen-1;i>=0;i--)
      {
      alen--;
    pro. b[alen]=pro. b[i];
      }
      for (i=0;i<x;i++)
    pro. b[i]='0';
      alen=blen+x;
    } else if (blen > alen) {
    x=(blen-alen);
      for(i=alen-1;i>=0;i--)
    {   blen--;
    pro. a[blen]=pro. a[i];
      }
      for (i=0;i<x;i++)
    pro. a[i]='0';
      blen=alen+x;
      alen=blen;
    }
    for (i=alen-1;i>=0;i--) {
        pro. a[i]=pro. [i]-'0';
        pro. b[i]=pro. b[i]-'0';
      if (pro. ([i+1]+pro. a[i]+pro. b[i]>=10)
        { pro. ([i]=(pro. i+1)+pro. a[i]+pro. b[i])//10;
            pro. c[i+1]=(pro. c[i+1]+pro. a[i]+pro. b[i])%10;
        }
      { pro. c[i+1]+=(pro. a[i]+pro. b[i])
      }
```

```
        else
        {     c[i+1]+=(a[i]+b[i]);
        }
    }
    return 0;
}
int main()
{     printf("请输入两个大整数的加减算式:");
    for (i=0;i<100;i++)
            pro. a[i]=0;
    for (i=0;i<100;i++)
            pro. b[i]=0;
    for (i=0;i<101;i++)
            pro. c[i]=0;
    for (i=0;i<100;i++)
    {   scanf("%c",&pro. a[i]);
      if(pro. a[i]=='+')
      {   Addition();
          goto output1;
      }
if(pro. a[i]=='-')
{   Subtraction();
    goto output2;
}
alen++;
}
output1:
{  for (i=0;i<=alen;i++)
 printf("%d",pro. c[i]);
   return 0;
}
 output2:
{  printf("%c", flag);
for (i=0;i<alen;i++)
 printf("%d",pro. c[i]);
   return 0;
}
}
```

5.4.5 测试运行实例

(1)大整数加法的运行结果如图 5－6 所示。

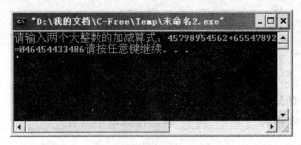

图 5－6　大整数加法结果

(2)大整数减法的运行结果如图 5－7 所示。

图 5－7　大整数减法结果

5.4.6　算法总结

在进行大整数加减法时,采用自底向上,即先调用低层函数。在实现大整数加法的过程中,如果设定的数组 c 没有足够的空间,会产生溢出,最高位为 0;在减法运算中相当于进行不同符号的加法运算,先判断它们的大小,决定 c 的符号,用最高位来存储运算结果的符号。

本 章 小 结

本章的基本内容是:串类型的定义、各种存储结构及其基本运算的实现以及串的模式匹配算法。

串是一种数据类型受到限制的特殊线性表,它规定表中的每一个元素类型只能为字符。一个串所包含字符的个数称为串的长度,长度为零的串称为空串。应注意的是空格也是合法的字符,只有空格的串称为空格串,不是空串。

串的存储结构主要有顺序存储结构和链式存储结构两种。顺序存储结构的缺点是不便于进行串的插入、删除运算。对于插入、删除运算较多的情况适合采用链式存储结构。

串的匹配运算是一个比较复杂的串操作,它就是判断某串是否是另一已知串的子串,如是其子串,则给出该串的起始点。该算法在文本编辑程序中经常用到,提出该问题的有效算法能大大提高编辑程序的响应性能。

课 后 习 题

一、填空题

1.两个串相等的充分必要条件是_____。

2.含零个字符的串称为_____串。任何串中所含_____的个数称为该串的长度。

3.空串是_____,其长度等于_____。

4.空格串是_____,其长度等于_____。

5.当且仅当两个串的_____相等并且各个对应位置上的字符都_____时,这两个串相等。一个串中任意个连续字符组成的序列称为该串的_____串,该串称为它所有子串的_____串。

6.INDEX('DATASTRUCTURE','STR')=_____。

7.模式串 P='abaabcac'的 next 函数值序列为_____。

8.下列程序判断字符串 s 是否对称,对称则返回 1,否则返回 0;如 f("abba")返回 1,f("abab")返回 0;

```
int f(_____(1)_____)
    {int   i=0,j=0;
      while (s[j])_____(2)_____;
    for(j--; i<j  && s[i]==s[j]; i++,j--);
      return(_____(3)_____)
    }
```

9.下列算法实现求采用顺序结构存储的串 s 和串 t 的一个最长公共子串。

```
void   maxcomstr(orderstring * s, * t; int index, length)
{int  i,j,k,length1,con;
  index=0;length=0;i=1;
  while (i<=s. len)
 {j=1;
while(j<=t. len)
{ if (s[i]==t[j])
{ k=1;length1=1;con=1;
        while(con)
          if _____(1)_____{ length1=length1+1;k=k+1; }
else _____(2)_____;
        if (length1>length) { index=i;  length=length1; }
            _____(3)_____;
    }
        else _____(4)_____;
    }
        _____(5)_____
  }
```

}

二、选择题

1. 串是一种特殊的线性表，其特殊性表现在（　　　）。

　　A. 可以顺序存储　　　　　　　　　　B. 数据元素是一个字符

　　C. 可以链式存储　　　　　　　　　　D. 数据元素可以是多个字符

2. 下面关于串的的叙述中，哪一个是不正确的？（　　　　）

　　A. 串是字符的有限序列　　　　　　　　B. 空串是由空格构成的串

　　C. 模式匹配是串的一种重要运算　　　　D. 串既可以采用顺序存储，也可以采用链式存储

3. 设有两个串 P 和 Q，求 Q 在 P 中首次出现的位置的操作称为（　　　）。

　　A. 连接　　　　　　B. 模式匹配　　　　　　C. 求子串　　　　　　D. 求串长

4. 串是一种特殊的线性表，其特殊性体现在（　　　）。

　　A. 可以顺序存储　　　　　　　　　　B. 数据元素是一个字符

　　C. 可以链式存储　　　　　　　　　　D. 数据元素可以是多个字符

5. 设串 S1＝"ABCEEFG"，S2＝"PQRST"，函数 StringConcat(X,Y)返回 X 和 Y 的连接串，SubString(S,I,J)返回串 S 中序号 I 的字符开始的 J 个字符组成的子串，StringLength(5)返回串 S 的长度，则 StringConcat(SubString(S1.2,StringLength(S2),Substring(S1,String-Length(S2),2))的结果串是（　　　）。

　　A. BCDEF　　　　　B. BCDEFG　　　　　C. BCDQRSTD　　　D. BCDEFEF

6. 串的长度是指（　　　）。

　　A. 串中所含不同字母的个数　　　　　B. 串中所含字符的个数

　　C. 串中所含不同字符的个数　　　　　D. 串中所含非空格字符的个数

7. 设有两个串 p 和 q，其中 q 是 p 的子串，求 q 在 p 中首次出现的位置的算法称为（　　　）。

　　A. 求子串　　　　　B. 连接　　　　　C. 匹配　　　　　D. 求串长

8. 若串 S＝"software"，其子串的个数是（　　　）。

　　A. 8　　　　　B. 37　　　　　C. 36　　　　　D. 9

三、问答题

1. 假设有如下的串说明：

char s1[30]＝"Stocktom,CA"，s2[30]＝"March 5 1999"，s3[30]，＊p；

(1)在执行如下的每个语句后 p 的值是什么？

p＝stchr(s1,'t')；　p＝strchr(s2,'9')；　p＝strchr(s2,'6')；

(2)在执行下列语句后，s3 的值是什么？

strcpy(s3,s1)；　strcat(s3,",")；　strcat(s3,s2)；

(3)调用函数 strcmp(s1,s2)的返回值是什么？

(4)调用函数 strcmp(&s1[5],"ton")的返回值是什么？

(5)调用函数 stlen(strcat(s1,s2))的返回值是什么？

2. 设有 A＝"　"，B＝"name"，C＝"young"，D＝"she"，试计算下列运算的结果(注：A＋B 是 CONCAT(A,B.的简写,)。

(1)A＋B；　　(2)B＋A；　　(3)D＋C＋B；　　(4)SUBSTR(B,3,2)；

(5)SUBSTR(C,1,0)；　　(6)LENGTH(A)；　　(7)LENGTH(D)；

(8)INDEX(B,D)；　　　(9)INDEX(C,"d")；　　(10)INSERT(D,2,C)；

(11)INSERT(B,1,A)；　　(12)DELETE(B,2,2)；　　(13)DELETE(B,2,0)。

3.设主串 S='aabaaabaaaababax'，模式串 T='aabab'。请问：如何用最少的比较次数找到 T 在 S 中出现的位置？相应的比较次数是多少？

4.利用 C 的库函数 strlen,strcpy 和 strcat 写一算法 void StrInsert(char * S, char * T, int i)，将串 T 插入到串 S 的第 i 个位置上。若 i 大于 S 的长度，则插入不执行。

5.写一算法 void StrReplace(char * T, char * P, char * S)，将 T 中首次出现的子串 P 替换为串 S。注意：S 和 P 的长度不一定相等。可以使用已有的串操作。

四、上机操作题

1.采用顺序结构存储串，设计一个算法 strcmp(s,t)实现串比较运算，串比较以词典方式进行，当 s>t 时返回 1，当 s=t 时返回 0，当 s 小于 t 时返回－1。

2.以 HString 为存储表示，写一个求子串的算法。

3.在顺序串 s 中，将第 i 个字符开始的连续 j 个字符构成的子串用串 t 替换，产生新的串，请编写一个实现上述功能的算法。

4.一个文本串可用事先给定的字母映射表进行加密。例如，设字母映射表为：

a b c d e f g h i j k l m n o p q r s t u v w x y z

n g z q t c o b m u h e l k p d a w x f y i v r s j

则字符串"encrypt"被加密为"tkzwsdf"。试写一算法将输入的文本串进行加密后输出；另写一算法，将输入的已加密的文本串进行解密后输出。

第6章　多　维　数　组

前几章讨论的线性结构中的数据元素都是非结构的类型,元素的值是不再分解的。本章讨论的数据结构——数组及多维数组——可以看成是线性表在下述含义上的扩展:表中的数据元素本身也是一个数据结构。

数组是在程序设计中,为了处理方便,把具有相同类型的若干变量按有序的形式组织起来的一种形式。这些按序排列的同类数据元素的集合称为数组。在 C 语言中,数组属于构造数据类型。一个数组可以分解为多个数组元素,这些数组元素可以是基本数据类型或是构造类型。因此按数组元素的类型不同,数组又可分为数值数组、字符数组、指针数组、结构数组等各种类别。本章以抽象数据类型的形式讨论数组及多维数组的定义和实现,使读者加深对数组类型的理解。

6.1　多　维　数　组

6.1.1　数组的定义

数组是由类型相同的数据元素构成的有序集合,每个数据元素称为一个数组元素(简称为元素)。在 C 语言中,约定数组的第一个元素的下标为 0,其余依次类推即可。数组元素可以是任意类型,但在同一数组中每个数组元素类型必须一致,当数组元素本身又是数组时就构成了多维数组。如二维数组的每一个元素是一维数组,三维数组的每一个元素是二维数组,其他依次类推。数组可以看成是一个线性表,而多维数组是线性表的推广,如图 6-1 所示。

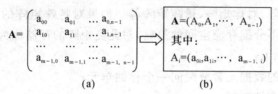

图 6-1　多维数组是线性表的推广

(a)一个二维数组；　(b)二维数组的每个元素是线性表

6.1.2　数组的逻辑结构

在二维数组中的每个元素最多可以有两个直接前驱和两个直接后继,在 n 维数组中的每个元素最多可以有 n 个直接前驱和 n 个直接后继,所以,多维数组是一种非线性结构。

数组是一个具有固定格式和数量的数据有序集,每一个数据元素有唯一的一组下标来标识。通常在一些高级语言中数组一旦被定义,每一维的大小及上下界都不能改变。因此,在数组上一般不做插入或删数据元素的操作,在数组中经常做取值操作、赋值操作。

6.1.3 数组的顺序存储

由于计算机内存是一维的,多维数组的元素应排成线性序列后存入存储器。

数组一般不做插入和删除操作,即结构中元素个数和元素间关系不变化。一般采用顺序存储方法表示数组。

1. 行优先顺序

将数组元素按行向量排列,第 $i+1$ 个行向量紧接在第 i 个行向量后面。

例如二维数组 A_{mn} 的按行优先存储的线性序列为

$$a_{00},a_{01},\cdots,a_{0,n-1},\cdots,a_{m-1,0},\cdots,a_{m-1,n-1}$$

注意:

(1)在 C 语言中,数组按行优先顺序存储。

(2)行优先顺序推广到多维数组,以行为主序的分配规律是:最右边的下标先变化,即最右下标从小到大,循环一遍后,右边第二个下标再变,…,以右向左,最后是左下标。

2. 列优先顺序

将数组元素按列向量排列,第 $i+1$ 个列向量紧接在第 i 个列向量后面。

例如二维数组 A_{mn} 的按列优先存储的线性序列为:

$$a_{00},a_{10},\cdots,a_{m-1,0},\cdots,a_{0,n-1},a_{1,n-1},\cdots,a_{m-1,n-1}$$

注意:

(1)在 FORTRAN 语言中,数组按列优先顺序存储。

(2)列优先顺序推广到多维数组,可规定为先排最左的下标。

6.2 特殊矩阵的压缩存储

矩阵是一种常见的数学对象,一般来讲,可以使用二维数组来存储一个矩阵,但是在数值分析中常常出现一些特殊矩阵,相同值的元素或零值元素按照一定规律排列,则称此类矩阵为"特殊矩阵",如三角矩阵、对称矩阵、稀疏矩阵等。如果对特殊矩阵的存储采取相同值元素只存储一次,对零值元素不分配存储空间的策略,对此类矩阵的存储称为"压缩存储"。

矩阵压缩的原则如下:

(1)为多个值相同的数据元素分配同一个存储单元;

(2)零元素不分配存储空间。

6.2.1 对称矩阵

在一个 n 阶方阵 A 中,若元素满足性质:$A_{ij}=A_{ji}$,则称 **A** 为对称矩阵。对称矩阵中的元素关于主对角线对称,故只需要存储矩阵的上三角或下三角矩阵,这样可以节约大约一半的空间,如图 6-2 所示。

在此下三角阵中,第 i 行恰有 i 个元素,元素总数为

$$\sum_{i=1}^{n}i=n(n+1)/2$$

因此可将这些元素存放在一个向量 $S[n(n+1)/2]$ 中,如图 6-3 所示。

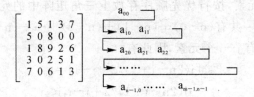

图 6 - 2 对称矩阵

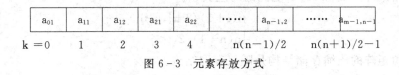

a_{01}	a_{11}	a_{12}	a_{21}	a_{22}	……	$a_{n-1,2}$	……	$a_{m-1,n-1}$
k＝0	1	2	3	4	n(n−1)/2	n(n+1)/2−1		

图 6 - 3 元素存放方式

为了便于访问方阵 **A** 中的元素,必须在 a_{ij} 和 $S[k]$ 之间建立一个对应关系。

k 和 i,j 的对应关系为

$$k=\begin{cases} i(i+1)/2+j, & i \geqslant j \\ j(j+1)/2+i, & i < j \end{cases}$$

当 $i \geqslant j$ 时,数组元素按行访问在下三角部分 a_{ij} 前有 i 行,共有 $1+2+3+\cdots+j$ 个元素,而 a_{ij} 是第 i 行的第 j 个元素,即有 $k=1+2+3+\cdots+i+j=i(i+1)/2+j$。

当 $i < j$ 时,数组元素按列访问,同样得到 $k=j(j+1)/2+i$。

6.2.2 三角矩阵

三角矩阵的特殊性是以主对角线划分矩阵的,主对角线任意一侧(不包括主对角线)元素均为常数。

1. 三角矩阵的划分

以主对角线划分,三角矩阵有上三角矩阵和下三角矩阵两种。

(1)上三角矩阵。如图 6 - 4(a)所示,它的下三角(不包括主角线)中的元素均为常数 c。

(2)下三角矩阵。与上三角矩阵相反,它的主对角线上方均为常数 c,如图 6 - 4(b)所示。

注意:

在多数情况下,三角矩阵的常数 c 为零。

$$\begin{bmatrix} a_{00} & a_{01} & \cdots & a_{0,n-1} \\ c & a_{11} & \cdots & a_{1,n-1} \\ \cdots & \cdots & \cdots & \cdots \\ c & c & \cdots & a_{0,n-1} \end{bmatrix} \qquad \begin{bmatrix} a_{00} & c & \cdots & c \\ a_{10} & a_{11} & \cdots & c \\ \cdots & \cdots & \cdots & \cdots \\ a_{n-1,c} & a_{n-1,1} & \cdots & a_{0,n-1} \end{bmatrix}$$

(a)   (b)

图 6 - 4 三角矩阵

(a)上三角矩阵; (b)下三角矩阵

2. 三角矩阵的压缩存储

三角矩阵中的重复元素 c 可共享一个存储空间,其余的元素正好有 $n \times (n+1)/2$ 个,因此,三角矩阵可压缩存储到向量 $sa[0..n(n+1)/2]$ 中,其中 c 存放在向量的最后一个分量中。

(1)上三角矩阵中 a_{ij} 和 $sa[k]$ 之间的对应关系。上三角矩阵中,主对角线之上的第 p 行

$(0 \leqslant p < n)$ 恰有 $n-p$ 个元素,按行优先顺序存放上三角矩阵中的元素 a_{ij} 时,a_{ij} 元素前有 i 行(从第 0 行到第 $i-1$ 行),一共有 $(n-0)+(n-1)+(n-2)+\cdots+(n-i)=i(2n-i+1)/2$ 个元素;在第 i 行上,a_{ij} 之前恰有 $j-i$ 个元素,因此有

$$sa[i(2n-i+1)/2+j-i]=a_{ij}$$

所以

$$k=\begin{cases} i(2n-i+1)/2+j-i, & i \leqslant j \\ n(n+1)/2, & i > j \end{cases}$$

(2)下三角矩阵中 a_{ij} 和 $sa[k]$ 之间的对应关系。

$$k=\begin{cases} i(i+1)/2+j, & i \geqslant j \\ n(n+1)/2, & i < j \end{cases}$$

注意:三角矩阵的压缩存储结构是随机存取结构。

6.2.3 带状矩阵

所有的非零元素集中在以主对角线为中心的带状区域中,即除了主对角线和主对角线相邻两侧的若干条对角线上的元素之外,其余元素皆为零的矩阵称为带状矩阵。其中最常见的是三对角带状矩阵,如图 6-5 所示。

三对角带状矩阵有如下特点:

$$\begin{cases} i=0, & j=0,1; \\ 1 \leqslant i < n-1, & j=i-1,i,i+1; \\ i=n-1, & j=i-1,i; \end{cases}$$

a_{ij} 非零,其他元素均为零。

$$A=\begin{bmatrix} a_{00} & a_{01} \\ a_{10} & a_{11} & a_{12} \\ & a_{21} & a_{22} & a_{23} \\ & & a_{32} & a_{33} & a_{34} \\ & & & \cdots & \cdots & \cdots \end{bmatrix}_{n \times n}$$

图 6-5 带状矩阵 **A**

对于三对角带状矩阵的压缩存储,以行序为主序进行存储,并且只存储非零元素。具体压缩存储方法如下:

(1)确定存储该矩阵所需的一维向量空间的大小。在这里假设每个非零元素所占空间的大小为 1 个单元。从图中观察得知,三对角带状矩阵中,除了第一行和最后一行只有 2 个非零元素外,其余各行均有 3 个非零元素,由此得到:所需一维向量空间的大小为 $2+2+3(n-2)=3n-2$,如图 6-6 所示。

数组 C	a_{00}	a_{01}	a_{10}	a_{11}	a_{12}	a_{20}	$\cdots$	$a_{n-1,n-1}$
Loc(i,j)	1	2	3	4	5	6	$\cdots$	$3n-2$

图 6-6 带状矩阵的压缩形式

(2)确定非零元素在一维数组空间中的位置。

LOC[i,j]=LOC[1,1]+前 $i-1$ 行非零元素个数+第 i 行中 a_{ij} 前非零元素个数;

前 i−1 行元素个数＝3×(i−1)−1 （因为第 1 行只有 2 个非零元素）；

第 i 行中 a_{ij} 前非零元素个数＝j−i+1，其中

$$j-i=\begin{cases} -1, & j<i \\ 0, & j=i \\ 1, & j>i \end{cases}$$

由此得到：Loc[i,j]＝Loc[1,1]＋3(i−1)−1＋j−i+1＝Loc[1,1]＋2(i−1)+j−1。

6.3 稀疏矩阵的压缩存储

如果矩阵中存在大量的零值元素，而且零值元素的位置没有规律，则称此类矩阵为"稀疏矩阵"。稀疏矩阵和特殊矩阵一样，经常会出现一些阶数很高但含有很多零元素的矩阵，为了节省存储空间，需要对这些矩阵进行压缩存储即仅仅存放非零元素。如图 6-7 所示即为稀疏矩阵。

$$A = \begin{bmatrix} 1 & 0 & 0 & 0 & 2 \\ 0 & 0 & 3 & 0 & 0 \\ 4 & 5 & 0 & 0 & 0 \\ 0 & 0 & 0 & 0 & 0 \\ 0 & 0 & 0 & 6 & 0 \end{bmatrix}$$

图 6-7 稀疏矩阵 A

6.3.1 三元组表

1. 三元组表的概念

将表示稀疏矩阵的非零元素的三元组按行优先（或列优先）的顺序排列（跳过零元素），并依次存放在向量中，这种稀疏矩阵的顺序存储结构称为三元组表。即每个非零元素表示为如下三元组：

（行号，列号，非零元素值）

把这些三元组按"行序为主要顺序"用一维数组进行存放，即将矩阵的每一行的全部非零元素的三元组按列号递增存放。由此得到矩阵 A 的三元组表，如图 6-8 所示。

序号	行号	列号	值
0	0	0	1
1	0	4	2
2	1	2	3
3	2	0	4
4	2	1	5
5	4	3	6

图 6-8 稀疏矩阵的三元组表示

2.稀疏矩阵三元组表示法

稀疏矩阵的三元组表示法节省了很多存储空间,但是和其他正常矩阵的存储方式比起来,其实现相同的操作需要花费较多的时间,而且也增加了算法的复杂度。三元组表的类型说明如下:

```
#define   MAXSIZE 100          //非零元素个数的最大值
typedef struct{         int i,j;
        ElemType e;
    }Triple;
typedef struct{         Triple data [MAXSIZE+1];    //三元组表,data[0]不用
        int   mu,nu,tu;      //矩阵的行数、列数、非0元素个数
    }TSMatrix;                      //sparseness(稀疏)
TSMatrix M;
```

下面以稀疏矩阵的转置运算为例,介绍采用三元组表时的实现方法。

一个 $m \times n$ 的矩阵 A,它的转置矩阵 B 是一个 $n \times m$ 的矩阵,且

$$A[i][j]=B[j][i], 0 \leqslant i < m, 0 \leqslant j < n$$

即 A 的行是 B 的列,A 的列是 B 的行。

$$B = \begin{bmatrix} 1 & 0 & 4 & 0 & 0 \\ 0 & 0 & 5 & 0 & 0 \\ 0 & 3 & 0 & 0 & 0 \\ 0 & 0 & 0 & 0 & 6 \\ 2 & 0 & 0 & 0 & 0 \end{bmatrix}$$

图 6-9   矩阵 A 的转置矩阵 B

显然一个稀疏矩阵的转置矩阵仍然是稀疏矩阵,所以可以采用三元组表实现矩阵的转置。假设 **C** 和 **D** 是矩阵 **A** 和 **B** 的三元组表,有两种方法可以实现三元组表的转换:一是按 **D** 中三元组的顺序在 **C** 中找到相应的三元组的形式转换;另一种方法是按 **C** 中三元组次序进行转换,并将转换后的三元组置入 **D** 中的适当位置。以下是第一种方法的算法实现。

```
status TransposeSMatrix(TSMatrix a,TSMatrix b){
    b. mu=a. nu;   b. nu=a. mu;   b. tu=a. tu;
    if  (b. tu) {
      q=1;
      for  (col=1;col<=a. nu;++col)
          for  (p=1;p<=a. tu;++p)
              if  (a. data[p]. j==col)
              {
                    b. data[q]. i=a. data[p]. j;
                    b. data[q]. j=a. data[p]. i;
                    b. data[q]. e=a. data[p]. e;
                    ++q;
              }
      return OK;
}//TransposeSMatrix
```

6.3.2 十字链表

当矩阵中非零元素的的个数和位置在操作过程中变化较大时,就不宜再采用三元组法来解决稀疏矩阵的问题。例如,在 **A＝A＋B**,将矩阵 **B** 加到矩阵 **A** 上,此时若还用三元组法,就会出现大量移动元素的情况。为了避免这种情况的出现,此时采用链式存储结构可以解决稀疏矩阵的问题,它能灵活地插入因运算而产生的新的非零元素,而且可以删除因运算而产生的新的零元素,实现矩阵的各种运算。

在链表中,每个非零元素可以用一个包含五个域的结点表示,如图 6－10(a)所示。其中row 表示该元素在矩阵中的行下标,col 表示该元素在矩阵中的列下标,value 表示该元素的值,right 表示链接到同一行中的下一个非零元素的指针,down 表示链接到同一列中的下一个非零元素的指针。

同一行的非零元素用 right 指针连接成一个线性链表,同样,同一列的非零元素用 down指针也连接成一个线性链表,如此在链表中,每个非零元素既是某行线性链表中的一个结点,也是某列线性链表中的一个结点,整个矩阵就构成了一个十字交叉的链表,故将这样的链式存储结构称为十字链表。

在十字链表中,为了便于处理,为每行/列线性链表增设一个表头结点(结构与表结点相似),如图 6－10(b)所示。其中 row/col 表示每行/列序号,count 表示每行/列非零元素个数,next 表示链接到下一个行/列头结点的指针,则形成了行/列头结点线性链表,down 与 right含义同表结点。这里需要说明的是,对于行头结点而言,down 域为空,使用 right 域指向每一行的第一个表结点;对于列头结点而言,right 域为空,使用 down 域指向每一列的第一个表结点。

为了代表整个十字链表,需要再增设一个总头结点(结构与表结点相似),如图 6－10(c)所示。其中 m,n,count 分别表示矩阵的行数、列数以及非零元素个数,down 表示指向行头结点线性链表的第一个行头结点,right 表示指向列头结点线性链表的第一个列头结点。如此,若已知十字链表的总头结点,即可搜索到任一头结点,进而可以搜索到任一表结点。

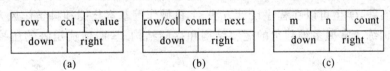

图 6－10 十字链表结点结构图

(a)表结点; (b)行/列头结点; (c)总头结点

设有矩阵 **M**,则其对应的十字链表如图 6－11 所示。

$$\boldsymbol{M}=\begin{bmatrix} 0 & 0 & 3 & 0 & 0 \\ 2 & 0 & 0 & 4 & 0 \\ 3 & 0 & 2 & 0 & 0 \\ 0 & 1 & 0 & 1 & 0 \end{bmatrix}$$

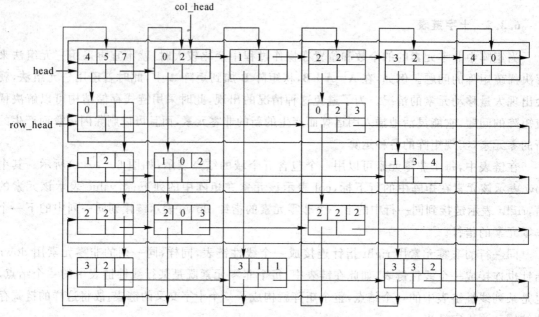

图 6-11 十字链表压缩稀疏矩阵示意图

在图 6-11 中可以看到,每一行和每一列都构成了一个循环单链表,而且都有一个行/列头结点。第一行是由总头结点和各个列头结点构成的循环单链表,第一列是由总头结点和各个行头结点构成的循环单链表。除了第一行、第一列之外,中间的都是非零元素表结点。

6.4 课程设计——稀疏矩阵的操作

6.4.1 设计目的

培养学生用学到的书本知识解决实际问题的能力;培养实际工作所需的动手能力;培养学生以科学理论和工程技术,规范地开发大型、复杂、高质量的应用软件和系统软件的能力;通过课程设计的实践,学生可以在程序设计方法、上机操作等基本技能和科学作风方面受到比较系统和严格的训练。掌握多维数组的逻辑结构和存储结构;掌握稀疏矩阵的压缩存储及基本操作。

6.4.2 设计内容

基本功能要求:

(1)稀疏矩阵采用三元组表示,求两个具有相同行列数的稀疏矩阵 A 和 B 的相加、相减矩阵 C,D,并输出 C,D。

(2)求出 A 的转置矩阵 E,并输出 E。

(3)求出矩阵 A 和 B 的相乘矩阵 F,要求 A 的行数与 B 的列数相同。

6.4.3 算法分析

以"带行逻辑链接信息"的三元组顺序表表示稀疏矩阵,实现两个矩阵相加、相减和相乘的运算。

稀疏矩阵的输入形式采用三元组表示，而运算结果的矩阵则通常以阵列形式列出。

首先应输入矩阵的行数和列数，并判断给出的两个矩阵的行、列数对于所要求作的运算是否相匹配。可设矩阵的行数和列数均不超过 20。

程序可以对三元组的输入顺序加以限制，例如，按行优先。注意研究教材的算法，以便提高计算效率。

在用三元组表示稀疏矩阵时，相加或相减所得结果矩阵应该另生成，乘积矩阵也可用二维数组存放。

主函数设置循环和选择语句进行运算循环和选择，进行稀疏矩阵的加法、减法、乘法、转置和是否继续运算 5 个分支开关的运算选择。

设置函数分别实现稀疏矩阵的输入、输出、加法、减法和乘法。

6.4.4 算法实现

1. 首先定义非零元素个数的最大值和矩阵元素以及矩阵本身的数据结构

```
#include<stdio. h>
#define MAX 200 /* 非零元素个数的最大值 */
typedef struct
{    int i,j; /* 行下标,列下标 */
     int val; /* 非零元素值 */
} spnode;
typedef struct
{    spnode data[MAX+1]; /* 非零元素三元组表,data[0]未用 */
     int mu,nu,tu;
} spmatrix;
```

2. 创建稀疏矩阵矩阵的行数、列数、和非零元素的个数并按行序顺序输入第%d个非零元素所在的行(1~%d)，列(1~%d)，元素值

```
void create Matrix(spmatrix * A)
{ /*   创建稀疏矩阵 A */
     int val,i,m,n;
     A->data[0]. i=0; /* 为以下比较顺序做准备 */
     printf("请输入矩阵的行数、列数、和非零元素的个数:");
     scanf("%d,%d,%d",&A->mu,&A->nu,&A->tu);
     for(i=1;i<=A->tu;i++)
     {  printf("请按行序顺序输入第%d个非零元素所在的行(1~%d)、列(1~%d)、元素值:",i,A
->mu,A->nu);
         scanf("%d,%d,%d",&m,&n,&e);
         if(m<1||m>A->mu||n<1||n>A->nu) /* 行或列超出范围 */
     {  printf("行或列超出范围");
         exit(0);
     }
     if(m<A->data[i-1].i||m==A->data[i-1].i&&n<=A->data[i-1].j) /* 行或列
```

的顺序有错 * /

```
    {   printf("行或列的顺序有错");
        exit(0);
    }
    A—>data[i].i=m;
    A—>data[i].j=n;
    A—>data[i].e=e;
    }
}
```

3.求矩阵的快速转置

设 cpos 为存放每列的第一个非零元素的地址,temp 为中间变量,对 cpos 对初始化,初值为 0,然后进行转置。

```
void  transpose Matrix(spmatrix A,spmatrix * E)
{ /* cpos 存放每列的第一个非零元素的地址,temp 中间变量  */
    int  i,m, * cpos, * temp,k=0;
    E—>mu=A.nu;
    E—>nu=A.mu;
    E—>tu=A.tu;
    cpos=(int  * )malloc(A.mu * sizeof(int));
    if(cpos==NULL)
    {   printf("动态申请地址有误!");
        exit(0);
    }
    temp=(int  * )malloc(A.mu * sizeof(int));
    if(temp==NULL)
    {   printf("动态申请地址有误!");
        exit(0);
    }
    /* 对 cpos 对初始化,初值为 0  */
    * (cpos+1)=0;
    for(i=1;i<=A.nu;i++)
    {   for(m=1;m<=A.tu;m++)
        {   if(A.data[m].j==i)
            k++;
        }
        temp[i]=k;
        if(i==1&&k! =0)
        * (cpos+i)=1;/* 为 cpos 赋值  */
        if(i>1)
        * (cpos+i)= * (temp+i-1)+1;
    }
    free(temp);
```

```
    for(i=1;i<=A.tu;i++)/*进行转置 */
    {   E->data[*(cpos+A.data[i].j)].i=A.data[i].j;
        E->data[*(cpos+A.data[i].j)].j=A.data[i].i;
        E->data[*(cpos+A.data[i].j)].val=A.data[i].val;
        (*(cpos+A.data[i].j))++;
    }
    free(cpos);
}
```

4. 矩阵的相乘

设置两个指针,分别指向 **A,B** 的第一个非零元素位置,移动指针进行比较,得出相加后的新矩阵非零元。

定义 Qe 为矩阵 **Q** 的临时数组,矩阵 **Q** 的第 i 行 j 列的元素值存于 $*(Qe+(A.data[i].i-1)*B.nu+B.data[j].j)$ 中,初值为 0,结果累加到 Qe,*Qe 矩阵中,因为 **A** 的每一行和 **B** 的每一列相乘都是 **F** 的一个元素,不管它是零或非零,当 **A** 的第一行和 **B** 的第一列相乘则得 **F** 的第一个元素;当 **A** 的第一行和 **B** 的第二列相乘则得 **F** 的第二个元素,**A** 的第 i 行和 **B** 的第 j 列相乘则得 **F** 的第 p 个元素;根据归纳法得 p=(i-1)***B** 的列数+j。

```
void multMatrix(spmatrix A,spmatrix B,spmatrix *F)
{   int i,j,Qn=0;
    int *Qe;
    if(A.nu!=B.mu)
    {   printf("两矩阵无法相乘");
        exit(0);
    }
    T->mu=A.mu;
    T->nu=B.nu;
    Qe=(int *)malloc(A.mu*B.nu*sizeof(int)); /* Qe 为矩阵 Q 的临时数组 */
    for(i=1;i<=A.mu*B.nu;i++)
      *(Qe+i)=0;/* 矩阵 Q 的第 i 行 j 列的元素值存于 *(Qe+(A.data[i].i-1)*B.nu+B.data
[j].j)中,初值为 0 */
    for(i=1;i<=A.tu;i++) /* 结果累加到 Qe */
      for(j=1;j<=B.tu;j++)
        if(A.data[i].j==B.data[j].i)
          *(Qe+(A.data[i].i-1)*B.nu+B.data[j].j)+=A.data[i].val*B.data[j].val;
    for(i=1;i<=A.mu;i++)/
      for(j=1;j<=B.nu;j++) /* 当 A 的第一行和 B 的第一列相乘则得 F 的第一个元素;当 A 的
第一行和 B 的第二列相乘则得 E 的第二个元素;…… */
        if(*(Qe+(i-1)*B.nu+j)!=0) /* 当 A 的第 i 行和 B 的第 j 列相乘则得 F 的第 p 个元素;
根据归纳法得 p=(i-1)*B 的列数+j */
        {
          Qn++;//非零元个数加一
          E->data[Qn].e=*(Qe+(i-1)*B.nu+j);
          E->data[Qn].i=i;
```

```
            E->data[Qn].j=j;
        }
    free(Qe);
    E->tu=Qn;
}
```

5. 矩阵的相加减

编写一个求两个对称矩阵相加运算的函数。设对称矩阵的数据元素为整数类型,对称矩阵采用压缩存储方法存储。设置两个指针,分别指向 **A,B** 的第一个非零元素位置,移动指针进行比较,得出相加后的新矩阵非零元素。若求两个矩阵相减的运算,首先对相减矩阵的非零元素取反,然后被减矩阵再与相减矩阵取反后的矩阵相加,此时就可以调用两个对称矩阵相加运算的函数取得结果。

```
//矩阵的相加运算
void HeMatrix(spmatrix * A,spmatrix * B,spmatrix * Q)
{//矩阵求和函数
    if(( * A).mu! = ( * B).mu||( * A).nu! = ( * B).nu)
    {   printf("不满足矩阵相加的条件!");
        exit(0);
    }
    int  k=1;
    triple * p,* q;
    //设置两个指针,分别指向 A,B 的第一个非零元位置,移动指针进行比较,得出相加后的新矩阵非
零元
    p=&( * A).data[1];
    q=&( * B).data[1];
    ( * Q).mu=( * A).mu;( * Q).nu=( * A).nu;
    while(p<( * A).data+( * A).tu+1&&q<( * B).data+( * B).tu+1)
    {   if(( * p).i<=( * q).i)
        if(( * p).i<( * q).i)
    {   ( * Q).data[k].i=( * p).i;
        ( * Q).data[k].j=( * p).j;
        ( * Q).data[k].val=( * p).val;
        k++;p++;
    }
        else
        if(( * p).j<=( * q).j)
        if(( * p).j<( * q).j){
            ( * Q).data[k].i=( * p).i;
            ( * Q).data[k].j=( * p).j;
            ( * Q).data[k].val=( * p).val;
            k++;p++;
        }
        else
```

```
              {  (*Q).data[k].i=(*p).i;
                 (*Q).data[k].j=(*p).j;
                 (*Q).data[k].val=(*p).e+(*q).val;
                 k++;p++;q++;
              }
        else {    (*Q).data[k].i=(*q).i;
                 (*Q).data[k].j=(*q).j;
                 (*Q).data[k].val=(*q).val;
                 k++;q++;
              }
     else
        {  (*Q).data[k].i=(*q).i;
           (*Q).data[k].j=(*q).j;
           (*Q).data[k].val=(*q).val;
           k++;q++;
        }
     (*Q).tu=k-1;
}
//若上述循环退出时,矩阵 A 中的非零元素还没有遍历完的话,需要继续求和
if(p<(*A).data+(*A).tu+1)
{   k=(*Q).tu;
    while(p<(*A).data+(*A).tu+1)
    {   k++;
        (*Q).data[k].i=(*p).i;
        (*Q).data[k].j=(*p).j;
        (*Q).data[k].val=(*p).val;
        p++;
    }
    (*Q).tu=k;
}
//若上述循环退出时,矩阵 B 中的非零元素还没有遍历完的话,需要继续求和
if(q<(*B).data+(*B).tu+1)
{   k=(*Q).tu;
    while(q<(*B).data+(*B).tu+1)
    {   k++;
        (*Q).data[k].i=(*q).i;
        (*Q).data[k].j=(*q).j;
        (*Q).data[k].val=(*q).val;
        q++;
    }
    (*Q).tu=k;
}
}
```

```
//矩阵的相减运算
void ChaMatrix(spmatrix * A,spmatrix * B,spmatrix * Q)
{//矩阵求差函数
    if((* A).mu! =(* B).mu||(* A).nu! =(* B).nu)
    {   printf("不满足矩阵相减的条件!");
        exit(0);
    }
    int i;
    for(i=1;i<=(* B).tu;i++)
        (* B).data[i].val * =-1;
    HeMatrix(&(* A),&(* B),&(* Q));
}
```

6. 矩阵的输出

根据矩阵的行数与列数,按照行优先的顺序依次输出矩阵元素。对于矩阵中的每个元素,首先应该检查该位置是否是非零元素,若不是,则默认为 0。

```
void printMatrix(spmatrix A)
{   int i,j,k;
    printf("_____\n");
    for(i=1;i<=A.mu;i++)
    {   for(j=1;j<=A.nu;j++)
        {   for(k=1;k<=A.tu;k++)
            if(A.data[k].i==i&&A.data[k].j==j)
                break;
            if(k<=A.tu)
                printf("%&d",A.data[k].val);
            else
                printf("%&d",0);
        }
        printf("\n");
    }
    printf("_____\n");
}
```

程序运行结果如图 6-12～图 6-18 所示。

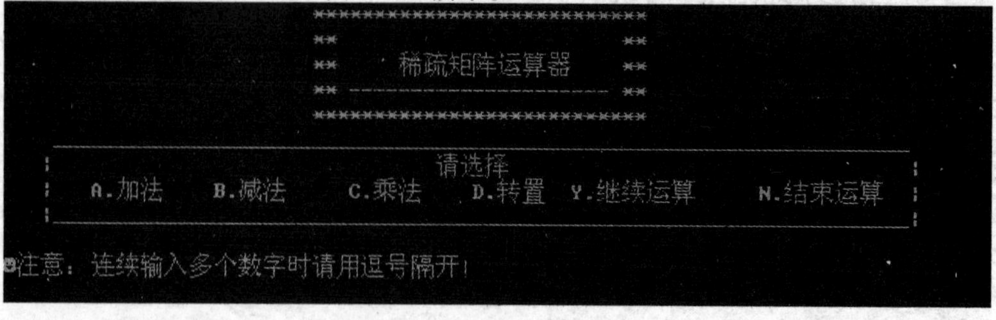

图 6-12　矩阵运算器主界面

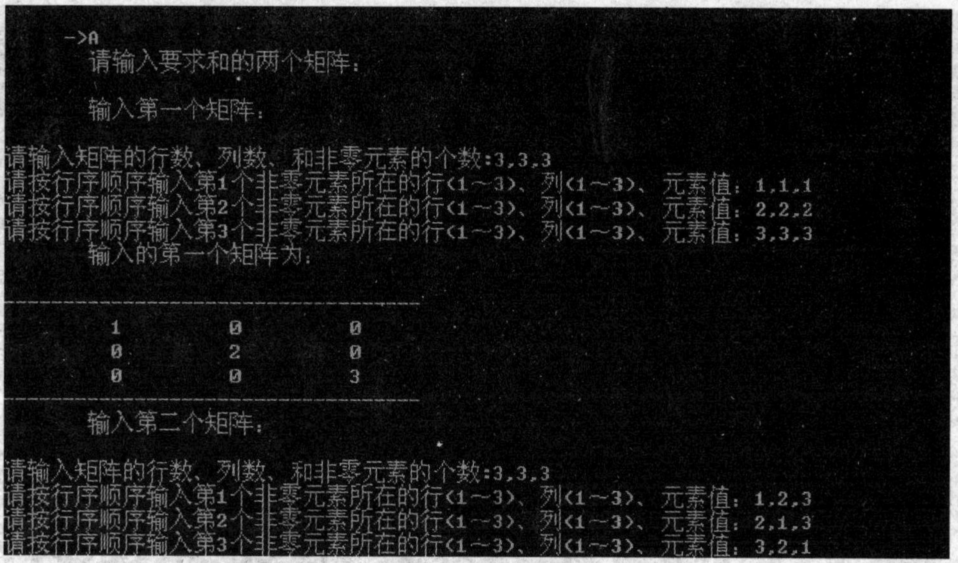

```
->A
    请输入要求和的两个矩阵:

    输入第一个矩阵:

请输入矩阵的行数、列数、和非零元素的个数:3,3,3
请按行序顺序输入第1个非零元素所在的行(1~3)、列(1~3)、元素值:1.1.1
请按行序顺序输入第2个非零元素所在的行(1~3)、列(1~3)、元素值:2.2.2
请按行序顺序输入第3个非零元素所在的行(1~3)、列(1~3)、元素值:3.3.3
    输入的第一个矩阵为:

    _____
       1           0           0
       0           2           0
       0           0           3
    _____

    输入第二个矩阵:

请输入矩阵的行数、列数、和非零元素的个数:3,3,3
请按行序顺序输入第1个非零元素所在的行(1~3)、列(1~3)、元素值:1.2.3
请按行序顺序输入第2个非零元素所在的行(1~3)、列(1~3)、元素值:2.1.3
请按行序顺序输入第3个非零元素所在的行(1~3)、列(1~3)、元素值:3.2.1
```

图 6-13　输入第一个矩阵 **A**

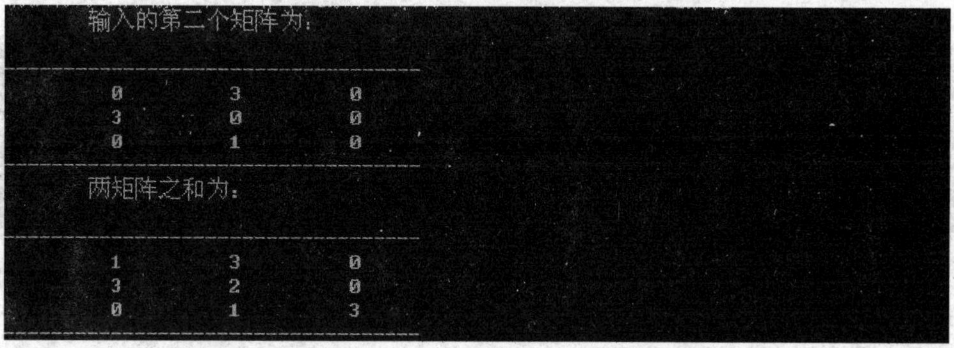

```
    输入的第二个矩阵为:

    _____
       0           3           0
       3           0           0
       0           1           0
    _____

    两矩阵之和为:

    _____
       1           3           0
       3           2           0
       0           1           3
    _____
```

图 6-14　输入第二个矩阵 **B**,求这两个矩阵的和

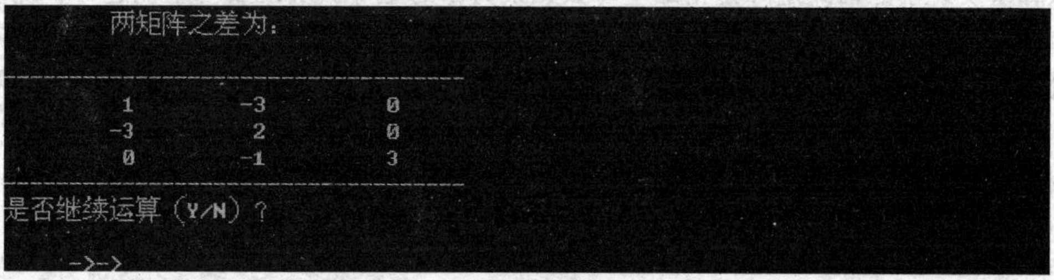

```
    两矩阵之差为:

    _____
       1          -3           0
      -3           2           0
       0          -1           3
    _____

是否继续运算 (Y/N) ?

    ->->
```

图 6-15　求上述矩阵 **A** 和 **B** 的差

```
    两矩阵之积为:

    _____
       0           3           0
       6           0           0
       0           3           0
    _____
```

图 6-16　求上述两个矩阵 **A** 和 **B** 的积

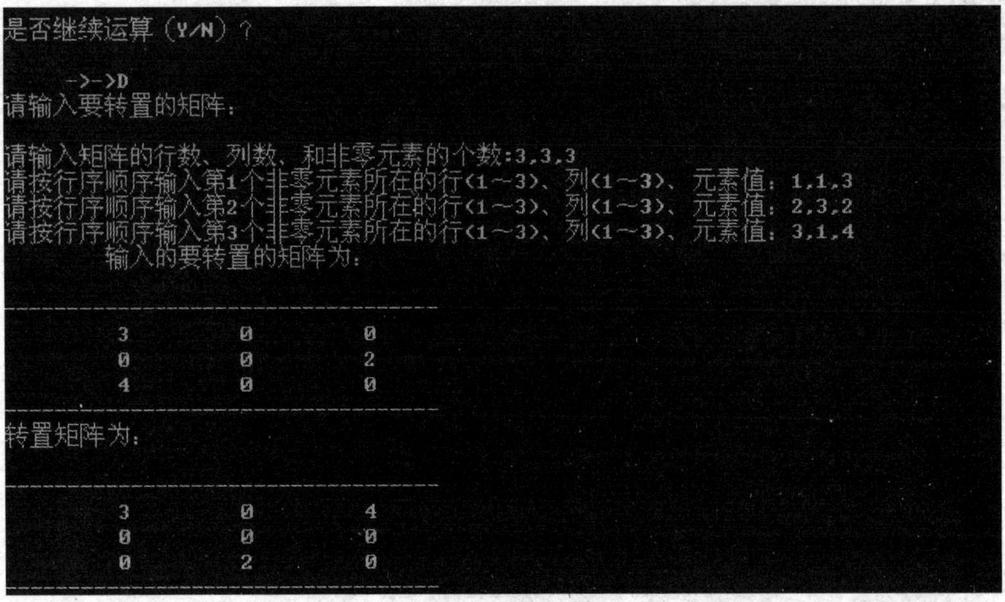

图 6-17　求矩阵的转置矩阵

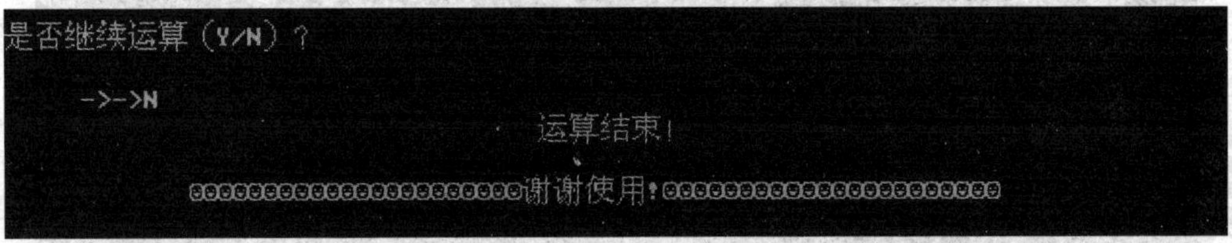

图 6-18　运算结束

6.4.5　算法总结

该算法实现中的稀疏矩阵是指那些多数元素为零的矩阵。实现了一个能进行稀疏矩阵基本运算的运算器。以"带行逻辑链接信息"的三元组顺序表表示稀疏矩阵,实现矩阵转置、相加、相减和相乘的运算。稀疏矩阵的输入形式采用三元组表示,而运算结果的矩阵则以阵列形式列出。利用"稀疏"特点进行存储和计算大大节省了存储空间,提高了计算效率。

附录源程序清单:

```
#include<stdio. h>
#include<stdlib. h>
#include<string. h>
#define MAX 200 /*非零元个数的最大值 */

typedef struct triple
{ int i,j; /*行下标,列下标 */
    int val; /*非零元素值 */
}spnode;
```

```
typedef struct tsmatrix
{  spnode data[MAX+1]; /* 非零元三元组表,data[0]未用  */
   int mu,nu,tu;
   int rpos[MAX+1];/* 矩阵的行数、列数和非零元个数  */
/* 各列第一个非零元的位置表 rpos[0]未用  */
}spmatrix;


void createsmatrix(spmatrix  * A)
{ /*   创建稀疏矩阵 A  */
    int val,i,m,n;
    A->data[0].i=0; /* 为以下比较顺序做准备  */
    printf("请输入矩阵的行数、列数、和非零元素的个数:");
    scanf("%d,%d,%d",&A->mu,&A->nu,&A->tu);
    for(i=1;i<=A->tu;i++)
    {  printf("请按行序顺序输入第%4d 个非零元素所在的行(1~%4d)、列(1~%4d)、元素值:",i,
A->mu,A->nu);
        scanf("%d,%d,%d",&m,&n,&e);
        if(m<1||m>A->mu||n<1||n>A->nu) /* 行或列超出范围  */
        {  printf("行或列超出范围");
            exit(0);
        }
        if(m<A->data[i-1].i||m==A->data[i-1].i&&n<=A->data[i-1].j) /* 行或
列的顺序有错 */
        {  printf("行或列的顺序有错");
            exit(0);
        }
        A->data[i].i=m;
        A->data[i].j=n;
        A->data[i].val=val;
    }
}


void transposeMatrix(spmatrix A,spmatrix  * E)
{ /* cpos 存放每列的第一个非零元素的地址,temp 中间变量  */
    int i,m, * cpos, * temp,k=0;
    E->mu=A.nu;
    E->nu=A.mu;
    E->tu=A.tu;
    cpos=(int  * )malloc(A.mu * sizeof(int));
    if(cpos==NULL)
    {  printf("动态申请地址有误!");
        exit(0);
    }
```

```
        temp=(int  * )malloc(A. mu * sizeof(int));
        if(temp==NULL)
        {   printf("动态申请地址有误!");
            exit(0);
        }
        / * 对 cpos 对初始化,初值为 0  * /
         * (cpos+1)=0;
        for(i=1;i<=A. nu;i++)
        {   for(m=1;m<=A. tu;m++)
          {   if(A. data[m]. j==i)
              k++;
          }
          temp[i]=k;
          if(i==1&&k! =0)
            * (cpos+i)=1;/ * 为 cpos 赋值  * /
          if(i>1)
           * (cpos+i)= * (temp+i-1)+1;
        }
        free(temp);
        for(i=1;i<=A. tu;i++)/ * 进行转置  * /
        {   E->data[ * (cpos+A. data[i]. j)]. i=A. data[i]. j;
            E->data[ * (cpos+A. data[i]. j)]. j=A. data[i]. i;
            E->data[ * (cpos+A. data[i]. j)]. val=A. data[i]. val;
            ( * (cpos+A. data[i]. j))++;
        }
        free(cpos);
}


void  HeMatrix(spmatrix  * A,spmatrix  * B,spmatrix  * Q)
{//矩阵求和函数
    if(( * A). mu! =( * B). mu||( * A). nu! =( * B). nu)
    {   printf("不满足矩阵相加的条件!");
        exit(0);
    }
    int  k=1;
    spnode  * p, * q;
    //设置两个指针,分别指向 A,B 的第一个非零元位置,移动指针进行比较,得出相加后的新矩阵非
零元
    p=&( * A). data[1];
    q=&( * B). data[1];
    ( * Q). mu=( * A). mu;( * Q). nu=( * A). nu;
    while(p<( * A). data+( * A). tu+1&&q<( * B). data+( * B). tu+1)
    {   if(( * p). i<=( * q). i)
```

```
        if((* p).i<(* q).i)
        {   (* Q).data[k].i=(* p).i;
            (* Q).data[k].j=(* p).j;
            (* Q).data[k].val=(* p).val;
            k++;p++;
        }
        else
            if((* p).j<=(* q).j)
             if((* p).j<(* q).j){
                (* Q).data[k].i=(* p).i;
                (* Q).data[k].j=(* p).j;
                (* Q).data[k].val=(* p).val;
                k++;p++;
                }
             else
                {   (* Q).data[k].i=(* p).i;
                    (* Q).data[k].j=(* p).j;
                    (* Q).data[k].val=(* p).val+(* q).val;
                    k++;p++;q++;
                    }
            else {    (* Q).data[k].i=(* q).i;
                    (* Q).data[k].j=(* q).j;
                    (* Q).data[k].val=(* q).val;
                    k++;q++;
                    }
        else
            {   (* Q).data[k].i=(* q).i;
                (* Q).data[k].j=(* q).j;
                (* Q).data[k].val=(* q).val;
                k++;q++;
            }
        (* Q).tu=k-1;
}
//若上述循环退出时,矩阵 A 中的非零元素还没有遍历完的话,需要继续求和
if(p<(* A).data+(* A).tu+1)
{   k=(* Q).tu;
    while(p<(* A).data+(* A).tu+1)
    {   k++;
        (* Q).data[k].i=(* p).i;
        (* Q).data[k].j=(* p).j;
        (* Q).data[k].val=(* p).val;
        p++;
    }
```

```
        ( * Q). tu=k;
}
```

//若上述循环退出时,矩阵 B 中的非零元素还没有遍历完的话,需要继续求和

```
if(q<( * B). data+( * B). tu+1)
{   k=( * Q). tu;
.   while(q<( * B). data+( * B). tu+1)
    {   k++;
        ( * Q). data[k]. i=( * q). i;
        ( * Q). data[k]. j=( * q). j;
        ( * Q). data[k]. val=( * q). val;
        q++;
    }
    ( * Q). tu=k;
    }
}


void ChaMatrix(spmatrix * A,spmatrix * B,spmatrix * Q)
{//矩阵求差函数
    if(( * A). mu! =( * B). mu||( * A). nu! =( * B). nu)
    {   printf("不满足矩阵相减的条件!");
        exit(0);
    }
    int i;
    for(i=1;i<=( * B). tu;i++)
        ( * B). data[i]. val * =-1;
    HeMatrix(&( * A),&( * B),&( * Q));
}


void multMatrix(spmatrix A,spmatrix B,spmatrix * F)
{ //矩阵相乘函数.
    int i,j,Qn=0;
    int * Qe;
    if(A. nu! =B. mu)
    {   printf("两矩阵无法相乘");
        exit(0);
    }
    T->mu=A. mu;
    T->nu=B. nu;
    Qe=(int * )malloc(A. mu * B. nu * sizeof(int)); /* Qe 为矩阵 Q 的临时数组 */
    for(i=1;i<=A. mu * B. nu;i++)
        * (Qe+i)=0;/* 矩阵 Q 的第 i 行 j 列的元素值存于 * (Qe+(A. data[i]. i-1) * B. nu+B. data
[j].j)中,初值为 0 */
    for(i=1;i<=A. tu;i++) /*结果累加到 Qe */
```

```
    for(j=1;j<=B. tu;j++)
        if(A. data[i]. j==B. data[j]. i)
            *(Qe+(A. data[i]. i-1)*B. nu+B. data[j]. j)+=A. data[i]. val*B. data[j]. val;
    for(i=1;i<=A. mu;i++)
    for(j=1;j<=B. nu;j++)  /* 当 A 的第一行和 B 的第一列相乘则得 F 的第一个元素;当 A 的第一
行和 B 的第二列相乘则得 F 的第二个元素;…… */
        if(*(Qe+(i-1)*B. nu+j)! =0) /* 当 A 的第 i 行和 B 的第 j 列相乘则得 F 的第 p 个元素;根
据归纳法得 p=(i-1)*B 的列数+j */
        {   Qn++;//非零元个数加 1
            F->data[Qn]. e=*(Qe+(i-1)*B. nu+j);
            F->data[Qn]. i=i;
            F->data[Qn]. j=j;
        }
        free(Qe);
        F->tu=Qn;
    }
void printMatrix(spmatrix a)
{/* 输出矩阵 */
    int i,j,k;
    printf("_____\n");
    for(i=1;i<=A. mu;i++)
    {   for(j=1;j<=A. nu;j++)
        {   for(k=1;k<=A. tu;k++)
            if(A. data[k]. i==i&&A. data[k]. j==j)
                break;
            if(k<=A. tu)
            printf("%&d",A. data[k]. val);
            else
            printf("%&d",0);
        }
        printf("\n");
    }
    printf("_____\n");
}


void main()
{   spmatrix A,B,Q;
    char ch;
    printf("  * * * * * * * * * * * * * * * * * * * * * * * *\n");
    printf("  * *                                      * * \n");
    printf("  * *              稀疏矩阵运算器           * * \n");
    printf("  * *                  * *_____* * \n");
    printf("  * * * * * * * * * * * * * * * * * * * * * * * *\n");
```

```
printf("_____\n");
printf("|请选择|\n");
printf("|A.加法  B.减法  C.乘法  D.转置  Y.继续运算  N.结束运算|\n");
printf("_____\n\n");
printf("\2 注意:连续输入多个数字时请用逗号隔开! \n\n");
printf("->");
scanf("%c",&ch);
while(ch!='N'){//进行循环运算
 switch(ch){//进行运算选择
   case'A':{ printf("请输入要求和的两个矩阵:\n\n");
           printf("输入第一个矩阵:\n\n");
           createMatrix(&A);
           printf("输入的第一个矩阵为:\n\n");
           printMatrix(A);
           printf("输入第二个矩阵:\n\n");
           createMatrix(&B);
           printf("输入的第二个矩阵为:\n\n");
           printMatrix(B);
           HeMatrix(&A,&B,&Q);
           printf("两矩阵之和为:\n\n");
           printMatrix(Q);
           printf("是否继续运算(Y/N)? \n\n");
           printf("->");
           ch=getchar();
         };break;
   case'B':{ printf("请按次序输入要求差的两个矩阵:\n\n");
           printf("输入第一个矩阵:\n\n");
           createMatrix(&A);
           printf("输入的第一个矩阵为:\n\n");
           printMatrix(A);
           printf("输入第二个矩阵:\n\n");
           createsMatrix(&B);
           printf("输入的第二个矩阵为:\n\n");
           printMatrix(B);
           ChaMatrix(&A,&B,&Q);
           printf("两矩阵之差为:\n\n");
           printMatrix(Q);
           printf("是否继续运算(Y/N)? \n\n");
           printf("->");
           ch=getchar();
         }break;
   case'C':{printf("请按次序输入要求积的两个矩阵:\n\n");
           printf("输入第一个矩阵:\n\n");
```

```
            createMatrix(&A);
            printf("输入的第一个矩阵为:\n\n");
            printMatrix(A);
            printf("输入第二个矩阵:\n\n");
            createMatrix(&B);
            printf("输入的第二个矩阵为:\n\n");
            printMatrix(B);
            multMatrix(A,B,&Q);
            printf("两矩阵之积为:\n\n");
            printMatrix(Q);
            printf("是否继续运算(Y/N)? \n\n");
            printf("->");
            ch=getchar();
        }break;
    case'D':{printf("请输入要转置的矩阵:\n\n");
            createsmatrix(&A);
            printf("输入的要转置的矩阵为:\n\n");
            printMatrix(A);
            transposesmatrix(A,&Q);
            printf("转置矩阵为:\n\n");
            printMatrix(Q);
            printf("是否继续运算(Y/N)? \n\n");
            printf("->");
            ch=getchar();
        }break;
    case'Y':{printf("请选择运算\n");
            printf("->");
            ch=getchar();
        }break;
    default:printf("->");ch=getchar();break;
    }
    }
    printf("运算结束! \n\n");
    printf("\1\1\1\1\1\1\1\1\1\1\1\1\1\1\1\1\1\1\1\1\1\1 谢谢使用! \1\1\1\1\1\1\1\1\1\1\1\1\1\1
\1\1\1\1\1\1\1\n\n");
    getchar();
}
```

本 章 小 结

本章主要介绍了数组的定义、运算和存储结构,稀疏矩阵的压缩存储方法。具体包括:用
C 语言定义多维数组,C 语言数组运算方法和存储形式,稀疏矩阵的形式和压缩存储方法,稀

疏矩阵三元组顺序表的一些基本运算,稀疏矩阵的十字链表表示法。并在本章最后给出了一个课程设计的实例,能够让读者通过实例练习对本章内容有一个更好的认识和理解。

课 后 习 题

一、选择题

1.数组通常所用的两种操作是(　　)。

A.删除与查找　　　　B.插入与索引　　　　C.查找与修改　　　　D.建立和查找

2.二维数组 A[10..20,5..10]采用行序为主序方式存储,每个数据元素占 4 个存储单元,且 A[10,5]的存储地址是 1000,则 A[18,9]的地址是(　　)。

A.1208　　　　　　B.1212　　　　　　C.1368　　　　　　D.1364

3.对稀疏矩阵的压缩存储,常用的方法有(　　)。

A.三元组和十字链表　　　　　　　　B.对角矩阵和十字链表

C.三元组和散列表　　　　　　　　　D.三角矩阵和对角矩阵

4.当矩阵非零元素的位置或个数经常变动时,采用(　　)存储结构更为恰当。

A.顺序表　　　　　　B.三元组表　　　　　C.十字链表　　　　　D.广义表

二、填空题

1.数组是由_____的数据元素构成的有序集合,每个数据元素称为一个数组元素。

2.如果对特殊矩阵的存储采取相同值元素只存储一次,对零值元素不分配存储空间的策略,对此类矩阵的存储称为_____。

3.采用顺序存储结构表示三元组表,来实现对稀疏矩阵的一种压缩存储形式,就称为_____。

三、简答题

1.什么是数组?

2.什么是稀疏矩阵?

四、综合题

1.稀疏矩阵用三元组的表示形式,试写一算法实现两个稀疏矩阵相加,结果仍用三元组表示。

2.画出下列稀疏矩阵的十字链表存储结构图。

$$\mathbf{M} = \begin{bmatrix} 5 & 0 & 0 & 7 \\ 0 & -3 & 0 & 0 \\ 4 & 0 & 0 & 0 \end{bmatrix}$$

第7章 树形结构

树形结构是一种重要的非线性数据结构,其中以树和二叉树最为常用。直观地看,它是数据元素(在树中称为结点)按分支关系组织起来的结构,与自然界的树非常类似。树结构在客观世界中广泛存在,如人类社会的族谱和各种社会组织机构都可用树形象表示。树在计算机领域中也得到广泛应用,如在编译源程序时,可用树表示源程序的语法结构。又如在数据库系统中,树形结构也是信息的重要组织形式之一。一切具有层次关系的问题都可用树来描述。

7.1 树

7.1.1 树的定义及表示方法

树(Tree)是树形结构的简称,它是数据结构的重要形式,是一种多层次的数据结构。树中每个结点可以存在多个分支,所以它的应用非常广泛。

树是由 n(n>=1)个有限结点组成一个具有层次逻辑关系的集合 T。若 T 为空集,则为空树;否则,称为非空树。

把它叫做“树”是因为它看起来像一棵倒挂的树,也就是说它的根朝上,而叶朝下,如图 7-1 所示。它具有以下特点:

(1)每个结点有零个或多个子结点;

(2)每一个子结点只有一个父结点;

(3)没有前驱的结点为根结点;

(4)除了根结点外,每个子结点可以分为 m 个不相交的子树。

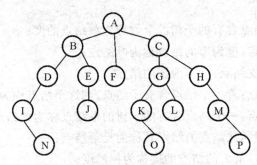

图 7-1 树

从图 7-2(a)中可以看出,一棵树中,根结点没有前驱结点,除根结点之外的其他结点有且仅有一个前驱结点;树中所有结点可以有零个或多个后继。如图 7-2(c)所示就不是树形结构。

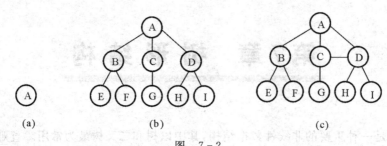

图 7-2

(a)只有根结点的树；　(b)一般的树；　(c)非树形结构

　　树有多种表示方法。如图 7-2(b)所示的树形表示法就是其中的一种,也是最常用的一种,称其为直观表示法。除此之外,还有嵌套集合表示法如图 7-3(a)所示,凹入表示法如图 7-3(b)所示和广义表表示法如图 7-3(c)所示。其中树的凹入表示法主要用于树的屏幕显示和打印输出。

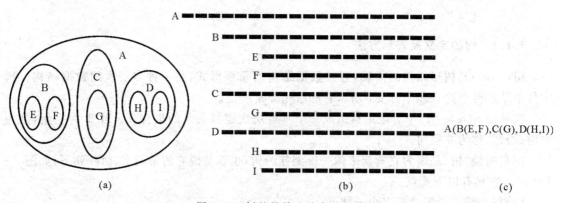

图 7-3　树的另外三种表示方法

(a)嵌套表示法；　(b)凹入表示法；　(c)广义表表示法

7.1.2　树的基本术语

(1)结点的度:一个结点含有的子树的个数称为该结点的度;

(2)叶结点或终端结点:度为零的结点称为叶结点;

(3)非终端结点或分支结点:度不为零的结点;

(4)双亲结点或父结点:若一个结点含有子结点,则这个结点称为其子结点的父结点;

(5)孩子结点或子结点:一个结点含有的子树的根结点称为该结点的子结点;

(6)兄弟结点:具有相同父结点的结点互称为兄弟结点;

(7)树的度:一棵树中,最大的结点的度称为树的度;

(8)结点的层次:从根开始定义起,根为第 0 层,根的子结点为第 1 层,依此类推;

(9)树的高度或深度:树中结点的最大层次;

(10)堂兄弟结点:双亲在同一层的结点互为堂兄弟;

(11)结点的祖先:从根到该结点所经分支上的所有结点;

(12)子孙:以某结点为根的子树中任一结点都称为该结点的子孙;

(13)森林:有 m(m＞＝0)棵互不相交的树的集合称为森林。

7.1.3 树的基本操作

树的基本操作有:

(1)INITTREE(&T)。

操作结果:构造空树 T。

(2)DESTROYTREE(&T)。

初始条件:树 T 存在。

操作结果:销毁树 T。

(3)CREATETREE(&T,DEFINITION)。

初始条件:DEFINITION 给出树 T 的定义。

操作结果:按 DEFINITION 构造树 T。

(4)CLEARTREE(&T)。

初始条件:树 T 存在。

操作结果:将树 T 清为空树。

(5)TREEEMPTY(T)。

初始条件:树 T 存在。

操作结果:若 T 为空树,则返回 TURE,否则返回 FALSE。

(6)TREEDEPTH(T)。

初始条件:树 T 存在。

操作结果:返回 T 的深度。

(7)ROOT(T)。

初始条件:树 T 存在。

操作结果:返回 T 的根。

(8)PARENT(T,CUR_E)。

初始条件:树 T 存在,CUR_E 是 T 中某个结点。

操作结果:若 CUR_E 是 T 的非根结点,则返回它的双亲,否则函数值为“空”。

(9)LEFTCHILD(T,CUR_E)。

初始条件:树 T 存在,CUR_E 是 T 中某个结点。

操作结果:若 CUR_E 是 T 的非叶子结点,则返回它的最左孩子,否则返回“空”。

(10)RIGHTSIBLING(T,CUR_E)。

初始条件:树 T 存在,CUR_E 是 T 中某个结点。

操作结果:若 CUR_E 有右兄弟,则返回它的右兄弟,否则函数值为“空”。

(11)INSERTCHILD(&T,&P,I,C)。

初始条件:树 T 存在,P 指向 T 中某个结点,1≤I≤P 所指结点的度＋1,非空树 C 与 T 不相交。

操作结果:插入 C 为 T 中 P 指结点的第 I 棵子树。

(12)DELETECHILD(&T,&P,I)。

初始条件:树 T 存在,P 指向 T 中某个结点,1≤I≤P 指结点的度。

操作结果:删除 T 中 P 所指结点的第 I 棵子树。

(13)TRAVERSETREE(T,VISIT())。

初始条件:树 t 存在,VISIT 是对结点操作的应用函数。

操作结果:按某种次序对 T 的每个结点调用函数 VISIT()一次且至多一次。一旦 VISIT()失败,则操作失败。

7.2 二 叉 树

7.2.1 二叉树的定义及基本操作

1.二叉树的定义

二叉树是另一种重要的树形结构,其结构定义如下:

二叉树(Binary Tree)是指度为 2 的有序树,它的特点是每个结点至多只有两棵子树,即二叉树中任何结点的度都不大于 2,而且二叉树的子树有左、右之分,不能交叉,其次序不能颠倒。在二叉树中,每个结点的左子树的根结点被称为该结点的左孩子(Left Child),右子树的根结点被称为该结点的右孩子(Right Child)。

二叉树与树的区别:

(1)二叉树结点的最大度数为 2,而树的结点的最大度数没有限制。

(2)二叉树的结点有左、右之分,而树的结点是无序的。

2.二叉树的五种形态

(1)空二叉树:没有任何结点的树。

(2)只有一个根结点的二叉树:树的层数只有一层,即只有根上一个结点。

(3)只有左子树。

(4)只有右子树。

(5)完全二叉树。

如图 7-4 所示。

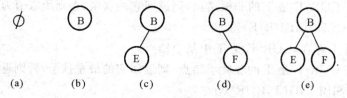

图 7-4 二叉树的五种形态

(a)空二叉树; (b)仅有根结点的二叉树; (c)右子树为空的二叉树;
(d)左子树为空的二叉树; (e)左、右子树均为非空的二叉树

7.2.2 二叉树的基本操作

(1)InitBiTree(&T)。

操作结果:构造空二叉树。

（2）CreateBiTree(&T)。

初始条件：二叉树存在。

操作结果：按输入格式构造二叉树。

（3）DestroyBiTree(&T)。

初始条件：二叉树存在。

操作结果：销毁二叉树 T。

（4）ClearBiTree(&T)。

初始条件：二叉树存在。

操作结果：将二叉树 T 清为空树。

（5）BiTreeEmpty(T)。

初始条件：二叉树存在。

操作结果：若 T 为空二叉树，则返回 TURE，否则返回 FALSE。

（6）BiTreeDepth(T)。

初始条件：二叉树存在。

操作结果：返回 T 的深度。

（7）Root(T)。

初始条件：二叉树存在。

操作结果：返回 T 的根。

（8）Value(T, e)。

初始条件：二叉树存在，e 是 T 中某个结点。

操作结果：返回结点 e 的值。

（9）Assign(&T, &e, value)。

初始条件：二叉树存在，e 是 T 中某个结点。

操作结果：结点 e 赋值为 value 。

（10）Parent(T, e)。

初始条件：二叉树存在，e 是 T 中某个结点。

操作结果：若 e 是 T 的非根结点，则返回它的双亲，否则返回"空"。

（11）LeftChild(T, e)。

初始条件：二叉树存在，e 是 T 中某个结点。

操作结果：返回 e 的左孩子。若 e 无左孩子，则返回"空"。

（12）RightChild(T, e)。

初始条件：二叉树存在，e 是 T 中某个结点。

操作结果：返回 e 的右孩子。若 e 无右孩子，则返回"空"。

（13）PreOrder(T)。

初始条件：二叉树存在。

操作结果：先序遍历 T，按顺序输出每个结点。

（14）InOrder(T)。

初始条件：二叉树存在。

操作结果：中序遍历 T，按顺序输出每个结点。

(15)PostOrder(T)。

初始条件:二叉树存在。

操作结果:后序遍历 T,按顺序输出每个结点。

(16)LevelOrder(T)。

初始条件:二叉树存在。

操作结果:按层遍历 T,按顺序输出每个结点。

7.2.3 二叉树的性质

性质 1 二叉树第 i 层上的结点数目最多为 2^{i-1} 个 $(i \geqslant 1)$。

证明 用数学归纳法证明。

归纳基础:$i=1$ 时,有 $2^{i-1}=2^0=1$。因为第 1 层上只有一个根结点,所以命题成立。

归纳假设:假设对所有的 $j(1 \leqslant i)$ 命题成立,即第 j 层上至多有 2^{j-1} 个结点,证明 $j=i$ 时命题亦成立。

归纳步骤:根据归纳假设,第 $i-1$ 层上至多有 2^{i-2} 个结点。由于二叉树的每个结点至多有两个孩子,故第 i 层上的结点数至多是第 $i-1$ 层上的最大结点数的 2 倍。即 $j=i$ 时,该层上至多有 $2 \times 2^{i-2}=2^{i-1}$ 个结点,故命题成立。

性质 2 深度为 k 的二叉树至多有 $2k-1$ 个结点$(k \geqslant 1)$。

证明 在具有相同深度的二叉树中,仅当每一层都含有最大结点数时,其树中结点数最多。因此利用性质 1 可得,深度为 k 的二叉树的结点数至多为

$$\sum_{i=1}^{k}(结点数)=\sum_{i=2}^{k}2^{i-1}=2^k-1$$

故命题正确。

性质 3 在任意一棵二叉树中,若终端结点的个数为 n_0,度为 2 的结点数为 n_2,则 $n_0=n_2+1$。

证明 因为二叉树中所有结点的度数均不大于 2,所以结点总数(记为 n)应等于 0 度结点数、1 度结点(记为 n_1)和 2 度结点数之和,即

$$n=n_0+n_1+n_2 \tag{7-1}$$

另一方面,1 度结点有一个孩子,2 度结点有两个孩子,故二叉树中孩子结点总数是

$$n_1=2n_2 \tag{7-2}$$

树中只有根结点不是任何结点的孩子,故二叉树中的结点总数又可表示为

$$n=n_1+2n_2+1 \tag{7-3}$$

由式(7-1)和式(7-2)得到

$$n_0=n_2+1 \tag{7-4}$$

性质 4 具有 n 个结点的完全二叉树的深度为 $\lfloor \lg_2 n \rfloor+1$。

证明 设所求完全二叉树的深度为 k。由完全二叉树定义可得

$$2^{k-1}-1<n \leqslant 2^{k-1}-1 \quad 或 \quad 2^{k-1}<n \leqslant 2^k$$

取对数可得

$$k-1 \leqslant \lg_2 n < k$$

因为 k 是整数,所以

$$k=\lfloor \lg_2 n \rfloor+1$$

性质 5 对一棵具有 n 个结点的完全二叉树中的结点从 1 开始按层序编号,则对于任意的编号为 $i(1 \leqslant i \leqslant n)$ 的结点(简称为结点 i),有:

(1) 如果 $i > 1$,则结点 i 的双亲的编号为 $\left\lfloor \dfrac{i}{2} \right\rfloor$;否则结点 i 是根结点,无双亲。

(2) 如果 $2i \leqslant n$,则结点 i 的左孩子的编号为 $2i$;否则结点 i 无左孩子。

(3) 如果 $2i + 1 \leqslant n$,则结点 i 的右孩子的编号为 $2i + 1$;否则结点 i 无右孩子。

7.2.4 两种重要的树

满二叉树和完全二叉树是二叉树的两种特殊情况。

1. 满二叉树(Full Binary Tree)

在一棵二叉树中,如果所有分支结点都存在左子树和右子树,并且所有叶子结点都在同一层上,这样的一棵二叉树称为满二叉树。一棵满二叉树深度为 k,那么它有 $2k - 1$ 个结点。

满二叉树的特点:

(1) 每一层上的结点数都达到最大值。即对给定的高度,它是具有最多结点数的二叉树。

(2) 满二叉树中不存在度数为 1 的结点,每个分支结点均有两棵高度相同的子树,且树叶都在最下一层上。

图 7-5 是一个深度为 3 的满二叉树,而图 7-6 中,由于 B 结点没有右孩子,所以它是一棵非满二叉树。

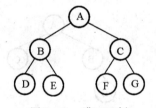
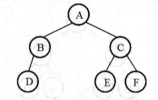

图 7-5 满二叉树   图 7-6 非满二叉树

2. 完全二叉树(Complete BinaryTree)

若一棵二叉树至多只有最下面的两层上结点的度数可以小于 2,并且最下一层上的结点都集中在该层最左边的若干位置上,则此二叉树称为完全二叉树。

一棵深度为 k 的有 n 个结点的二叉树,对树中的结点按从上至下、从左到右的顺序进行编号,如果编号为 $i(1 \leqslant i \leqslant n)$ 的结点与满二叉树中编号为 i 的结点在二叉树中的位置相同,则这棵二叉树称为完全二叉树。完全二叉树的特点是:叶子结点只能出现在最下层和次下层,且最下层的叶子结点集中在树的左部。

其特点:

(1) 满二叉树是完全二叉树,完全二叉树不一定是满二叉树。

(2) 在满二叉树的最下一层上,从最右边开始连续删去若干结点后得到的二叉树仍然是一棵完全二叉树。

(3) 在完全二叉树中,若某个结点没有左孩子,则它一定没有右孩子,即该结点必是叶结点。

图7-7是一棵完全二叉树,而图7-8中,结点B没有左孩子而有右孩子D,故它不是一棵完全二叉树。

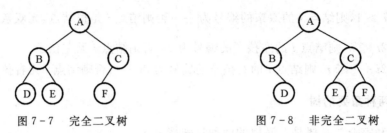

图7-7　完全二叉树　　　　　　　　图7-8　非完全二叉树

7.2.5　二叉树的存储结构

二叉树也可以采用两种存储方式:顺序存储结构和链式存储结构。

1.顺序存储结构

按照数据结构的"顺序储存映像"的定义,在顺序存储结构中没有附加信息,因此对二叉树的顺序存储结构,就是把二叉树中所有结点按照一定的顺序存放到一组连续的存储单元中。这种存储结构的特点是空间利用率高,寻找孩子和双亲比较容易。

顺序存储结构适用于完全二叉树。其存储形式为:用一组连续的存储单元按照完全二叉树的每个结点编号的顺序存放结点内容。根据二叉树的性质5,将完全二叉树上编号为i的结点元素存储在一维数组中下标为$i-1$的分量中,如图7-9(a)所示是一棵完全二叉树,图7-9(b)所示是图7-9(a)对应的顺序存储结构。

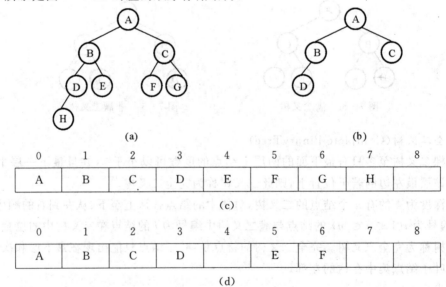

图7-9　二叉树在一维数组中存储

(a)完全二叉树；　(b)一般二叉树；　(c)完全二叉树的顺序存储表示；　(d)一般二叉树的顺序存储表示

对于一般的二叉树,可对照完全二叉树的编号进行相应的存储,但非完全二叉树的存储如图7-9(d)所示,没有结点的分量需要重填充空白字符。

在C语言中,这种存储形式的类型定义如下:

＃define MAX_TREE_LINKLIST_SIZE 100

typedef struct{

Elemtype elem[MAX_TREE_LINKLIST_SIZE]；//根存储在下标为 1 的数组单元中

int n；//当前完全二叉树的结点个数

} BiTree；

下面给出完全二叉树在这种存储形式下的操作算法。

（1）构造一棵完全二叉树。

void CreateBTree(BiTree ＊ BT,Elemtype elem[ ],int n)

{ if (n≥＝MAX_TREE_LINKLIST_SIZE) n＝MAX_TREE_LINKLIST_SIZE－1；

for (i＝1；i＜＝n;i＋＋)

BT－＞elem[i]＝elem[i]；

BT－＞n＝n；

}

（2）获取给定结点的左孩子。

int LeftCHild(BiTree ＊ BT,int linklist)

{ if (2＊linklist＞BT－＞n) return 0；

else return 2＊linklist；

}

RightChild(BT,linklist)与这个操作类似,学生可试着自行完成。

（3）获取给定结点的双亲。

int Parent(BiTree ＊ BT,int linklist)

{ if (1＜＝linklist&＆linklist＜＝BT－＞n) return i/2；

else return －1；

}

2.链式存储结构

在顺序存储结构中,利用编号表示元素的位置及元素之间孩子或双亲的关系,因此对于非完全二叉树,需要将空缺的位置用特定的符号填补,若空缺结点较多,势必造成空间利用率的下降。在这种情况下,就应该考虑使用链式存储结构。常见的二叉树结点结构如图 7－10 所示。其中,Lchild 和 Rchild 分别指向该结点左孩子和右孩子的指针,Elem 是数据元素的内容。

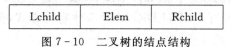

| Lchild | Elem | Rchild |

图 7－10 二叉树的结点结构

在 C 语言中的类型定义为:

typedef struct BiNode{

Elemtype elem；

struct BiNode ＊ Lchild,＊ Rchlid；

} BiNode,＊ BiTree；

图 7－11 所示是一棵二叉树及相应的链式存储结构。

这种存储结构的特点是寻找孩子结点容易,寻找双亲比较困难。因此,若需要频繁地寻找双亲,可以给每个结点添加一个指向双亲结点的指针域,其结点结构如图 7－12 所示。

二叉树的三叉链表存储结构的结点定义如下：

```
typedef struct BiTNode{
    ElemType data; //数据域
    struct BiTNode * Lchild, * Rchild, * Parent; //左、右孩子指针
}BiTNode, * BiTree;
```

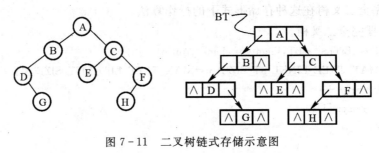

图 7-11 二叉树链式存储示意图

Lchild	parent	elem	Rchild

图 7-12 结点结构

7.3 遍历二叉树

7.3.1 遍历二叉树的定义及方法

遍历是二叉树经常使用的一种操作。从数据类型的定义得知，"遍历"的含义是对结构中的每个数据元素都访问一次且仅仅访问一次，所以遍历二叉树就是指按某搜索路径访问二叉树中的每一个结点，使得每一个结点均被访问到，而且仅被访问一次，这里"访问"的含义很广，可以是对结点做各种处理，如输出结点的信息、修改结点的内容等。进行二叉树遍历时应该确定一条搜索路径，使得结构中的每个数据元素都出现在这条搜索路径上，这样才能确保每个数据元素都被访问到。

从二叉树的结构定义得知，二叉树是由"根结点""左子树"和"右子树"3 部分构成的。遍历二叉树的操作可分解为"访问根结点""遍历左子树"和"遍历右子数"3 个操作，在本书中只讨论先左子树后右子树的遍历顺序。假如以 L,D,R 表示遍历左子树、访问根结点和遍历右子树，在先左后右的前提下，可有 DLR,LDR,LRD 3 种遍历方式，分别成为先(根)序遍历、中(根)序遍历和后(根)序遍历。

1. 先(根)序遍历

先(根)序遍历可以定义为：若二叉树为空，则遍历结束；否则①访问根结点；②先(根)序遍历左子数；③先(根)序遍历右子数。

例如，对图 7-13 所示的二叉树进行先(根)序遍历，得到的遍历序列为 ABDGHECFI。

二叉树先序遍历的递归算法为：

```
Void Preorder(BiTree * BT)
{   If (BT! =BULL){
    Printf(e);                    //访问根结点
    Preorder(BT->Lchild);         //先序遍历左子树
```

```
    Preorder(BT->Rchild);              //先序遍历右子树
    }
}
```

2. 中(根)序遍历

中(根)序遍历可定义为:若二叉树为空,则遍历结束;否则①中(根)序遍历左子树;②访问根结点;③中(根)序遍历右子树。

例如,对图 7-13 所示的二叉树进行中(根)序遍历,得到的遍历序列为 GDHBEACIF。

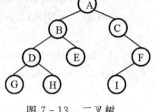

图 7-13　二叉树

二叉树中序遍历的递归算法为:

```
    void Inorder(BiTree * BT)
    {   If (BT! =NULL){
        Inorder(BT->Lchild);//中序遍历左子树
        Printf(e);//访问根结点
        Inorder(BT->Rchild);//中序遍历右子树
        }
}
```

3. 后(根)序遍历

后(根)序遍历可定义为:若二叉树为空,则遍历结束;否则①后(根)序遍历左子树;②后(根)序遍历右子树;③访问根结点。

例如,对图 7-13 所示的二叉树进行后(根)序遍历,得到的遍历序列为 GHDEBIFCA。

二叉树后序遍历的递归算法为:

```
    void Postorder(BiTree * BT)
    {   If(BT! =NULL){
    Postorder(BT->Lchild);//后序遍历左子树
    Postorder(BT->Rchild);//后序遍历右子树
    printf(e);//访问根结点
    }
}
```

7.3.2　遍历二叉树的操作及算法描述

1. 初始化运算
```
void InitBiTree(BiTree * BT)
{   BT=NULL;
}
```

2. 判断二叉树是否为空
```
Bool BiTreeEmpty(BiTree * BT)
{   return BT==NULL;
}
```

3. 求二叉树深度

若一棵二叉树为空,则它的深度为 0,否则它的深度等于左子树和右子树中的最大深度加 1。设 dep1 为左子树深度,dep2 为右子树,则二叉树的深度为:

max(dep1,dep2)+1

其中 max 函数表示取参数中的最大者。

求二叉树深度的递归算法如下：

```
int BiTreeDepth(BiTree * BT)//求二叉数 BT 的深度
{  if(BT==NULL) return0;//对于空数,返回 0 并结束递归
else
   {  int dep1=BiTreeDepth(BT->left);//求出左子树深度
   int dep2=BiTreeDepth(BT->right);//求出右子树深度
   if(dep1>dep2)
        return dep1+1;
else
        return dep2+1;}
}
```

4.建立二叉树

利用前序遍历建立二叉树和二叉链表的算法如下：

```
BiTree CreateBiTree()
{  BiTree * t;
   char ch;
   scanf("%c",&ch);//输入前序序列,对应子树为空时输入空格字符
   if(ch=='') t=NULL;
else
{  t=(BiTree *)malloc(sizeof (BitNode));//生成根结点
   t->date=ch;
   t->Lchild=CreatBiTree();//建立左叉数
   t->Rchild=CreatBiTree();//建立右叉数
}
return(t);
}
```

5.清除二叉树

为了清除一棵二叉树可以先清除左子树,再清除右子树,最后删除根结点,所以它是一个递归过程。清除一棵二叉树不仅要删除二叉树中的所有结点,而且要将根指针置为空。所以此算法需要首先调用一个删除二叉树(DeleteBiTree)的算法删除二叉树中的所有结点,然后再将根指针置空。

删除二叉树中所有结点的算法如下：

```
void DeleteBiTree(BiTree * BT)
{  if(BT! =NULL)
   {
   DeleteBiTree(BT->Lchild);
   DeleteBiTree(BT->Rchild);
   DeleteBiTree(BT);
   }
}
```

清除一棵二叉树的算法如下：

```
void ClearBiTree(BiTree * BT)
{   DeleteBiTree(BT);
BT=NULL;
}
```

7.3.3 恢复二叉树

1. 恢复二叉树

二叉树的三种遍历常用于恢复：先序遍历，中序遍历，后序遍历。对于先序遍历和中序遍历，后序遍历和中序遍历这两种组合，对任意二叉树的恢复都有唯一解，但对先序遍历和后序遍历的情况则不是，在这种情况下要满足要求：对所有非叶子结点，其两个子结点都存在，也即是，一个结点要么是叶子结点，要么有两个结点。

2. 恢复二叉树的方法

典型的恢复方法是递归建构结点的左、右子树。

假设二叉树原型如图 7-14 所示，为了方便，结点的值刚好等于层次遍历索引。

先序遍历的结果：1,2,4,5,10,11,3,6,7。

中序遍历的结果：4,2,10,5,11,1,6,3,7。

后序遍历的结果：4,10,11,5,2,6,7,3,1。

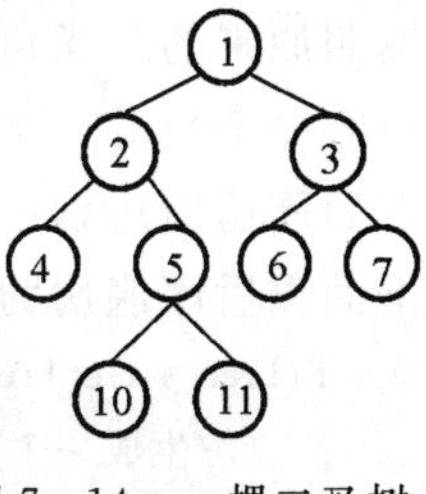

3. 先序遍历和中序遍历的恢复

对先序，注意第一个结点是根结点，其遍历顺序是中左右，因此，若把第一个结点作为基准，则其左右子树连续存储在该结点之后。不过，目前还不知道到底左右子树的分界点在哪，因此需要结合中序来确定其分界点。先序的第一个结点在中序的第 5 个位置（从 0 开始算），而知道中序的存储顺序是：先中后，因此，对中序列，该结点的左边是其左子树，右边是右子树。因此，根据结点在中序中的位置可以确定其左子树的元素个数，对应到先序即可得到该结点的左、右子树分别在先、中序的位置。根据上述信息就可递归地恢复根结点的左、右子树，进而得到整个树。

图 7-14 一棵二叉树

4. 后序遍历和中序遍历的恢复

与上述类似，只不过对后序，根结点在末尾，其他可依此类推。

5. 先序遍历和后序遍历的恢复

在这种情况下恢复的二叉树不一定有唯一解，考虑如图 7-15 所示的树。

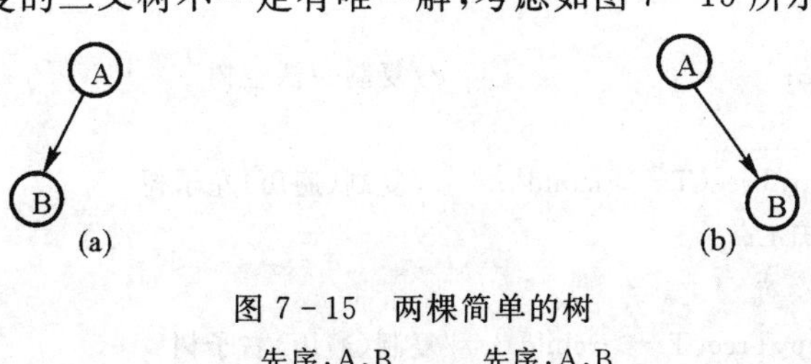

图 7-15 两棵简单的树

(a) 先序：A,B (b) 先序：A,B
    后序：B,A   后序：B,A

从图 7-15 可看到，不同的树，先、后序遍历的结果是一样的。

这里只针对有唯一解的情况做讨论,对于图 7-14,结合实例描述如下:

先序:1,2,4,5,10,11,3,6,7。

后序:4,10,11,5,2,6,7,3,1。

对先序,第一个结点与后序最后结点对应,然后再看先序的第二个结点(值为 2),如果先序存在子树,则必同时存在左右子树,因此可断定,第二个结点正是根结点的左子树结点,可先恢复成如图 7-16 所示。

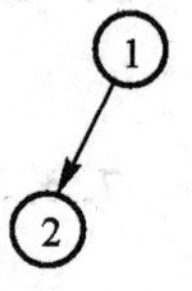

而它又把后序分成两个部分,一左一右(右边不包括最末的根结点):左(4,10,11,5,2),右(6,7,3),说到这里,再结合图 7-14,一切都明白了:"左"正是根的左子树,"右"正是根的右子树。于是,又得到了根结点的左右子树,递归,得出二叉树。

图 7-16

7.4 二叉树的应用

7.4.1 二叉树的基本应用

二叉树的基本应用之一就是复制二叉树,其指的是在计算机中已经存在一棵二叉树,现要按照原来的二叉树的结构重新生成一棵新的二叉树,其实质就是按原二叉树的二叉链表另外建立一个新的二叉链表。类似于求二叉树的深度,"复制"可以在先序遍历过程中进行,也可以在后序遍历过程中进行。但无论是哪一种遍历,其"访问"操作都是"生成二叉树的一个结点",下面以后序遍历为例写出算法。先写一个生成一个二叉树的结点的算法:

```
BiTree * GetTreeNode(ElemType item, BiTree * lptr, BiTree * rptr){
    //生成一个其元素值为 item,左指针为 lptr,右指针为 rptr 的结点
    T=new BiTree;T->data=item;
    T->lchild=lptr;T->rchild=rptr;
    Return T;
}
```

后序遍历复制二叉树的操作即为先分别复制已知二叉树的左、右子树,然后生成一个新的根结点,则复制得到的两棵子树的根指针应是这个新生成的结点的左、右指针域的值,如下面算法所示。

```
BiTree * CopyTree(BiTree * T){
    //已知二叉树的根指针为 T,本算法返回它的复制品的根指针
    BiTree * newnode;
    if(! T)
        return NULL;                    //复制一棵空树
    if(T->lchild)
        newlptr=CopyTree(T->lchild);    //复制(遍历)左子树
    else newlptr=NULL;
    if(T->rchild)
        newrptr=CopyTree(T->rchild);    //复制(遍历)右子树
    else newrptr=NULL;
    newnode=GetTreeNode(T->data, newlptr, newrptr);//生成根结点
    return newnode;
```

}//END

7.4.2　标识符树与表达式

将算术表达式用二叉树来表示称为标识符树,也称为二叉表示树。利用标识符树的后序遍历可以得到算术表达式的后缀表达式,是二叉树的一种重要应用。

通常情况下,一个表达式由一个运算符和两个操作数构成,两个操作数之间有次序之分,并且操作数本身也可以使用表达式,这个结构类似于二叉树,因此可以用二叉树表示表达式。

以二叉树表示表达式的递归定义如下:若表达式为数或简单变量,则相应二叉树中只有一个根结点,其数据域存放该表达式的信息;若表达式=(第一操作数)(运算符)(第二操作数),则相应的二叉树中以左子树表示第一操作数,以右子树表示第二操作数,根结点存放运算符(若为一元运算符,则左子树为空)。操作数本身也是表达式。

简单地说,表达式中只有二元运算符,并且不论是操作数还是运算符,都以单字符表示,即运算符可以是+,-,*,/等单字符,操作数以单字符的简单变量表示。

例如表达式 $a+b*(c-d)-e/f$,按运算优先级关系分解为:

第一操作数　　　　a
运算符　　　　　　+
第二操作数　　　　$b*(c-d)-e/f$

同样,可以讲第二操作数分解为 $b*(c-d)$,e/f,以此类推,可得到的二叉树如图 7-17 所示。

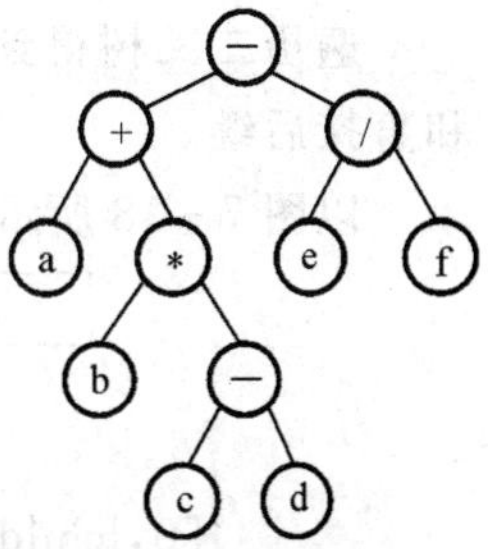

写出 $a+b*(c-d)-e/f$ 的前缀、中缀和后缀表达式,可分别进行前序、中序、后序遍历,即可得到:

前缀表达式:$-+a*b-cd/ef$。
中缀表达式:$a+b*c-d-e/f$。
后缀表达式:$abcd-*+ef/-$。

图 7-17　标识符树

表达式求值的过程实际上是一个后序遍历二叉树的过程,因为二叉树上任何一个运算符的左、右"操作数"都是一个表达式,则处理一个"运算符"之前,其左、右操作数表达式的值必须已经求出。为了求出算术表达式的值,在算法中可用一维数组存放所有和简单变量操作数对应的数值。二叉树结点数据域为正整数时,其值是操作数所在数组位置的对应下标;数据域为负整数时,其值是运算符,值的绝对值大小用以表示运算类型。对于后缀表达式,其是最适合计算机处理的表达式。算术表达式求值的算法如下:

```
const PLUS  = -1;
const MINUS = -2;
const ASTERISK = -3;
const SLANT = -4;
double value(BiTree * T, float arr[]){
//对以 T 为根指针的二叉树表示的算术表达式求值
//操作数的数值存放到一维数组 arr 中
if(! T) return 0; //空树的值为 0
if(T->data>=0) return arr[T->data];
Lv = value(T->lchild,arr);//遍历左子树求第一操作数
```

```
Rv = value(T->rchild,arr);//遍历右子树求第一操作数
switch(T->data){
    case PLUS：v=Lv + Rv;
    case MINUS：v=Lv - Rv;
    case ASTERISK：v=Lv * Rv;
    case SLANT：v=Lv / Rv;
    default：ERROR("不合法的运算符");
}//switch
return v;
}//value
```

7.5 线索二叉树

7.5.1 线索二叉树的定义

遍历二叉树得到一线性序列,每个结点(除第一个和最后一个外)有且仅有一个直接前驱和直接后继。

以图 7-18 所示为结点构成的二叉链表,作为二叉树的存储结构称为线索链表。

lchild	pred	data	succ	rchild

图 7-18 线索二叉树的结点表示

$$pred=\begin{cases}0,\text{lchild 域指示结点的左孩子}\\1,\text{lchild 域指示结点的前驱}\end{cases}$$

$$succ=\begin{cases}0,\text{rchild 域指示结点的右孩子}\\1,\text{rchild 域指示结点的后继}\end{cases}$$

线索:指向直接前驱结点或指向直接后继结点的指针。

线索二叉树:带有线索的二叉树。

线索链表中的结点结构定义为:

```
typedef struct BiThrNode{
    TElemType data;
    struct BiThrNode * lchild, * rchild;
    struct BiThrNode * pred, * succ;
}BiThrNode, * BiThrTree;
```

n 个结点的二叉树有 n+1 个空指针域,可以充分利用二叉链表存储结构中的那些空指针域,来保存结点在某种遍历序列中的直接前驱和直接后继的地址信息。在得出遍历二叉树的线性序列中,每个结点(除第一个和最后一个外)有且仅有一个直接前驱和直接后继。

7.5.2 线索二叉树的线索化

线索化:对二叉树以某种次序遍历使其变为线索二叉树的过程。由于二叉树的遍历方法不同,因此线索二叉树的方法也有多种,如表 7-1 所示。其中以中序线索化用得最多。

表 7-1　线索化二叉树的类型

	前驱、后继线索	前驱线索	后继线索
中序线索化	中序全线索	中序前驱线索	中序后继线索
前序线索化	前序全线索	前序前驱线索	前序后继线索
后序线索化	后序全线索	后序前驱线索	后序后继线索

以全线索链表作为存储结构时,遍历过程将简单得多,既不需要递归,也不需要堆栈。如下面算法将以中序全线索链表作为存储结构时的中序遍历算法。

```
void InOrder(BiThrTree H, void( * visit) (BiTree)){
    //H 为指向中序线索链表中头结点的指针
    //本算法的中序遍历以 H->lchild 所指结点为根的二叉树
    p=H->pred;
    while(p! =head){
        visit(p);
        p=p->succ;
    }
}//end
```

建立中序线索链表的过程即为中序遍历的过程,只是要在遍历过程中,附设一个指向"当前访问"的结点的"前驱"的指针 pre,而访问操作就是"在当前访问的结点与它的前驱之间建立线索",由下面算法实现。

```
void InOrderThreading(BiThrTree &H, BiThrTree T){
    //建立根指针 T 所指二叉树的中序全线索链表,H 指向该线索链表的头结点
    H=new BiThrNode;//创建线索链表的头结点
    H->lchild=T; H->rchild=NULL;
    if(! T){H->pred=H; H->succ=H;} //空树头结点的线索指向头结点本身
    else{
        pred=H;
        InThreading(T,pre);//对二叉树进行中序遍历,在遍历过程中进行线索化
        pre->succ=H;
        H->pred=pre;
    }
}//end
```

线索化是提高重复性访问非线性结构效率的重要手段之一。下面给出二叉树中序线索化算法。

```
void InThreading(BiTree p, BiTree &pred)
{
    if(p)
    {
        InThreading(p->lchild, pred);
        pred->succ=p;
        p->pred=pred;
        pred=p;
```

```
    InThreading(p—>rchild, pred);
  }
}//End
```

对于前驱和后续的线索化算法,与上面中序线索化算法大致相同,留给读者思考练习。

7.6 树和森林的存储结构及相关操作

7.6.1 树的存储结构

树的存储结构方式有多种,既可以采用顺序存储方式,也可用链式存储方式。无论采用哪种存储方式,都要求不但能存储各结点本身的数据结构,而且能反映树中各结点间的逻辑关系。

1.双亲表示法

在树中,每个结点的双亲是唯一的,利用树的这一性质,可以在存储结点信息的同时,为每个结点增加一个指向其双亲的指针 parent,这样就可以唯一地表示任何一棵树。假设有一组地址连续的空间存储树的结点,其类型说明如下:

```
const MAX_TREE_SIZE 100;
typedef struct{              //结点结构
    Elem Type data;
    int parent;              //双亲位置域
} PTNode;
typedef   struct {           //树结构
    PTNode nodes[MAX_TREE_SIZE];
    int r, n;                //根的位置和点数
} PTree;
```

例如:如图 7 - 19(a)所示的树的双亲表示。在这种存储结构中,查找某一结点的双亲结点非常方便,只需访问它的 parent 指针,但如果要查找某一结点的孩子,则需要访问整个结点。

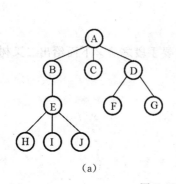

	data	parent
0	A	−1
1	B	0
2	E	1
3	H	2
4	I	2
5	J	2
6	C	0
7	D	0
8	F	7
9	G	7

(a)　　　　　　　　　(b)

图 7 - 19 树的存储结构

(a)树形结构; (b)树的顺序存储

2.孩子表示法

将一个结点所有孩子链接成一个单链表,而树中有 n 个结点,故有 n 个单链表,每个单链表有一个表示表头结点,所有表头结点用一个数组来描述,如图 7 - 20(a)所示即为图 7 - 19(a)所示的树的孩子链表表示。当然,在需要的情况下,也可以如同双亲链表,在结点结构中加上双亲的"地址号",从而得到树的双亲孩子链表表示,如图 7 - 20(b)所示。

树的孩子链表存储结构可形式地说明如下:

```
typedef   struct CTNode {          //孩子结点
                int  child;
                struct CTNode * next;
}   * ChildPtr;


typedef   struct{
        Elem Type data;        //结点的数据元素
        ChildPtr firstchild;    //孩子链表头指针
        } CTBox;
typedef   struct{
        CTBox nodes [MAX_TREE_SIZE];
        int n , r;               //结点数的根结点的位置
}CTree;
```

0	A				0	A	−1	
1	B				1	B	0	
2	C	∧			2	C	0	∧
3	D				3	D	0	
4	E				4	E	1	
5	F	∧			5	F	3	∧
6	G				6	G	3	
7	H	∧			7	H	4	∧
8	I	∧			8	I	4	∧
9	J	∧			9	J	4	∧

r＝0 n＝10   r＝0 n＝10

(a)   (b)

图 7 - 20 孩子表示法

(a)树的孩子链表表示; (b)树的双亲孩子链表表示

3.孩子-兄弟表示法

这种表示是指首先将树转换为对应的二叉树的形式,然后再采用二叉链表存储这棵二叉树,所以也称二叉树表示法,或称二叉链表表示法。

7.6.2 树与二叉树的转换

树转换为二叉树的规则是:将树的根结点作为二叉树的根结点,将树中每个结点的第一个孩子结点转换为二叉树中对应结点的左孩子,将第二个孩子结点转换为左孩子的右孩子,将第

三个孩子的结点转换为右孩子的右孩子。也就是说,转换后得到的二叉树中的每个结点及右孩子,在转换前的树中互为兄弟。

7.6.3 森林和二叉树的转换

由于根结点没有兄弟,所以树转换为二叉树后,所对应的二叉树树根一定没有右子树,从而可以得到将一个森林转换为二叉树的方法:先将森林中的每一棵树转换成二叉树,再将第一棵树的树根作为转换后二叉树的树根,第一棵树的左子树作为转换后的二叉树的左子树,第二棵树作为转换后的二叉树的右子树,第三棵树再作为转换后的二叉树的右子树的右子树,如此进行,直到转换完毕。图 7-21 展示了树、森林与二叉树之间的对应关系。

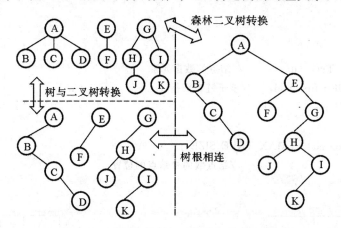

图 7-21 树、森林与二叉树相互转换示意图

7.7 哈夫曼树及其应用

7.7.1 哈夫曼树的定义

哈夫曼树(Huffman Tree)又称为最优树,是一类带权路径长度最短的树。

1.哈夫曼树基本术语

(1)路径和路径长度。在本章第一节中,已经学习了路径和路径长度的概念。从树的一个结点到其子孙结点的另一结点之间的分支构成一条路径,路径上的分支数目称路径长度。如在图 7-21 中,从根结点到叶子结点 D 的路径为结点序列为 ABCD,路径长度为 3。

(2)权。在许多应用中,常常将树中的结点赋予一个有着某种意义的实数,称此数为结点的权。结点的带权路径长度则定义为从树根结点到该结点之间的路径长度与该结点所带权值的乘积。假设树上有 n 个叶子结点,且每个叶子结点上带有权值为 $w_k(k=1,2,\cdots,n)$,则树的带权路径长度定义为树中所有叶子结点的带权路径长度之和,通常记作

$$\mathrm{WPL} = \sum_{k=1}^{n} w_k l_k$$

式中,n 表示叶子结点的数目,w_k 为叶子结点所带的权值,l_k 为叶子结点的带权路径长度。

例如,图 7-22 中的 3 棵二叉树,都有 4 个叶子结点且带相同权值 5,6,3,7。

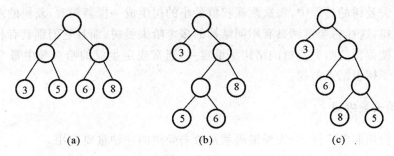

图 7 - 22　由四个叶子结点构成的三棵不同的带权二叉树

则每一棵二叉树的带权路径长度 WPL 分别为

$WPL = 5 \times 2 + 3 \times 2 + 6 \times 2 + 8 \times 2 = 44$

$WPL = 3 \times 1 + 5 \times 3 + 6 \times 3 + 8 \times 2 = 52$

$WPL = 3 \times 1 + 6 \times 2 + 7 \times 3 + 5 \times 3 = 53$

其中以图 7-22(a) 中二叉树的带权路径长度为最小。可以验证,它恰为最优二叉树,即在所有叶子结点带权为 5,6,3,8 的二叉树中,带权路径长度的最小值为 44。

7.7.2　哈夫曼树的构造

构造最优二叉树的算法最早是由哈夫曼提出的,所以最优二叉树又称哈夫曼树,相应的算法称之为哈夫曼算法。

哈夫曼算法构造最优二叉树的方法叙述如下:

(1) 根据给定的 n 个权值 $\{w_1, w_2, \cdots, w_n\}$,构成 n 棵二叉树的集合 $f = \{T_1, T_2, \cdots, T_n\}$,其中每棵二叉树 T_i 中只有一个带权 w_i 的结点,其左右子树均空。

(2) 在 F 中选取两棵根结点的权值最小的树作为左右子树,构造一棵新的二叉树,且置新的二叉树的根结点的权值为其左、右子树上根结点的权值之和。

(3) 在 F 中删除这两棵树,同时将新得到的二叉树加入 F 中。

(4) 重复(2)和(3),直到 F 只含一棵树为止。这棵树便是所求的哈夫曼树。

假定 4 个带权叶子结点的权值为 3,4,5,9,按照哈夫曼算法,哈夫曼树的构造过程如图 7 - 23所示。其中图 7 - 23(d)就是最后成线的哈夫曼树,它的带权路径长度 WPL 为 40。

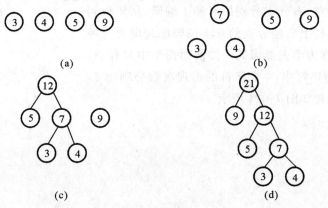

图 7 - 23　哈夫曼树构造过程

　　在构造哈夫曼树的过程中,每次两棵权值最小的树生成一棵新树时,新树的左子树和右子树可以任意安排,这样将会得到具有不同结构的多个哈夫曼树,而且它们都具有相同的带权路径长度。为了使得到的哈夫曼树的结构尽量唯一,通常规定生成的哈夫曼中每个结点的左子树的权小于右子树根结点的权。

7.7.3　哈夫曼编码

　　哈夫曼树应用非常广泛,哈夫曼编码就是哈夫曼树的一种重要应用。

　　哈夫曼编码(Huffman Coding)是一种编码方式,是一种用于无损数据压缩的熵编码(权编码)算法。在计算机资料处理中,哈夫曼编码使用变长编码表对源符号(如文件中的一个字母)进行编码,其中变长编码表是通过一种评估来源符号出现概率的方法得到的,出现概率高的字母使用较短的编码,反之出现概率低的则使用较长的编码,这便使编码之后的字符串的平均长度、期望值降低,从而达到无损压缩数据的目的。

　　在电报通信中,需要将欲传送的电文中的字符转化成二进制数的0,1序列(编码),然后进行传送。在接收端,需要把接收到的0,1序列转化成对应的字符序列(译码)。

　　最简单的二进制编码方式是等长编码。例如,假定序传送的电文为"ABCACCCDAC",它只有4种字符 ,可用00,01,10,11分别代表A,B,C,D,则上述有10个字符的字符串编码为"00011000101010110010",总长为20位。译码时,只需按二位一组分开即可。

　　由常识可知,电文中每个字符出现的频率一般是不同的,为了能使传送的电文的总长度尽可能地短,可以设计长短不等的编码,让出现频率较高的字符有较短的编码,让出现频率较低的字符有较长的编码。当然,采用不等长的编码要避免二义性或多义性。假设用0表示字符A,用01表示字符B,则当接收到编码串…01…,并译到字符0时,是立即译出对应的字符A,还是接着与下一个字符1一起译为对应的字符B,这就产生了二义性。因此,若要设计长短不等的编码,则必须是任一个字符的编码都不是另一个字符编码的前缀,这种编码称为前缀编码,显然,等长编码是前缀编码。

　　如何得到使电文长度最短的二进制编码呢?可用电文字符集中的每个字符作为叶子结点,并将每个字符出现的频率作为字符结点的权值,生成哈夫曼树。将该哈夫曼树的每个分支结点的左、右分支分别用0和1编码,从树根到每个叶子结点的路径上所经分支的0,1编码序列即为一种二进制前缀编码,称为哈夫曼编码。如前面例子中只有A,B,C,D,4种字符的字符串,4个字符的出现次数分别为3,1,5,1,构造哈夫曼树如图7-24所示。

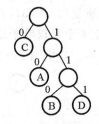

图7-24　哈夫曼编码树

编码:

A(10)

B(110)

C(0)

D(111)

显然,电文"ABCACCCDAC"的哈夫曼编码串为"10110010000111100"。

由于哈夫曼树中没有度为 1 的结点,则一棵有 n 个叶子结点的哈夫曼树共有 $2 \times n-1$ 个结点,可以用一个大小为 $2 \times n-1$ 的一维数组存放哈夫曼的各个结点。由于每个结点同时还包含其双亲结点信息和孩子结点的信息,所以构成一个静态三叉链表。

静态三叉链表描述如下:

```
typedef struct{
unsigned int weight;
unsigned int parent, LChild, RChild;
}HTNode, * HuffmanTree;                      //动态分配数组,存储哈夫曼树
Typedef char  * HuffmanCode;                 //动态分配数组,存储哈夫曼编码
```

创建哈夫曼树并求哈夫曼编码的算法如下:

```
void CrtHuffmanTree(HuffmanTree * ht, * HuffmanCode * hc, int * w, int n){
m=2 * n-1;
* ht=(HuffmanTree)malloc((m+1) * sizeof(HTNode));
for(i=1;i<=n;i++)( * ht)[i]={w[i],0,0,0};
for(i=n+1;i<=m;i++)( * ht)[i]={0,0,0,0};
for(i=n+1;i<=m;i++){
//在( * ht)[1]至( * ht)[i-1]的范围内选择两个 parent 为 0 且 weight 最小的结点,
//其序号分别赋值给 s1,s2 返回
select(ht, i-1, &s1, &s2);
( * ht)[s1]. parent=i;
( * ht)[s2]. parent=i;
( * ht)[i]. LChild=s1;
( * ht)[i]. RChild=s2;
( * ht)[i]. weight=( * ht)[s1]. weight + ( * ht)[s2]. weight;
}//哈夫曼树创建完毕
//从叶子结点到根结点,逆向求每个叶子结点对应的哈夫曼编码
 * hc=(HuffmanCode)malloc((n+1) * sizeof(char * ));
cd=(char * )malloc(n * sizeof(char));
cd[n-1]='\0';                                //从右向左逐位存放编码,首先存放编码结束符
for(i=1;i<=n;i++){                           //求 n 个叶子结点对应的哈夫曼编码
start=n-1;                                   //初始化编码起始指针
for(c=i, p=( * ht)[i]. parent; p!=0; c=p, p=( * ht)[p]. parent)
if(( * ht)[p]. LChild==c)cd[--start]='0';//左分支标 0
else cd[--start]='1';                        //右分支标 1
( * hc)[i]=(char * )malloc((n-start) * sizeof(char));//为第 i 个编码分配空间
strcpy(( * hc)[i], &cd[start]);
}
free(cd);
}//end
```

数组 ht 的前 n 个分量表示叶子结点,最后一个分量表示根结点。每个叶结点对应应用的编码长度不等,但最长不超过 n。

7.8 树 实 训

7.8.1 二叉树子系统

1.实训目的

(1)掌握二叉树的特点及其存储的方式。

(2)掌握二叉树的创建和显示方法。

(3)掌握二叉树遍历的基本方法。

(4)掌握求二叉树的叶结点数、总结点数和深度等基本算法。

2.实训内容

(1)按屏幕提示用前序方法建立一棵二叉树,并能按凹入法显示二叉树结构。

(2)编写前序遍历、中序遍历、后序遍历、层次遍历程序。

(3)编写求二叉树的叶结点数、总结点数和深度的程序。

(4)设计一个选择式菜单,以菜单方式选择下列操作。

```
                    二 叉 树 子 系 统
        * * * * * * * * * * * * * * * * * * * * * * * * * *  ");
        *          1—————————建 二 叉 树          *  ");
        *          2—————————凹 入 显 示          *  ");
        *          3—————————先 序 遍 历          *  ");
        *          4—————————中 序 遍 历          *  ");
        *          5—————————后 序 遍 历          *  ");
        *          6—————————层 次 遍 历          *  ");
        *          7—————————求 叶 子 数          *  ");
        *          8—————————求 结 点 数          *  ");
        *          9—————————求 树 深 度          *  ");
        *          0—————————返       回          *  ");
        * * * * * * * * * * * * * * * * * * * * * * * * * *  ");
```

请选择菜单号(0——9):

3.实训步骤

(1)输入并调试程序;

(2)按图 7-25 建立二叉树;

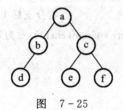

图 7-25

二 叉 树 子 系 统

```
* * * * * * * * * * * * * * * * * * * * * * * * *
*        1——————————建 二 叉 树         *
*        2——————————凹 入 显 示         *
*        3——————————先 序 遍 历         *
*        4——————————中 序 遍 历         *
*        5——————————后 序 遍 历         *
*        6——————————层 次 遍 历         *
*        7——————————求 叶 子 数         *
*        8——————————求 结 点 数         *
*        9——————————求 树 深 度         *
*        0——————————返      回         *
* * * * * * * * * * * * * * * * * * * * * * * * *
```

请选择菜单号：1＜Enter＞

请输入按先序建立二叉树的结点序列：

说明：'0'代表后继结点为空，请逐个输入，按回车键输入下一结点。

请输入根结点：a＜Enter＞

请输入 a 结点的左子结点：b＜Enter＞

请输入 b 结点的左子结点：d＜Enter＞

请输入 d 结点的左子结点：0＜Enter＞

请输入 d 结点的右子结点：0＜Enter＞

请输入 b 结点的右子结点：0＜Enter＞

请输入 a 结点的右子结点：c＜Enter＞

请输入 c 结点的左子结点：e＜Enter＞

请输入 e 结点的左子结点：0＜Enter＞

请输入 e 结点的右子结点：0＜Enter＞

请输入 c 结点的右子结点：f＜Enter＞

请输入 f 结点的左子结点：0＜Enter＞

请输入 f 结点的右子结点：0＜Enter＞

（3）检查凹入法显示的二叉树是否正确；

二 叉 树 子 系 统

```
* * * * * * * * * * * * * * * * * * * * * * * * *
*        1——————————建 二 叉 树         *
*        2——————————凹 入 显 示         *
*        3——————————先 序 遍 历         *
*        4——————————中 序 遍 历         *
*        5——————————后 序 遍 历         *
*        6——————————层 次 遍 历         *
*        7——————————求 叶 子 数         *
*        8——————————求 结 点 数         *
*        9——————————求 树 深 度         *
*        0——————————返      回         *
* * * * * * * * * * * * * * * * * * * * * * * * *
```

凹入表示法：

按回车键返回主菜单！＜Enter＞

(4)检查其他算法的正确性举例：

<pre>
              二 叉 树 子 系 统

    *
    *   1——————————建 二 叉 树   *
    *   2——————————凹 入 显 示   *
    *   3——————————先 序 遍 历   *
    *   4——————————中 序 遍 历   *
    *   5——————————后 序 遍 历   *
    *   6——————————层 次 遍 历   *
    *   7——————————求 叶 子 数   *
    *   8——————————求 结 点 数   *
    *   9——————————求 树 深 度   *
    *   0——————————返   回   *
    *

                    请选择菜单号：3＜Enter＞
</pre>

该二叉树的先序遍历序列为：a b d c e f

4. 实训参考程序

```
#include<stdio.h>
#define TREEMAX 100
typedef struct BiTree
{   char data;
    BiTree * lchild;
    BiTree * rchild;
}BiTree;
int count=0;

BiTree * CreateBiTree()
{//建立二叉树
    BiTree * t;
    char x;
    scanf("%c",&x);
    getchar();
    if(x=='0') t=NULL;
    else
```

```
    {   t＝new BiTree；
        t－＞data＝x；
        printf("\n\t\t 请输入％c 结点的左子结点:",t－＞data);
        t－＞lchild＝CreateBiTree();
        printf("\n\t\t 请输入％c 结点的右子结点:",t－＞data);
        t－＞rchild＝CreateBiTree();
    }
    return t；
}
void ShowBiTree(BiTree * T)
{//凹入表达法
    BiTree * stack[TREEMAX], * p；
    int level[TREEMAX][2],top,n,i,width＝4；
    {   printf("\n\t\t 凹入表达法:\n\t\t");
        top＝1；
        stack[top]＝T；
        level[top][0]＝width；
        while(top＞0)
        {   p＝stack[top]；
            n＝level[top][0]；
            for(i＝1;i＜＝n;i++)
                printf(" ");
                printf("％c",p－＞data);
            for(i＝n+1;i＜30;i++)
                printf("_");
                printf("\n\t\t");
            top－－；
            if(p－＞rchild! ＝NULL)
            {   top++；
                stack[top]＝p－＞rchild；
                level[top][0]＝n+width；
                level[top][1]＝2；
            }
            if(p－＞lchild! ＝NULL)
            {   top++；
                stack[top]＝p－＞lchild；
                level[top][0]＝n+width；
                level[top][1]＝1；
            }
        }
    }
}
void PreOrder(BiTree * T)
```

```
{//先序遍历
    if(T)
    {   printf("%3c",T->data);
        PreOrder(T->lchild);
        PreOrder(T->rchild);
    }
}
void InOrder(BiTree * T)
{//中序遍历
    if(T)
    {   InOrder(T->lchild);
        printf("%3c",T->data);
        InOrder(T->rchild);
    }
}
    void PostOrder(BiTree * T)
    {//后序遍历
        if(T)
    {   PostOrder(T->lchild);
        PostOrder(T->rchild);
        printf("%3c",T->data);
    }
    }
    void LevelOrder(BiTree * T)
    {//层次遍历
        int i,j;
        BiTree * q[100],* p;
        p=T;
        if(p! =NULL)
        {   i=1;q[i]=p;j=2;
        }
        while(i! =j)
        {   p=q[i];printf("%3c",p->data);
            if(p->lchild! =NULL)
            {   q[j]=p->lchild;j++;
            }
            if(p->rchild! =NULL)
            {   q[j]=p->rchild;j++;
            }
            i++;
        }
    }
void LeafNum(BiTree * T)
```

```
{//叶子的总数
    if(T)
    {   if(T->lchild==NULL&&T->rchild==NULL)
        count++;
        LeafNum(T->lchild);
        LeafNum(T->rchild);
    }
}
void NodeNum(BiTree * T)
{//结点的总数
    if(T)
    {   count++;
        NodeNum(T->lchild);
        NodeNum(T->rchild);
    }
}
int TreeDepth(BiTree * T)
{//二叉树的深度
    int ldep,rdep;
    if(T==NULL)
    return 0;
    else
    {   ldep=TreeDepth(T->lchild);
        rdep=TreeDepth(T->rchild);
        if(ldep>rdep)
        return ldep+1;
        else
            return rdep+1;
    }
}
int main()
{   BiTree * T=NULL;
    char ch1,ch2,a;
    ch1='y';
    while(ch1=='y'||ch1=='Y')
{
{printf("\n");
printf("\n\t\t 二叉树子系统");
printf("\n\t\t * * * * * * * * * * * * * * * * * * * * * * *");
printf("\n\t\t *          1------建二叉树              *");
printf("\n\t\t *          2------凹入显示              *");
printf("\n\t\t *          3------先序遍历              *");
printf("\n\t\t *          4------中序遍历              *");
```

```
printf("\n\t\t *          5——————后序遍历              * ");
printf("\n\t\t *          6——————层次遍历              * ");
printf("\n\t\t *          7——————求叶子数              * ");
printf("\n\t\t *          8——————求结点数              * ");
printf("\n\t\t *          9——————求树深度              * ");
printf("\n\t\t *          0——————返回                  * ");
printf("\n\t\t * * * * * * * * * * * * * * * * * * * * * * * * ");
printf("\n\t\t 请选择菜单号(0——9);");
scanf("%c",&ch2);
getchar();
printf("\n");
switch(ch2)
{   case '1':
        printf("\n\t\t 请按先序序列输入二叉树的结点:\n");
        printf("\n\t\t 说明:输入结点('0'表示后继结点为空)后按回车.\n");
        printf("\n\t\t 请输入根结点:");
        T=CreateBiTree();
        printf("\n\t\t 二叉树成功建立! \n");break;
    case'2':
        ShowBiTree(T);break;
    case'3':
        printf("\n\t\t 该二叉树的先序遍历序列为:");
        PreOrder(T);break;
    case'4':
        printf("\n\t\t 该二叉树的中序遍历序列为:");
        InOrder(T);break;
    case'5':
        printf("\n\t\t 该二叉树的后序遍历序列为:");
        PostOrder(T);break;
    case'6':
        printf("\n\t\t 该二叉树的层次遍历序列为:");
        LevelOrder(T);break;
    case'7':
        count=0;LeafNum(T);
        printf("\n\t\t 该二叉树有%d 个叶子。\n",count);break;
    case'8':
        count=0;NodeNum(T);
        printf("\n\t\t 该二叉树总共有%d 个结点。\n",count);break;
    case'9':
        printf("\n\t\t 该树的深度是:%d",TreeDepth(T));break;
    case'0':
        ch1='n';break;
default:
```

```
        printf("\n\t\t ＊＊＊请注意:输入有误! ＊＊＊");
    }
    if(ch2! ='0')
    {   printf("\n\n\t\t 按[Enter]键继续,按任意键返回主菜单! \n");
        a=getchar();
        if(a! ='\xA')
        {   getchar();ch1='n';
        }
    }


    }
}//end
```

程序运行结果如图 7－26～图 7－28 所示。

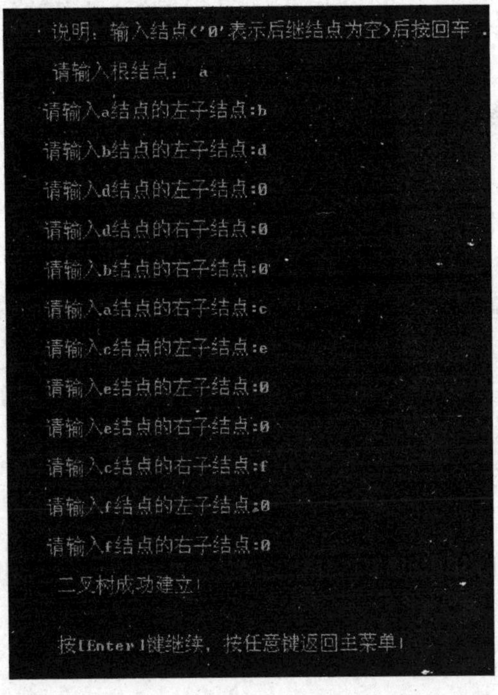

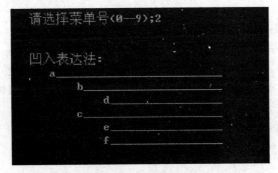

图　7－26

图　7－27

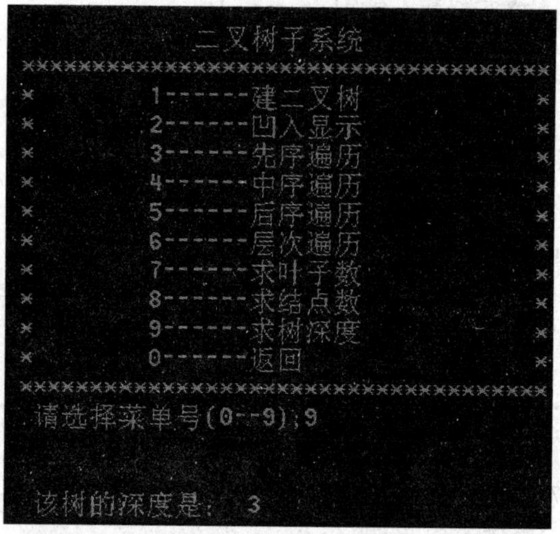

图 7-28

7.8.2 标识符树与表达式求值

1. 实训目的

(1)掌握处理树的各种层数关系的方法。

(2)理解表达式二叉树的概念,掌握解决表达式转换问题。

(3)掌握利用二叉树遍历计算表达式的值。

2. 实训内容

(1)将 5 * 6+4 * 3 表达式二叉树存入数组。

(2)用递归方法创建表达式二叉树。

(3)输出表达式二叉树三种遍历的结果,并计算表达式的值。

3. 实训参考程序

```
# include<stdlib. h>
# include<stdio. h>
struct Tree
{   char data;
    struct Tree * left;
    struct Tree * right;
};
typedef struct Tree treenode;
typedef treenode * btree;
int n;                              //n 计算字符串长度
btree createbtree(int * data,int pos)   //创建表达式二叉树
{   btree newnode;
    if (data[pos]==0||pos>n)
        return NULL;
    else
```

```
    {   newnode=new treenode;
        newnode->data=data[pos];
        newnode->left=createbtree(data,2*pos);
        newnode->right=createbtree(data,2*pos+1);
return newnode;
        }
}
void preorder(btree ptr)                              //表达式二叉树前序输出
{   if(ptr! =NULL)
    {   printf(" %c",ptr->data);
        preorder(ptr->left);
        preorder(ptr->right);
    }
}

void inorder(btree ptr)                               //表达式二叉树中序输出
{   if (ptr! =NULL)
    {
    inorder(ptr->left);
    printf(" %c",ptr->data);
    inorder(ptr->right);
    }
}

void postorder(btree ptr)                             //表达式二叉树后序输出
{   if(ptr! =NULL)
    {   postorder(ptr->left);
        postorder(ptr->right);
        printf(" %c",ptr->data);                      //输出结点内容
    }
}
int cal(btree ptr)                                    //表达式二叉树后序计值
{   int operand1=0;                                   //定义操作数变量1
    int operand2=0;                                   //定义操作数变量2
    int getvalue(int op,int operand1,int operand2);   //对 getvalue 函数作声明
    if (ptr->left= =NULL && ptr->right= =NULL)
        return ptr->data-48;
    {   operand1=cal(ptr->left);
        operand2=cal(ptr->right);
        return getvalue(ptr->data,operand1,operand2);
    }
}
int getvalue(int op,int operand1,int operand2)        //计算二叉树表达式值
{   switch((char)op)
    {   case'*':return(operand1*operand2);
```

```
        case'/':return(operand1/operand2);
        case'+':return(operand1+operand2);
        case'-':return(operand1-operand2);
    }
}
int main()
{   btree root=NULL;
    int result,k=1;
    int data[100]={''};
    char ch;
    printf("按前序输入标识符树的结点数据,以回车键表示结束\n");
    while((ch=getchar())! ='\n')
        data[k++]=ch;
    data[k]='\0';
    n=k-1;
    root=createbtree(data,1);
    printf("\t\n 前序表达式:");
    preorder(root);
    printf("\t\n\n 中序表达式:");
    inorder(root);
    printf("\t\n\n 后序表达式:");
    postorder(root);
    result=cal(root);
    printf("\t\n\n 表达式结果是:%d\n\n",result);
}//end
```

程序运行结果如图 7 - 29 所示。

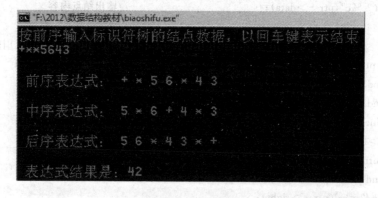

图 7 - 29

7.8.3 生成哈夫曼树并进行哈夫曼编码

1. 实训目的

(1)掌握哈夫曼树的具体应用及算法实现。

(2)掌握哈夫曼树及哈夫曼编码的概念。

(3)掌握输出哈夫曼树及哈夫曼编码算法,完成编码与译码的算法。

2.实训内容

(1)输入任意长度报文(包括字母、数字、标点、空格)。

(2)统计各个字符出现的频度(次数),并且构造出哈夫曼树。

(3)输出各个字符的哈夫曼编码。

(4)输出整个报文的完整编码。

3.实训参考程序

```c
#include<stdio.h>
#define N18000
#define M 2*N-1
typedef struct
{//huffman 树的结点结构
        char data;                      //字符
        int weight;                     //权值
        float weightpercent;            //频度百分比
        int parent,lchild,rchild;       //双亲,左孩子,右孩子
}HTNode;
typedef struct
{//huffman 编码结构
        char cd[N];                     //存放 0,1 的数组
        int start;                      //起始位置
}HCode;
int COUNT0,COUNT;                       //COUNT 为报文字符总个数,COUNT0 为报文中出现的每种
字符的个数统计
HTNode ht0[M+1],ht[M+1];                //huffman 树,与 COUNT0,COUNT 对应
HCode hcd[N+1];                         //huffman 编码
void CreatHT()
{//创建 huffman 树并输出
        int i,j,k,lnode,rnode;
        char c;
        float min1,min2,countw,count;
        for(i=1;i<=M;i++)
        {//初始双亲,左,右结点及权值为 0
                ht[i].parent=ht[i].lchild=ht[i].rchild=ht[i].weight=ht[i].weightpercent=0;
                ht[i].data=' ';
                ht0[i].parent=ht0[i].lchild=ht0[i].rchild=ht0[i].weight=ht0[i].weightpercent=0;
                ht0[i].data=' ';
        }
        printf("请输入报文(字母+标点+空格均可以),按#号结束\n");
        for(i=1;i<=N;i++)
        {//利用 for 循环输入报文
                c=getchar();
                if(c! ='#')
```

```
        {   ht[i]. data＝c;
            ht[i]. weight＝1;
        }
        else
        {c＝getchar();
            i－－;
            break;
        }
    }
COUNT＝i;          //记录报文总数
k＝1;
ht0[1]＝ht[1];
    for(i＝2;i＜＝COUNT;i++)
    {//统计每种字符的频度(出现次数),即权值
        for(j＝1;j＜＝k;j++)
            if(ht[i]. data＝＝ht0[j]. data)
            {   ht0[j]. weight++;
                break;
            }
        if(j＞k)
        {   k++;
            ht0[k]＝ht[i];
        }
    }
COUNT0＝k;        //记录字符种类数
for(i＝k+1;i＜＝2*k－1;i++)
{//找权值最小的2个结点开始建立 huffman 树
    min1＝min2＝32767;
    lnode＝rnode＝0;
    for(j＝1;j＜i;j++)
        if(ht0[j]. parent＝＝0)
            if(ht0[j]. weight＜min1)
            {   min2＝min1;
                rnode＝lnode;
                min1＝ht0[j]. weight;
                lnode＝j;
            }
            else if(ht0[j]. weight＜min2)
            {   min2＝ht0[j]. weight;
                rnode＝j;
            }
    ht0[lnode]. parent＝i;
    ht0[rnode]. parent＝i;
    ht0[i]. weight＝ht0[lnode]. weight+ht0[rnode]. weight;
```

```
                ht0[i]. lchild=lnode;
                ht0[i]. rchild=rnode;
        }
        count=COUNT;
        for(i=1;i<=k;i++)
        {//输出 huffman 树
                countw=ht0[i]. weight;
                ht0[i]. weightpercent=(float)(countw/count);
        }
        printf("———————————————————————————————
—————————————————————\n");
        printf("序号 结点值 权值(频度) 频度比例  双亲 左孩子 右孩子\n");
        for(i=1;i<=2*k-1;i++)
                printf("  %-7d%-8c%-7d%-12f%-6d%-7d%d\n",i,ht0[i]. data,ht0[i].
weight,ht0[i]. weightpercent,ht0[i]. parent,ht0[i]. lchild,ht0[i]. rchild);
    }
    void CreatCode()
    {//建立 huffman 编码并输出,非报文
        int i,j,f,c;
        HCode hc;
        for(i=1;i<=COUNT0;i++)
        {   hc. start=COUNT0;
            c=i;
            f=ht0[i]. parent;
            while(f! =0)
            {   if(ht0[f]. lchild==c)
                        hc. cd[hc. start--]='0';
                else
                hc. cd[hc. start--]='1';
                c=f;
                f=ht0[f]. parent;
            }
            hc. start++;
            hcd[i]=hc;
        }
        printf("———————————————————————————————
———————————————————\n");
        printf("Huffman 编码为:\n");
        for(i=1;i<=COUNT0;i++)
        {   printf("%c:",ht0[i]. data);
            for(j=hcd[i]. start;j<=COUNT0;j++)
            printf("%c",hcd[i]. cd[j]);
            printf("\n");
        }
    }
```

```
        }
    void code()
    {//建立报文的编码
            int i,j,k;
            printf("-----------------------------------
------------------------\n");
        printf("报文编码为:(报文总数为:%d)\n",COUNT);
        for(i=1;i<=COUNT;i++)
                for(j=1;j<=COUNT0;j++)
                    if(ht[i]. data==ht0[j]. data)
                    {    for(k=hcd[j]. start;k<=COUNT0;k++)
                            printf("%c",hcd[j]. cd[k]);
                        printf(" ");
                    }
    }
    int main()
    {    char k='y';
        while(k=='y')
        {    CreatHT();
            CreatCode();
            code();
            printf("\n----------------------------------\n");
            printf("\n-----------继续运行程序(y/n) -----------\
n");
            scanf("%c",&k);
            getchar();
            printf("\n----------------------------------\n");
        }
    }//end
```

程序运行结果如图 7-30 所示。

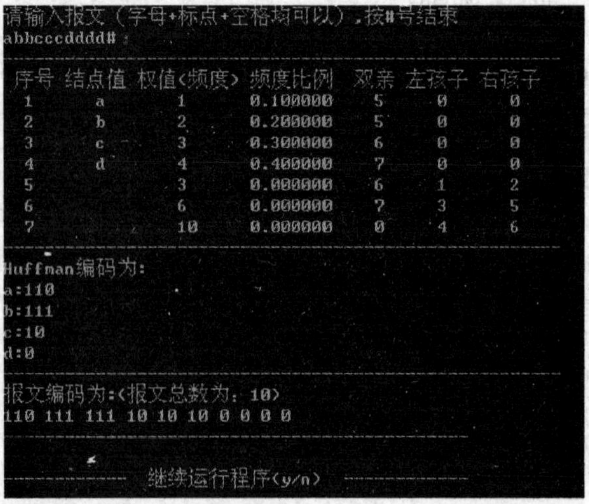

图 7-30

7.9 课程设计——家族关系查询系统

7.9.1 设计目的

在本章前言部分提到树结构在客观世界中广泛存在,例如人类社会的族谱和各种社会组织机构都可用树形象表示。在本节中,综合利用本章所学二叉树的知识,建立家族关系查询系统,形象模拟家族关系以及实现对家庭成员的相关查询。

7.9.2 设计内容

(1)在控制台窗口新建一个 1. txt 文本文件,录入数据。

(2)能够读入上面新建文本文件中的数据。

(3)建立家族关系并能存储到文本文件中。

(4)实现家族成员的添加、删除操作。

(5)能够查询家族成员的双亲、祖先、兄弟、孩子和后代等信息。

(6)保存、退出家族关系查询系统。

7.9.3 设计参考程序

```
# include <stdio. h>
# include <stdlib. h>
# include <string. h>
# include<conio. h>
typedef char TElemType;
# define OK 1;
# define ERROR 0;
typedef int status;
typedef struct BiTPNode{
    TElemType data[10];
    struct BiTPNode * parent, * lchild, * rchild;
}BiTPNode, * BiPTree;
BiPTree P;
BiPTree T;
int creatfile()
{   system("cls");
    FILE * fp;
    char filename[40],str[10];
    printf("请输入文件名:");
    getchar();
    gets(filename);
    while(filename[0]==NULL)
    {   printf("文件名不能为空,请重新输入:");
```

```
        gets(filename);
    }
    if((fp=fopen(filename,"w"))==NULL)
    {   printf("%s 文件创建失败! \n",filename);
        return ERROR;
    }
    printf("请输入文件内容:\n");
    while (strlen(gets(str))>0)
    {   fputs(str,fp);
        putc('\n',fp);
    }
    fclose(fp);
    printf("按任一键继续!");
    getch();
    return OK;
}
status loc(BiPTree T,BiPTree &P,TElemType name[10])
{   if(T){P=T;
    if(! strcmp(name,T->data)) return OK;
    if(loc(T->lchild,P,name)) return OK;
    if(loc(T->rchild,P,name)) return OK;}
    else return ERROR;
}
status inittree(BiPTree &T)
{   T=(BiTPNode * )malloc(sizeof(BiTPNode));
    if(T) return ERROR;
    T->lchild=NULL;
T->rchild=NULL;
    T->parent=NULL;
return OK;
}
status creattree(BiPTree &T)
{   FILE * fp;
    BiPTree Q,R,M,N;
    char filename[40],name[10];
    system("cls");
    R=(BiTPNode * )malloc(sizeof(BiTPNode));
    M=(BiTPNode * )malloc(sizeof(BiTPNode));
    N=(BiTPNode * )malloc(sizeof(BiTPNode));
    printf("请输入文件名:");
    getchar();
    gets(filename);
    while(filename[0]==NULL)
```

```
    {   printf("文件名不能为空,请重新输入:");
        gets(filename);
    }
    if((fp=fopen(filename,"r"))==NULL)
    {   printf("%s 文件打开失败! \n",filename);
        return ERROR;
    }
    inittree(T);
    fscanf(fp,"%s",name);
    strcpy(T->data,name);
    T->lchild=NULL;
T->rchild=NULL;
    T->parent=NULL;
fclose(fp);
    if((fp=fopen(filename,"r"))==NULL)
    {   printf("%s 文件打开失败! \n",filename);
        return ERROR;
    }
    fscanf(fp,"%s",name);
    while(! feof(fp)){
        if(loc(T,P,name)){
            fscanf(fp,"%s",name);
            Q=(BiTPNode * )malloc(sizeof(BiTPNode));
                strcpy(Q->data,name);
                P->lchild=Q;
                Q->parent=P;
                Q->lchild=NULL;
                Q->rchild=NULL;
                N=P;
        }
        else if(! loc(T,P,name)){
            Q=(BiTPNode * )malloc(sizeof(BiTPNode));
            R=N;
            R=R->lchild;
            while(R){
                M=R;
                R=R->rchild;}
            strcpy(Q->data,name);
            M->rchild=Q;
            Q->parent=M;
            Q->lchild=NULL;
            Q->rchild=NULL;}
        fscanf(fp,"%s",name);
```

```
    }
    printf("信息载入成功,按任一键继续!");
    getch();
    return OK;
}
status in(BiPTree &T)
{   char father[10],name[10];
    BiPTree Q,M;
    system("cls");
    printf("请输入要添加到该家族中的人的父亲姓名:");
    getchar();
    gets(father);
    while(! loc(T,P,father)){
            printf("%s 不在该家族中! 请重新输入:",name);
            gets(father);}
    printf("请输入要添加到该家族中的人的姓名:");
    gets(name);
    Q=(BiTPNode * )malloc(sizeof(BiTPNode));
    M=(BiTPNode * )malloc(sizeof(BiTPNode));
    strcpy(Q->data,name);
    Q->lchild=NULL;
    Q->rchild=NULL;
    if(! P->lchild){
        P->lchild=Q;
        Q->parent=P;}
    else {   P=P->lchild;
            while(P){
                    M=P;
                    P=P->rchild;}
            M->rchild=Q;
            Q->parent=M;
        }
    printf("成员添加成功,按任一键继续!");
    getch();
    return OK;
}
status de(BiPTree &T)
{   char name[10];
    system("cls");
    printf("请输入要删除的人的姓名:");
    getchar();
    gets(name);
    while(! loc(T,P,name)){
```

```
        printf("%s 不在该家族中! 请重新输入:",name);
        gets(name);}
    if(! P->rchild){
        if(P->parent->lchild==P)
            P->parent->lchild=NULL;
        else
            P->parent->rchild=NULL;
        free(P);}
    else if(P->rchild){
        if(P->parent->lchild==P)
            P->parent->lchild=P->rchild;
        else
            P->parent->rchild=P->rchild;
        free(P);}
    printf("成员删除成功,按任一键继续!");
    getch();
    return OK;
}
status Show(TElemType e[10])
{   printf("%s   ",e);
 return OK;
}
status pre(BiPTree T,status( * visit)(TElemType[10]))
{
if(T) {
    if ((* visit)(T->data))
        if (pre(T->lchild,visit))
            if (pre(T->rchild,visit)) return OK;
    return ERROR;
}
else return OK;
}
status search(BiPTree T)
{   char name[10];
    BiPTree N;
    N=(BiTPNode * )malloc(sizeof(BiTPNode));
    system("cls");
    printf("请输入要查寻的人的姓名:");
    getchar();
    gets(name);
    while(! loc(T,P,name)){
        printf("%s 不在该家族中! 请重新输入:",name);
        gets(name);}
```

```
     N=P;
     if(P==T)
          printf("%s 的父亲在该家谱中没有记载！\n",P->data);
     else {
          while(N->parent->rchild==N)
          N=N->parent;
          printf("%s 的父亲是:%s\n",P->data,N->parent->data);}
     N=P;
     if(P==T)
          printf("%s 没有兄弟！\n",P->data);
     else if(! P->rchild&&P->parent->rchild! =P)
          printf("%s 没有兄弟！\n",P->data);
     else {
          printf("%s 的兄弟有:\n",name);
          while(N->rchild){
               printf("%s ",N->rchild->data);
               N=N->rchild;}
          N=P;
          while(N->parent->rchild==N){
               printf("%s ",N->parent->data);
     N=N->parent;}
          printf("\n");
     }

     if(P==T)
          printf("%s 的祖先在该家谱中没有记载！\n",name);
     else
          printf("%s 的祖先是:%s\n",name,T->data);
     N=P;
     if(! P->lchild){
          printf("%s 没有孩子！\n",name);
          printf("%s 没有后代\n",name);}
     else {
          printf("%s 的孩子有:\n",name);
          printf("%s ",P->lchild->data);
          N=N->lchild;
          while(N->rchild){
               printf("%s ",N->rchild->data);
               N=N->rchild;}
          printf("\n");
          printf("%s 的后代有:\n",name);
          pre(P->lchild,Show);
          printf("\n");
     }
```

```
    printf("按任一键继续!");
    getch();
    return OK;
}
status write(BiPTree T,char filename[40])
{
    FILE * fp;
    if((fp=fopen(filename,"a+"))==NULL)
    {   printf("%s 文件创建失败! \n",filename);
        return ERROR;
    }
    fprintf(fp,"%s ",T->data);
    T=T->lchild;
    while(T){
            fprintf(fp,"%s ",T->data);
T=T->rchild;}
    fprintf(fp,"\n");
fclose(fp);
    return OK;
}
status prewrite(BiPTree T,status( * visit)(BiPTree,char[40]),char filename[40])
{
  if(T) {
        if (T->lchild)
            ( * visit)(T,filename);
        prewrite(T->lchild,visit,filename);
        prewrite(T->rchild,visit,filename);
        return OK;}
    else return OK;
}
status save(BiPTree T)
{   FILE * fp;
    char filename[40];
    system("cls");
    printf("请输入新的文件名:");
    getchar();
    gets(filename);
    while(filename[0]==NULL)
    {   printf("文件名不能为空,请重新输入:");
        gets(filename);
    }
    prewrite(T,write,filename);
    printf("%s 文件保存成功,按任一键继续!",filename);
```

```
    getch();
    return OK;
}
status wrong()
{
char a;
scanf("%c",&a);
printf("选择错误,请重新选择!(按任一键继续!)");
getch();
return OK;
}
status xg()
{   system("cls");
    int xz;
    while(1)
    {
    system("cls");
    printf("\n\n\n\n");
    printf("              * * * * * * * * * * * * * * * * * * * * * *\n");
    printf("              * 请选择功能(1~3)                         *\n");
    printf("              *    1.添加成员.                          *\n");
    printf("              *    2.删除成员.                          *\n");
    printf("              *    3.返回上一级.                        *\n");
    printf("              * * * * * * * * * * * * * * * * * * * * * *\n");
    printf("请选择:");
    scanf("%d",&xz);
    switch(xz)
        {   case 1 : in(T);break;
            case 2 : de(T);break;
            case 3 : return 0;
            default :wrong();break;
        }
    }
}
main()
{   P=(BiTPNode * )malloc(sizeof(BiTPNode));
    int xz;
    while(1)
    {   system("cls");
        printf("\n\n\n\n");
        printf("              * * * * * * * * * * * * * * * * * * * * * *\n");
        printf("              * 请选择功能(1~4)                         *\n");
        printf("              *    1.创建文件.                          *\n");
```

```
        printf("                          *    2.载入数据.                    *\n");
        printf("                          *    3.修改家谱.                    *\n");
        printf("                          *    4.查寻.                        *\n");
        printf("                          *    5.保存.                        *\n");
        printf("                          *    6.退出程序.                    *\n");
        printf("                          * * * * * * * * * * * * * * * * * * *\n");
    printf("请选择:");
    scanf("%d",&xz);
    switch(xz)
        {   case 1 : creatfile();break;
            case 2 : creattree(T);break;
            case 3 : xg();break;
            case 4 : search(T);break;
            case 5 : save(T);break;
            case 6 : return 0;
            default :wrong();break;
        }
    }
}//end
```

程序运行结果如图 7-31~图 7-34 所示。

图 7-31

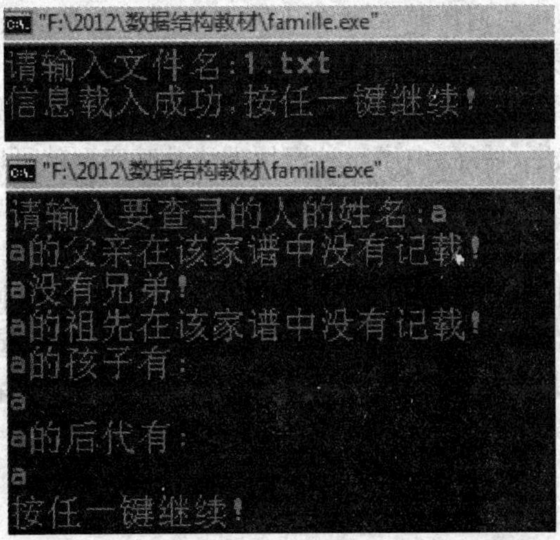

图 7-32

图 7-33

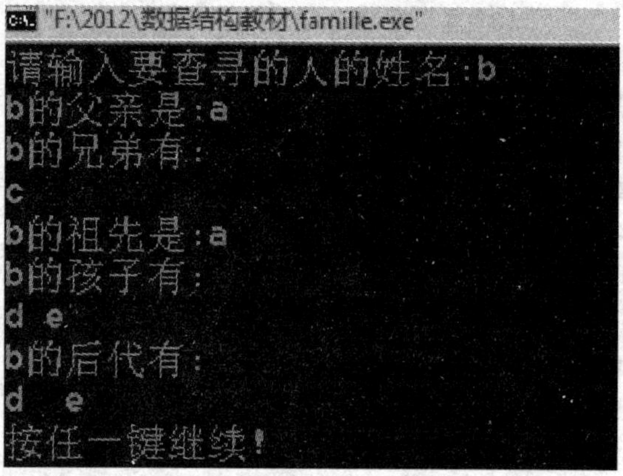

图 7-34

本 章 小 结

从树型结构这一章开始,数据结构将进入主要的难点和考点。树、图以及后面的高级数据结构都属于非线性的结构,数据之间的关系已经不是一对一的关系了。因此,这些数据结构的处理方法,也将大大不同于线性表、队列和栈了。尽管很多算法看起来大相径庭,但是它们的最核心的思想仍然可以从线性数据结构中找到影子,这就是遍历。遍历算法在所有的非线性数据结构中都处于核心位置,可是实际上,在处理线性表问题时,也是在遍历中求解问题,如在链表中插入、删除一个结点,实现两个链表的合并,求交,都是用两个指针从头到尾把它们走一遍。只是由于线性数据结构的遍历非常简单,似乎这个观念就被淡忘了。其实,虽然在讲到树的时候才首次接触到"遍历"这个词,但是这个概念早就应该深入人心了。

因此,在非线性数据结构中,要解决大多数问题,都需要从遍历入手。遍历算法是所有算法的核心思想和基础。先序、后序、中序三种遍历方法及其变型就可以求解绝大多数二叉树形问题,先根序、后根序问题及其变型可以求解绝大多数树型结构问题。因此,掌握这些算法的基本框架是表层认识,也是最基本的认识,而领会选择这种遍历方式的原因,了解为什么这种遍历方式能解决问题等别的却不行,是较高层的认识。而实现这两种认识的基本方法是:从熟悉数据结构和研究书上的算法开始。另外,哈夫曼树也是本章一个重点,也就是给出若干字符的出现频率,构造一个哈夫曼树。只有熟练掌握数据结构的特点和深刻理解书上几个基本算法的思想,才能熟练解决各种问题。这种观点同样适合于后面几章。

课 后 习 题

一、选择题

1.下列说法中正确的是（　　　）。

　A.任何一棵二叉树中至少有一个结点的度为 2

　B.任何一棵二叉树中每个结点的度都为 2

　C.任何一棵二叉树中的度肯定等于 2

　D.任何一棵二叉树中的度可以小于 2

2.讨论树、森林和二叉树的关系，目的是为了（　　　）。

　A.借助二叉树上的运算方法去实现对树的一些运算

　B.将树、森林按二叉树的存储方式进行存储

　C.将树、森林转换成二叉树

　D.体现一种技巧，没有什么实际意义

3.树最适合用来表示（　　　）。

　A.有序数据元素　　　　　　　　　　　　B.无序数据元素

　C.元素之间具有分支层次关系的数据　　　　D.元素之间无联系的数据

4.一棵完全二叉树上有 1001 个结点，其中叶子结点的个数是（　　　）。

　A. 250　　　　B. 500　　　　C. 254　　　　D. 505　　　　E.以上答案都不对

5.利用二叉链表存储树，则根结点的右指针是（　　　）。

　A.指向最左孩子　　　　B.指向最右孩子　　　　C.空　　　　D.非空

6.已知某二叉树的后序遍历序列是 dabec，中序遍历序列是 debac，它的前序遍历是（　　　）。

　A. acbed　　　　　　B. decab　　　　　　C. deabc　　　　D. cedba

7.引入二叉线索树的目的是（　　　）。

　A.加快查找结点的前驱或后继的速度

　B.为了能在二叉树中方便地进行插入与删除

　C.为了能方便地找到双亲

　D.使二叉树的遍历结果唯一

8.由 3 个结点可以构造出多少种不同的二叉树？（　　　）。

　A. 2　　　　　　　　B. 3　　　　　　　　C. 4　　　　　　　D. 5

二、应用题

1.树和二叉树之间有什么样的区别与联系？

2.分别画出具有 3 个结点的树和 3 个结点的二叉树的所有不同形态。

3.设有正文 AADBAACACCDACACAAD，字符集为 A，B，C，D，设计一套二进制编码，使得上述正文的编码最短。

三、综合题

1.有一二叉链表,试编写按层次顺序遍历二叉树的算法。

2.已知二叉树按照二叉链表方式存储,利用栈的基本操作写出先序遍历非递归形式的算法。

3.对于二叉链表,完成非递归的中序遍历过程。

4.请设计一个算法,要求该算法把二叉树的叶子结点按从左到右的顺序连成一个单链表,表头指针为 head。二叉树按二叉链表方式存储,链接时用叶子结点的右指针域来存放单链表指针。分析该算法的时、空复杂度。

5.设一棵二叉树的根结点指针为 T,C 为计数变量,初值为 0,试写出对此二叉树中结点计数的算法:BTLC(T,C)。

第8章 图形结构

8.1 图的定义和基本运算

相对于线性表和树形结构来说,图是一种更为复杂的非线性结构。在线性表中,各数据元素之间仅有线性关系,每个数据元素只有一个直接前驱和一个直接后继;在树形结构中,尽管不是线性结构,但数据元素之间也有着明显的层次关系,且每层上的数据元素可以和下层中的多个元素相关联,和上层中的一个元素相关联;而在图形结构中,顶点之间的关系可以是任意的,图中任意两个数据元素都有可能相关,每个顶点都可以有多个直接前驱和多个直接后继。图形结构被用于描述各种复杂的数据对象,在科学研究和社会生产的许多领域都有着极为广泛的应用。

8.1.1 图的定义

图 G(Graph)由两个集合组成,一个由顶点(Vertex)构成的有穷非空集合和一个由边(Edge)构成的有穷集合,分别用 V(G) 和 E(G) 来表示图 G 中的顶点集和边集,用二元组 G=(V,E) 来表示图 G。

8.1.2 图的基本术语

1. 无向图

如果图 G 的每条边都没有方向,则称图 G 为无向图。在无向图中用圆括号表示边的顶点对。一条边为两个顶点的无序对,(v_i,v_j) 表示一条无向边,并且 (v_i,v_j) 和 (v_j,v_i) 表示同一条边,且要求 $v_i \neq v_j$。若 (v_i,v_j) 是一条无向边,则称顶点 v_i 和 v_j 互为邻顶点(Adjacent),(v_i,v_j) 与顶点 v_i 和 v_j 相关联(Incident)。

在图 8-1 的示例中:

$V(G)=\{v_1,v_2,v_3,v_4,v_5\}$

$E(G)=\{(v_1,v_2),(v_1,v_3),(v_2,v_4),(v_3,v_4),(v_3,v_5),(v_4,v_5)\}$

2. 有向图

如果图 G 的每条边都有方向,则称图 G 为有向图。在有向图中用尖括号表示边的顶点对,并且该顶点对是有序的。一般地,用 $<v_i,v_j>$ 表示一条有向边,v_i 为边的起点,v_j 为边的终点。有向边又称为弧,v_i 为弧尾,v_j 为弧头。若 $<v_i,v_j>$ 是一条有向边,则称顶点 v_i 邻接到 v_j,顶点 v_j 邻接于 v_i,$<v_i,v_j>$ 与顶点 v_i 和 v_j 相关联。

在图 8-2 的示例中:

$V(G)=\{v_1,v_2,v_3,v_4\}$

$E(G)=\{<v_1,v_2>,<v_2,v_1>,<v_3,v_1>,<v_3,v_5>,<v_4,v_2>,<v_4,v_3>,<v_4,v_5>\}$

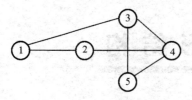

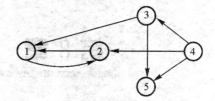

图 8.1 无向图 图 8.2 有向图

3. 简单图

如果图 G 中每一条边不重复出现,且不存在顶点到其自身的边,则称图 G 为简单图。例如图 8-1 和图 8-2 均为简单图,而图 8-3 则为非简单图。

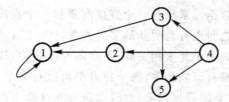

图 8-3 非简单图

在本书中,如不作特别说明,以下所讨论的图全部都是简单图。可以证明,在简单图中,顶点数 n 和边数 e 满足下列关系:

若 G 为无向图 $0 \leqslant e \leqslant n(n-1)/2$

若 G 为有向图 $0 \leqslant e \leqslant n(n-1)$

证明 对无向图共有 n 个顶点,每两个顶点组成一条边,那么边的组合数为

$$C = n! / 2! (n-2)! = n(n-1)/2$$

因此,无向图中最多有 $n(n-1)/2$ 条边;而对于有向图,每两个顶点可组成两条边,则有向图的最大边数为无向图最大边数的两倍,即 $n(n-1)$。

4. 无向完全图

对于具有 n 个顶点的无向图,如果恰好有 $n(n-1)/2$ 条边的则称之为无向完全图。此时,任意两个顶点间都有一条直接边相连。

5. 有向完全图

对于具有 n 个顶点的无向图,如果恰好有 $n(n-1)$ 边的则称为有向完全图。此时,任意两个顶点间都有方向互为相反的两条边相连。

6. 度、入度和出度

无向图中顶点 v 的度为关联于该顶点的边的数目,记为 $D(v)$。

有向图中把以顶点 v 为终点的边的数目称为 v 的入度,记为 $ID(v)$;把以顶点 v 为始点的边的数目称为 v 的出度,记为 $OD(v)$;顶点的度定义为入度与出度之和,即 $D(v) = ID(v) + OD(v)$。

图 G 无论是有向图还是无向图,若 G 中有 n 个顶点、e 条边,且每个顶点 v_i 的度为 d_i,则有

$$e = \frac{1}{2} \sum_{i=1}^{n} d_i$$

7.子图

设 G＝(V,E)是一个图,若 V′是 V 的子集,E′是 E 的子集且 E′中的边所关联的顶点均在 V′中,则 G′＝(V′,E′)也是一个图,并称其为 G 的子图。

例如,图 8-4 中的两个图均是图 8-1 中无向图的子图。

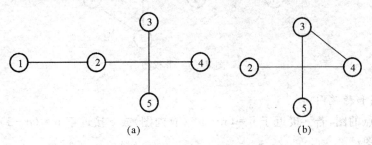

(a)　　　　　　　　　　　(b)

图 8-4　无向图 8-1 的两个子图

8.路径、路径长度、简单路径和简单回路

若存在一个顶点序列 v_p,v_{i1},v_{i2},…,v_{in},v_q:

在无向图 G 中,使得 (v_p,v_{i1}),(v_{i1},v_{i2}),…,(v_{in},v_q) 均属于 E(G),则称顶点 v_p 到 v_q 存在一条路径;

在有向图 G 中,使得 $<v_p,v_{i1}>$,$<v_{i1},v_{i2}>$,…,$<v_{in},v_q>$ 均属于 E(G),则从顶点 v_p 到 v_q 存在一条路径。

简单路径:除起点和终点外,其余顶点均不相同的路径称为简单路径。起点和终点相同的简单路径称为简单回路。

例如,在图 8-5 中路径 $v_1v_2v_3v_4v_2v_4$ 不是简单路径;路径 $v_1v_2v_4$ 是简单路径;路径 $v_1v_2v_3v_4v_2v_1$ 是个回路,但不是简单回路,而 $v_1v_2v_4v_1$ 是简单回路。

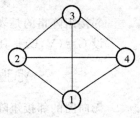

9.有向图的根

在有向图中,若存在一个顶点 v,从该顶点到图中其他各顶点都存在路径,则称该有向图为有根图,v 称为图的根。

例如,在图 8-1 和图 8-2 中,顶点 4 是这个图的根。

图 8-5　简单路径

10.连通图、连通分量、强连通图和强连通分量

在无向图 G 中,若任意两个顶点间存在路径(即连通的),则称 G 为连通图。

无向图 G 的极大连通子图称为 G 的连通分量。

在有向图 G 中,任意两个不同的顶点 v_i 和 v_j,都存在从 v_i 到 v_j 以及 v_j 到 v_i 的路径,则称 G 为强连通图。易知,在有向图中,对应某种有向回路,n 个顶点的强连通图至少有 n 条边。

有向图 G 的极大强连通子图称为 G 的强连通分量。

强连通图只有一个强连通分量。非强连通图有多个强连通分量。

另外,在有向图中,若任意两个不同顶点间至少有单向通路,但有些顶点无双向通路,则称该图为弱连通图。类似地还有弱连通分量的概念。

11.带权图和网络

若将图中的每一条边赋上一个权值,则称该图为带权图,带权图又称为网络。而带权图中

权值的含义视具体问题而定。带权图示例如图 8-6 所示。

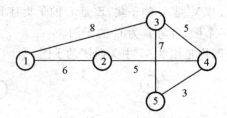

图 8-6 带权图

12. 稠密图和稀疏图

对 n 个顶点的图,若 e 接近于 n * (n−1)(有向图)或 e 接近于 n * (n−1)/2(无向图),则称该图为稠密图。

对 n 个顶点的图,若 e<<n * (n−1)(有向图)或 e<<n * (n−1)/2(无向图),则称该图为稀疏图。

8.2　图的存储结构

图的结构复杂,因此,表示方法也就是存储方法较为多样,而对于存储结构的选择要取决于具体的应用和所要进行的运算。图的存储涉及两方面:顶点内容的存储和边(逻辑关系)的存储。图的存储所采用的两种常用方法为邻接矩阵和邻接表。

8.2.1　邻接矩阵表示法(Adjacency Matrix)

邻接矩阵指的是表示图中顶点之间相邻关系的矩阵。

设 G＝(V,E)是具有 n 个顶点的图,则 G 的邻接矩阵为具有如下性质的 n 阶方阵:

$$A[i][j]=\begin{cases}1, & 若(v_i,v_j)或<v_i,v_j>是 E(G)中的边\\0 或\infty, & 若(v_i,v_j)或<v_i,v_j>不是 E(G)中的边\end{cases}$$

无向图的邻接矩阵是对称的,如图 8-7 所示。

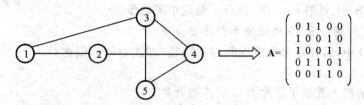

图 8-7　无向图的邻接矩阵

不难理解,有向图的邻接矩阵不一定对称。

网络的邻接矩阵定义为:

$$A[i][j]=\begin{cases}权值 w_{ij}, & 若(v_i,v_j)或<v_i,v_j>是 E(G)中的边\\0 或\infty, & 若(v_i,v_j)或<v_i,v_j>不是 E(G)中的边\end{cases}$$

用邻接矩阵来表示图,如图 8-8 所示,既容易判定图中任意两个顶点之间是否有边相连,也容易计算各个顶点的度数。

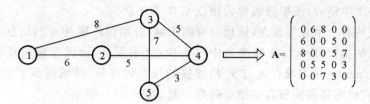

图 8-8 网络的邻接矩阵

对于无向图,邻接矩阵第 i 行元素之和就是图中第 i 个顶点的度数。

对于有向图,邻接矩阵第 i 行元素之和是顶点 i 的出度,第 i 列元素之和是顶点 i 的入度。

建立带权无向图邻接矩阵的算法如下:

(1)构造类型定义。

```
#define MAXSIZE 100    /* 图中顶点个数 */
 typedef int vextype;  /* 顶点数据类型 */
 typedef int adjtype;/* 权值类型 */
 typedef   struct
   {   vextype vexs[MAXSIZE];   /* 数组 vexs[] 用于存储顶点数据 */
      adjtype edges[MAXSIZE][ MAXSIZE];   /* edges [][]为邻接矩阵 */
   } graph;
```

(2)建立邻接矩阵。

```
voidcreatgraph(graph * ga)
{   int i,j,k,w;
   pirntf("输入图的顶点数和边数:\n");
   scanf("%d",&(ga->n),&(ga->e));
   pirntf("输入图的顶点信息:\n");
   for(i=0;i<ga->n;i++)
     scanf("%d",&(ga->vexs[i]));   /* 输入顶点信息 */
   for(i=0;i< ga->n;i++)
     for(j=0;j< ga->n;j++)
       ga->edges[i][j]=0;       /* 初始化邻接矩阵 */
   for(k=0;k<ga->e;k++)
   {   pirntf("输入图的第%d 条边的顶点序号 i,j 和权值 w:",k+1);
     scanf("%d,%d,%d", &i,&j,&w);   /* 输入顶点信息 */
     ga->edges[i][j]=w;
     ga->edges[j][i]=w;
   }
}
```

可以看出,采用邻接矩阵表示法实现图的存储,空间复杂度为 $O(n^2)$。该算法的时间复杂度为 $O(n+n^2+e)$,因为 $e < n^2$,所以为 $O(n^2)$。

8.2.2 邻接表表示法(Adjacency List)

邻接表表示法类似于树的孩子链表表示法。对于图 G 中的某一个顶点 v_i,将邻接于它的所有顶点链成一个单链表,该单链表称为顶点 v_i 的邻接表。

　　每个邻接表均有一个表头顶点,该顶点有两个域,分别存放顶点 v_i 的信息(vertex)和邻接表中第一个顶点的指针(link);在邻接表中每个顶点(表顶点)由两个域组成:邻接的顶点域(adjvex)和链域(next);顶点域存放与 v_i 相邻接的顶点的序号,链域指示了依附于 v_i 的另一条边的表顶点,它将邻接表的所有表顶点链在一起,如图 8-9 所示。

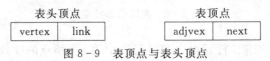

图 8-9　表顶点与表头顶点

　　可以看出,对于无向图,v_i 的邻接表中每个表顶点都对应于与 v_i 相关联的一条边;对于有向图,v_i 的邻接表中每个表顶点都对应了以 v_i 为始点的一条边。因此,可以将无向图的邻接表称为边表,将有向图的邻接表称为出边表。将所有的表头顶点顺序存储在一个向量中,图就可以用这个表头向量来表示,如图 8-10 所示。

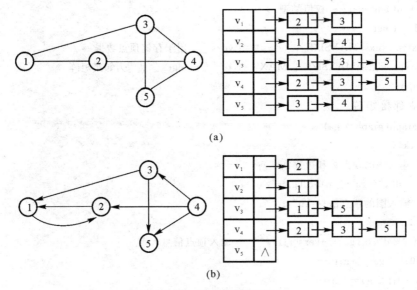

图 8-10　图的邻接表表示
(a)无向图的邻接表;　(b)有向图的邻接表

　　在无向图的邻接链表中,第 i 个链表中的表顶点数就是顶点 v_i 的度数。在有向图的邻接链表中,第 i 个链表中的表顶点数是顶点 v_i 的出度。但若要求出 v_i 的入度,必须对邻接链表进行扫描,计算出顶点的值为 i 的表顶点的数目,非常麻烦。为便于确定有向图中顶点的入度,可另外再建立一个逆邻接表,使第 i 个链表表示以 v_i 为头的所有的边。

　　(1)邻接表的类型定义如下:

```
＃defineMAXSIZE 100   /＊图中顶点最大个数＊/
typedef struct  node
  {  int adjvex;
     struct node ＊ next
  } edgenode;      /＊边表顶点结构＊/
typedef struct node ＊ pointer
```

```
typedef int vextype
typedef struct
{ vextype vextex;
   edgenode   * link;
 }vexnode;      / * 顶点表顶点结构 * /


typedef struct
{ vexnode adjlist [MAXSIZE];
   int n,e;
}adjlistgraph;
```

(2)建立邻接表的算法如下。

```
creatadjlist(vexnode ga[ ])
{   int i,j,k; edgenode * s;
    for(i=0;i<n;i++)/ * 读入顶点信息并初始化边表头指针 * /
      {ga[i]. vertex=getchar( );ga[i]. link=NULL;}
    for(k=0;k<e;k++)
    {   scanf("%d%d",&i,&j);
        s=malloc(sizeof(edgenode));
        s->adjvex=i;s->next=ga[j]. link;ga[j]. link=s;
    }
}
```

如果图中有 n 个顶点,e 条边,则邻接表需 n 个表头顶点,e 个(有向图)或 2e 个(无向图)表顶点。因此,生成无向图的执行时间 n+2e,算法的时间复杂度是 O(n+e);生成有向图的执行时间 n+e,算法的时间复杂度是 O(n+e)。

8.2.3 邻接矩阵和邻接表比较

下面对两种最常用的图的存储方法——邻接矩阵和邻接表,作一深入比较。

(1)求顶点 v_i 的度,如表 8-1 所示。

表 8-1　两种存储结构对顶点度的求法

	邻接矩阵	邻接表
无向图	第 i 行(列)上非零元素个数	第 i 个边表中顶点数
有向图	出度:第 i 行上非零元素个数	出度:第 i 个边表上的顶点数
	入度:第 i 列上非零元素个数	入度:需遍历整个表

(2)建立有 n 个顶点和 e 条边的图的时间复杂度,如表 8-2 所示。

表 8-2　图的建立时间复杂度

	邻接矩阵	邻接表
无向图	$O(n^2)$	$O(n+2e)$
有向图	$O(n^2)$	$O(n+e)$

（3）一个图的邻接矩阵表示是唯一的，但其邻接表表示不唯一，因为在邻接表表示中，各边表顶点的链接次序取决于建立邻接表的算法及边的输入次序。

（4）在邻接表（或逆邻接表）表示中，每个边表对应于邻接矩阵一行（或一列），边表中顶点个数等于一行（或一列）中非零元素个数。

（5）判断(v_i,v_j)或$<v_i,v_j>$是否是图的一条边：

邻接矩阵：判矩阵中第 i 行第 j 列的那个元素是否为零；

邻接表中：扫描第 i 个边表 O(n)。

（6）求边数：

邻接矩阵：检测整个矩阵 $O(n^2)$；

邻接表：计算边表顶点个数之和 O(e+n)。

显然，当边数较少时，邻接链表存储方式的空间利用率较好，这与邻接矩阵的情况正好相反，因此，邻接链表存储适合于稀疏图。当边数较多时，考虑到邻接表中要附加链域，邻接矩阵表示法较好，因此，邻接矩阵存储适合于稠密图。

8.3　图　的　遍　历

和树的遍历类似，图的遍历是指从图的某个顶点出发，沿着某条搜索路径对图中所有顶点访问且仅访问一次。然而，图的遍历要比树的遍历复杂。

因为图的任一顶点都可能和其余的顶点相邻接，所以在访问了某个顶点之后，可能沿着某条路径又回到该顶点。为避免多次访问同一个顶点，确保顶点仅被访问一次，在图的遍历过程中，必须记下每个已访问过的顶点。为此，可以引入布尔向量 visited[n]作为顶点访问标志，它的初值为"假"或者零，一旦访问了顶点 v_i，便置 visited[i]为"真"。

此外，图中并非所有的顶点都能够遍历，若图为连通图，则从某个顶点出发遍历可行；若图为非连通图，则从某个顶点出发只能遍历其所在连通分量。因此，对图的遍历可以转化为对连通图的遍历问题。以下所讨论的算法均以无向图为对象，但所列出的算法同样适用于有向图。

根据搜索顶点顺序的不同，通常有两种遍历图的方法：深度优先搜索遍历和广度优先搜索遍历。

8.3.1　深度优先搜索遍历

深度优先搜索（Depth First Search,DFS）遍历类似于树的先根遍历，是树的先根遍历的推广。

（1）深度优先搜索遍历的基本思想是：从图 G 中任一顶点 v_i 出发，先访问顶点 v_i，并将其访问标志置为 true，然后依次从 v_i 出发搜索 v_i 的没有被访问过的邻接顶点，以该顶点为新的出发点，继续进行深度优先搜索。重复上述过程，直到所有顶点都被访问为止。

可以看出，DFS 算法类似于树的前序遍历，是树的先根遍历的推广。它的特点是在遍历过程中尽可能地先对纵深方向进行搜索。

DFS 算法遍历的思想是一种递归的思想，在算法的具体实现过程中，可采用递归程序方法。

以图 8-11 所示的无向图为例,假设先从顶点 v_1 出发进行搜索,首先访问邻接点 v_2,因为 v_2 未曾访问过,再从 v_2 出发进行搜索,接着访问 v_4,v_8,v_5。在访问了 v_5 之后,由于 v_5 的邻接点都已经被访问过,则搜索回溯到 v_8,同样的原因,继续回溯到 v_4,v_2 直到 v_1,此时 v_1 另外一个邻接点 v_3 未被访问过,则搜索又从 v_3 开始继续下去。得到的顶点访问序列为

$$v_1 \rightarrow v_2 \rightarrow v_4 \rightarrow v_8 \rightarrow v_5 \rightarrow v_3 \rightarrow v_6 \rightarrow v_7$$

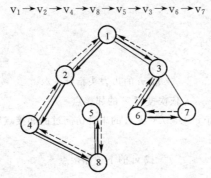

图 8-11 无向图深度遍历顶点访问序列

将以上的递归算法总结如下:

设一无向图 $G=(V,E)$,从 $V(G)$ 中任一顶点 v 出发按以下步骤进行深度优先搜索:

1)设搜索指针 p,并使其初始化指向顶点 v。

2)访问 p 指向的顶点,然后使 p 指向与刚刚访问顶点相邻接的且尚未被访问过的顶点。

3)若 p 不为空,则重复步骤 2),否则执行步骤 4)。

4)按照访问过的次序的相反方向,回溯到一个仍然有邻接顶点未被访问过的顶点,并使指针 p 指向这个未被访问过的顶点。然后再继续重复步骤 2),直至遍历所有顶点。

(2)图的存储结构不同,遍历的算法也不相同。下面以邻接矩阵和邻接链表作为图的存储结构分别给出算法。

1)邻接矩阵为存储结构实现的算法:

```
Void DFS(graph * g)
{ int visited[n];
{  int i, j;
  for(i=0;i<g->n;i++)
  visited[i]=0;  /* 初始化数组 visited[n] */
  for(j=0;j<g->n;j++)
{   if(! visited[j]
  DFSM(g,j);}  /* 对以邻接矩阵存储的图进行深度优先遍历 */
}

void DFSM(graph * g,int m)  /* 在邻接矩阵上进行 DFS 遍历 */
  {  int n;
    printf("当前遍历顶点:%c\n",g->vexs[m]);
    visited[m]=1;
    for(n=0;n<g->n;n++)
      if((g->edges[m][n]= =1)&&! visited[j])
      DFSM(g, n);
```

```
                                                                                }
2)邻接矩阵为存储结构实现的算法：
void DFSL(adjlistgraph * g, int n)      /* 在邻接表上进行 DFS 遍历 */
{ int visited[n];
{ inti;
  edgenode * p;
  printf("%d\n,g [i]. vertex);
  visited[i]=TRUE;
  p=g [i]. link;                        /* 取 vi 的边表头指针 */
  while(p! =NULL)                       /* 依次搜索 vi 的邻接点 */
    { if (! visited[p->adjvex])   /* 从 vi 的未曾访问过的邻接点出发进行深度优先搜索 */
      DFSL(p->adjvex);
      p=p->next; }                      /* 找 vi 的下一邻接点 */
}
```

对图进行深度优先搜索得到的顶点序列称为深度优先搜索序列,简称为 DFS 序列。DFS序列不唯一,它与遍历算法、图的存储结构以及初始出发点有关。

遍历图的过程实质上是对每个顶点查找其邻接点的过程。其耗费的时间取决于所采用的存储结构。对于具有 n 个顶点、e 条边的连通图,当用邻接矩阵作为图的存储结构时,查找每个顶点所需的算法的时间复杂度为 $O(n^2)$,而当用邻接表作为图的存储结构时,查找各个顶点的邻接点所需时间为 $O(e)$,因此,对于该算法深度优先搜索遍历图的时间复杂度为 $O(n+e)$。

8.3.2 广度优先搜索遍历

连通图的广度优先搜索(Breadth First Search,BFS)遍历类似于树的层次遍历。

(1)连通图的广度优先搜索遍历基本思想是:从图 G 中任一顶点 v_i 开始,首先访问顶点 v_i,接着依次访问 v_i 的所有邻接点 v_{i_1},…,v_{i_n},然后再依次访问 v_{i_1},…,v_{i_n} 邻接的所有未被访问过的顶点,依次类推,直到图中所有和 v_i 有路径相通的顶点都被访问过为止。可以看出,它的特点是尽可能地先对横向进行搜索。

相对于深度优先搜索遍历,广度优先搜索在操作上显得稍微直观一些。以图 8-12 所示的无向图为例,假设先从顶点 v_1 出发进行搜索,依次访问它的所有邻接点 v_2,v_3,然后再依次访问 v_2 的邻接点 v_4,v_5 及 v_3 的邻接点 v_6,v_7,最后访问 v_4 的邻接点 v_8,完成所有顶点的访问。得到的顶点访问序列为

$$v_1 \to v_2 \to v_3 \to v_4 \to v_5 \to v_6 \to v_7 \to v_8$$

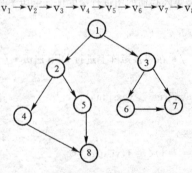

图 8-12 无向图及广度遍历顶点访问序列

将以上的递归算法总结如下：

设一无向图 $G = (V, E)$，从 $V(G)$ 中任一顶点 v_i 出发按以下步骤进行广度优先搜索：

1）访问顶点 v_i 后依次访问与 v_i 相邻接的所有顶点 $v_{i_1}, \cdots, v_{i_n}$。

2）分别按 $v_{i_1}, \cdots, v_{i_n}$ 的次序，依次访问每一个顶点尚未被访问过的邻接顶点。

3）以此类推，依次访问它们的所有未被访问过的邻接顶点，直到所有顶点都被访问过。

在 BFS 算法中，如果顶点 v_1 在 v_2 之前被访问过，那么与 v_1 相邻接的顶点也将在与 v_2 相邻接的顶点之前被访问。也就是说，先访问的顶点其邻接点也先被访问，符合先进先出的性质。因此，在算法实现过程中，引入队列作为辅助存储结构，存储已被访问的顶点。

（2）以邻接矩阵和邻接链表作为图的存储结构分别给出广度优先搜索算法。

```
void BFSM(graph * g, int k)    /*按广度优先搜索法遍历图 G,G 用邻接矩阵存储*/
{ int visited[n];
{ int i,j;
seqqueue q;    /*定义顺序队列变量 q*/
SETNULL(q);    /*置空队列*/
pinrtf("%d\n",g. vexs[k]);
visited[k]=1;
ENQUEUE(q,k);        /*对已访问顶点入队列*/
while(! EMPTY(q))
  { i=DEQUEUE(q)    /*队头元素序号出队列*/
    for(j=0;j<=n;j++)
    if((g. edges[i][j]= =1)&&(! visited[j]))
    { printf("%d\n", g. edges[j]);
        visited[j]=1;
    ENQUEUE(q,j);}    /*将访问过的顶点入队*/
  }
}


voidBFSL(adjlinkgraph * g, int k)        /*按广度优先搜索法遍历图 g,g 用邻接表存储*/
{int i;
edgenode    * p;
SETNULL(q);    /*置空队列*/
printf("%d\n",g. adjlist[k]. vertex);
visited[k]=1;
ENQUEUE(q,k);        /*对已访问顶点入队列*/
while (! EMPTY(q))
{ i= DEQUEUE (q);    /*队头元素序号出队列*/
  p= g. adjlist[i]. link;
    while(p! =null)
    { if(! visited[p→adjvex])
        { printf("%d\n", g. adjlist[p→adjvex]. vertex);
            visited[p→adjvex]=1;
            ENQUEUE (q, p→adjvex);    /*将访问过的顶点入队*/
```

```
      }
         p＝p→next；    /＊找下一个邻接点＊/
      }
   }
}
```

对于具有 n 个顶点和 e 条边的连通图，因为每个顶点均入队一次，所以算法 BFSM 和 BFSL 的外循环次数为 n。算法 BFSM 的内循环是 n 次，故算法 BFSM 的时间复杂度为 O（n^2）；而算法 BFSL 的内循环次数取决于各顶点的总个数 2e，故算法 BFSL 的时间复杂度是 O（n＋e）。两种算法所使用的辅助空间是队列和标志数组，因此，它们的空间复杂度为 O(n)。

8.3.3 非连通图的遍历

对于一个非连通的无向图来说，从图中任意一个顶点出发进行 DFS 或 BFS 算法遍历都不能访问到图中所有的顶点，而只能够访问到初始出发点所在连通分量的所有顶点。如果从每个连通分量中都选择一个顶点作为出发点进行搜索，便可访问到整个非连通图中的所有顶点。因此非连通图的遍历必须多次调用深度优先搜索或者广度优先搜索算法。下面以调用 DFS 算法为例给出非连通图的深度优先遍历算法。

```
int visited[n]；
void SEARCH(graph ＊g)
{   int i；
   for(i＝0;i<g－>n;i++)
   visited[i]＝0；   /＊初始化数组 visited[n]＊/
   for(j＝0;j<g－>n;j++)
   {   if(！visited[j])
      DFSM(g,j);}                        /＊对以邻接矩阵存储的图进行深度优先遍历＊/
}
```

在此算法中，也可以将 DFS 换成 BFS，改换后的算法是广度优先遍历非连通图的算法。在非连通图的遍历算法中，对于每个顶点 v_j，DFSM（j－1）最多调用一次。因此，虽然算法 SEARCH 中对于 DFSM 进行了递归调用，但总数仍然是 n，算法的时间复杂度是 O（n^2）。

8.4 生成树与最小生成树

从图的观点来看，可以将树定义为无回路的连通图。例如，图 8－13 就是两个无回路的连通图。初看起来并不符合树的形态，但是只要选定某个顶点作为根，以树根为起点对每条边进行定向，就能将它们转化成通常的树。

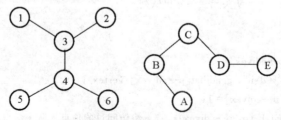

图 8－13 无回路的连通图

8.4.1 生成树的概念

连通图 G 的一个极小连通子图,如果是含有 G 的所有的顶点的树,则称该子图为生成树。

具有 n 个顶点的无向连通图 G,其生成树为包含有 n 个顶点和 n−1 条边的无向连通子图,或生成树是连通图 G 的一个极小连通子图。所谓极小指的是边数最少,若在生成树中去掉任何一条边,都会使之变成非连通图;而如果在生成树上随意添加一条边,就会出现回路。也就是说,生成树满足连通性且边数最少。

连通图的生成树通常不是唯一的,从不同的顶点出发进行遍历,就会得到不同的生成树。而对于无向非连通图来说没有生成树,但其各个连通分量有生成树,各个连通分量的生成树形成一个森林,称为无向非连通图的生成森林。

对于给定的无向连通图 G=(V,E),如何得到其生成树?

其方法是:对图进行深度优先搜索或广度优先搜索遍历,在遍历的过程中,每当从被访问过的顶点 v_i 搜索到未被访问的相邻的顶点 v_j 并对其进行访问时,将边 (v_i,v_j) 记录下来。除初始顶点外,对其余 n−1 个顶点的访问一共要经过 G 中的 n−1 条边。因此,记录下来的边的数目为 n−1,这 n−1 条边将 G 中的 n 个顶点连接成 G 的极小连通子图,从而构成了图的一棵生成树。

按深度优先搜索得到的生成树称为深度优先生成树;按广度优先搜索得到的生成树称为广度优先生成树。例如,从图 8−14(a)的顶点 v_1 出发所得的 DFS 生成树和 BFS 生成树分别如图 8−14(b)和图 8−14(c)所示。

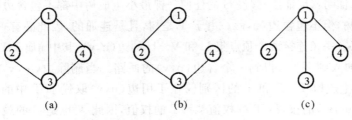

图 8−14　无向图及生成树

(a)无向图 G;　(b)从 v_1 出发 DFS 遍历得到的生成树;　(b)从 v_1 出发 BFS 遍历得到的生成树

上面给出的定义和所研究的对象针对的都是无向图。由于从图的遍历可得到生成树,因此,从图的遍历来看,也可以将生成树定义为:如果从图的某个顶点出发,可以连续访问到图中的所有顶点,则遍历时经过的边和图的所有顶点所构成的子图,称为该图的生成树。对于该定义有下列几点需要说明:

(1)此定义不仅适用于无向图,也适用于有向图。

(2)若 G 是强连通图,则其生成树为包含强连通图所有顶点的有根子图。强连通图的生成树通常也是不唯一的,遍历的出发顶点不一样,生成树的根也不一样。

(3)若 G 是有根(设根为 v)的有向图,其生成树是以 v 为根的生成树。

(4)对于非连通的有向图(有根图除外),只能得到其生成森林。

8.4.2　最小生成树的概念

无向连通图的生成树通常是不唯一的,因此,无向连通网的生成树通常也是不唯一的。对于无向连通网来说,边是带权的,因而其生成树的各边也是带权的。把无向连通网生成树的权定义为生成树各边权值之和。在无向连通网的所有生成树中,权值最小的生成树称为该连通网的最小生成树(Minimun Spanning Tree,MST)。

生成树和最小生成树有着许多重要的应用。例如要在 n 个城市之间建立供电线路网,可以在每两个城市之间设置一条线路,但这样造价太高也没有必要,事实上,连通 n 个城市只需要 n−1 条线路,而 n 个城市间,最多可能设置 n(n−1)/2 条线路,这样自然会引入这样一个问题,即如何在这 n(n−1)/2 条线路中选择 n−1 条,使得总费用降到最低呢?

可以用 n 个顶点来代表这 n 个城市,用边表示城市之间的线路,并给边赋予权值表示建造线路的代价,这样可以构造出一个带权图,现在的问题就转化成如何从这个带权图中选择一棵生成树,使总的耗费最少,也是构造连通网的最小生成树问题,而该生成树的代价就是树上各边的代价之和。

8.4.3 构造最小生成树的方法

1.最小生成树的 MST 性质

对于构造最小生成树,两种常用的算法是普里姆(Prim)算法和克鲁斯卡尔(Kruskal)算法,而它们都利用了最小生成树的 MST 性质。

最小生成树的 MST 性质:设 $G=(V,E)$ 是一个连通网,U 是顶点集 V 的真子集。若(u,v)是 G 中所有一个顶点在 U 中,另一个顶点在 V−U 中的所有边中权值最小的一条边,则必存在一棵包含边(u,v)的最小生成树。

MST 性质的证明:(反证法)假设 G 的任何一棵最小生成树中都不包含边(u,v)。设 T 是 G 的一棵最小生成树,但不包含边(u,v)。由于 T 是树,且是连通的,因此必有一条从 u 到 v 的路径,且该路径上必有一条连接两个顶点集 U 和 V−U 的边(u′,v),其中 u′属于 U,v 属于V−U。

将边(u,v)加入到 T 中,得到一个含边(u,v)的回路。当删除边(u′,v′)时,回路被消除。由此得到另一棵生成树 T′,T′和 T 的区别仅在于用边(u,v)取代了 T 中的边(u′,v′)。因为(u,v)的权<=(u′,v′)的权,故 T′的权值<=T 的权值,因此 T′也是 G 的最小生成树,并包含边(u,v)′,与假设矛盾。

2.Prim 算法

Prim 算法的思想是:设 $G=(V,E)$ 为无向连通网,U 和 TE 分别是 G 上最小生成树的顶点和边的集合。初始时 $U=\{u_0\}$(u_0 属于 V),TE=φ,重复执行下述操作:在所有 u 属于 U,v属于 V−U 的边(u,v)((u,v)属于 E)中找一条权值最小的边(u_0,v_0)并入集合 TE,同时 v_0 并入 U,直至 U=V。

而 Prim 算法的难点就在于,如何找到连接 U 和 V−U 的最短边?

我们假设当前生成的 T 中有 k 个顶点,则 V−U 中有 n−k 个顶点,连接 U 和 V−U 边数目是 k∗(n−k)。事实上,对于 V−U 中的每个顶点 v,从它到 U 中各顶点的边中,必存在一条最短的边;则 n−k 个顶点所关联的最短边也有 n−k 个,而此时 T 中边的数目为 k−1。

所以,在任一时刻 T 中边数+候选边数=n−1。

于是,扩充 T 就是从候选集中选出最短边(u,v)连同 v 加入 T 中。

此时,v∈U,则对于 V−U 中每一个剩余的顶点 j,边(v,j)也是连接两集合的边,因此需调整侯选集:若原候选集中 j 所关联的原候选边长度大于边(v,j)的长度,则将(v,j)加入候选集代替 j 的原候选边。否则不变。

【**例 8 - 1**】 在图 8 - 15 中,按照 Prim 算法,对图 8 - 15(a)中的带权图,从顶点 1 出发,该图生成最小生成树的过程如图 8.15(b)(c)(d)(e)(f)所示。

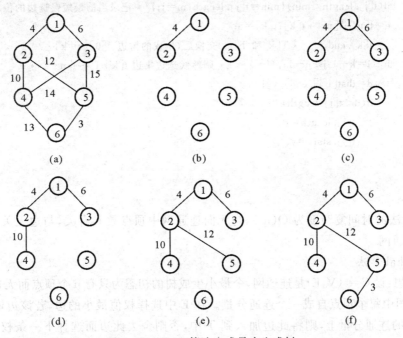

图 8 - 15 Prim 算法生成最小生成树

设连通图用邻接矩阵表示,对不存在的边,相应的矩阵元素用 ∞ 表示,也可取计算机允许的最大数或者大于所有边权值的一个数。

边的存储结构为:

```
typedef struct
{ intstart,end;
  int length;
  }edge;
```

Prim 算法用 c 语言描述如下:

```
#definemax 10000
void prim( )    /* 从顶点 u 出发,构造最小生成树 */
{   int dist[n][n];
    edge t[n-1];
    int j,k,m,v,min;
    float d;
    edge e;
    for(j=1;j<n;j++)        /* 构造初始边集 T[0]~T[n-2],为候选边集 */
    {  t[j-1].start=0;       /* 候选边的起点为第一个加入树中的顶点 v0 */
       t[j-1].end=j;         /* 候选边的终点为 V-U 中的点 */
       t[j-1].length=dist[0][j];  /* 终点为 Vj 的候选边长度 */
    }
```

```
for(k=0;k<n-1;k++)  /*求 T 中第 k 条边*/
    {min=max;
        for(j=k;j<n-1;j++)   /*扫描当前候选边集 T[k]到 T[n-2],找最短边*/
        if(t[j].length<min){min=t[j].length;m=j;}/*记录当前最短候选边的位置*/*/
        e=t[m];t[m]=t[k];t[k]=e;
        v=t[k].end；    /*T[k]和 T[m]交换后,生成的树边:t[0]~t[k]*/
        for(j=k+1;j<n-1;j++)   /*调整候选边集边 t[k+1]~t[n-2]*/
        { d=dist[t[j].end][v];
            if(d<t[j].length)
            {   t[j].length=d;
                t[j].start=v;}
        }
    }
}
```

prim 算法的时间复杂度为 $O(n^2)$,与无向连通网中顶点数 n 有关,与边无关,因此该算法适合稠密连通网。

3. Kruskal 算法

算法思想:设 G=(V,E)是连通网,令最小生成树的初态为只有 n 个顶点而无边的非连通图 T=(V,ϕ),图中每个顶点自成一个连通分量。在 E 中选择权值最小的边,若该边依附的顶点落在 T 中不同的连通分量上,则将此边加入到 T 中,否则舍去此边而选择下一条权值最小的边。依次类推,直到 T 中所有顶点都在同一连通分量上为止。该连通分量即为最小生成树。

Kruskal 算法的粗略描述如下:
```
T=(V,φ);
while(T 中所含边数<n-1)
    { 从 E 中选取当前权值最小边(u,v);
        从 E 中删去边(u,v);
        if ((u,v)并入 T 之后不产生回路)
        将边(u,v)并入 T 中;
    }
```

【例 8-2】 在图 8-16 中,按照 Kruskal 算法,对图 8-16(a)中的带权图,从顶点 1 出发,该图生成最小生成树的过程如图 8.16(b)(c)(d)(e)(f)所示。

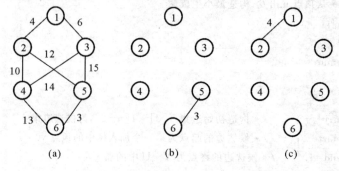

图 8-16 Kruskal 算法生成最小生成树

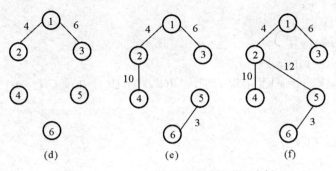

续图 8-16 Kruskal 算法生成最小生成树

Kruskal 算法用 C 语言实现大致如下：

```
#define n*(n-1)/2  m
typedef struct
{   int vex1,vex2;
    float  w;
} edge;
kruskal( )
float dist[n][n];
edge t[m],mst[n-1];
{   int a[n][n],b[n],i,j,en,em,k,l,x,y,flag; edge tx;
    en=0;
    for (i=0 ;i<n-1;i++)
      for(j=i+1;j<n;j++)
        if (dist[i][j]! =max)
          {  t[en]. vex1=i;t[en].vex2=j;t[en].w=dist[i][j];en++;}
    for (i=0;i<n;i++)
    {  a[i][i]=1;b[i]=i;}
      em=i=0;
    while (em<n-1)
    {  l=i;
       for (j=i+1;j<en;j++)
         if ( t[j].w<t[l]. w) l=j;
       if (l! =i)
           { tx=t[i];t[i]=t[l];t[l]=tx;}
       x=t[i]. vex1;y=t[i]. vex2;
       k=0;flag=1;
       while ((k<n)&&flag)
       if ((! a[k][x])&&(! a[k][y])) k++;
         else if (a[k][x]&&a[k][y]) flag=0;
         else
         {  mst[em]=t[i];
```

```
          em++；
          if (a[k][x])
          { z=b[y]；
          for(j=0;j<n;j++)
          { a[k][j]=a[k][j]||a[z][j];   if(a[z][j]){b[j]=k;a[z][j]=0;}
              }
          }
          if (a[k][y])
      {   z=b[x];
          for(j=0;j<n;j++)
          {   a[k][j]=a[k][j]||a[z][j];
              if (a[z][j]) {b[j]=k;a[z][j]=0;}
          }
      }
      }
      flag=0;
      }
      i++;}
      }
      }
```

上述算法描述不是最优的,其时间复杂度至少为 $O(n^2)$, 如果描述恰当 Kruskal 算法时间复杂度可达到 $O(eloge)$, 因此该算法适合稀疏连通图。

8.5 最 短 路 径

路径问题是图中的又一个基本问题,很多实际问题都可以借助于通过寻找最短路径来解决。例如对于交通网络的选路问题,在有多条道路选择的情况下,选择哪条更为合适,可以将交通网络用带权图来表示,图中顶点表示城市,边上权值可以表示两城市之间的道路距离、代价费用或所需时间等等,这样对于道路的选择问题就归结为最短路径问题。这里的最短路径指的是所经过的边上的权值之和为最小的路径,而不代表路径上边的数目的多少。它的具体含义取决于边上权值所代表的意义,例如道路的路况,航运中的顺水和逆水等等。

考虑到实际的应用,对于最短路径的讨论常常是针对有向带权图进行的,且边上的权值均为正值。将路径的开始顶点称为源点,最后一个顶点称为终点,来讨论带权有向图的两个最短路径问题。

8.5.1 单源最短路径

单源最短路径所要研究的问题是:对给定的有向网 $G=(V,E)$ 和源点 v,求 v 到 G 中其余各顶点的最短路径。

例如图 8-17 所示的有向网络,假如以顶点 v_1 为源点,则源点到其余各点的最短路径如表 8-3 所示。

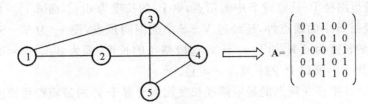

图 8-17 单源最短路径

表 8-3　图 8-17 中从源点 1 到其余各点的最短路径

源　点	中间点	终　点	路径长度
1		3	4
1		2	5
1	2	4	8
1	2,4	5	13

从以上有向网络可以看出,顶点 1 到顶点 5 的路径共有四条:1,2,4,5;1,3,4,5;1,3,2,4,5;1,5。这四条路径的长度分别是:13,14,16,15。因此,从源点到顶点 5 的最短路径是 1,2,4,5。

仔细观察表 8-3 会发现:当按长度增长的顺序求源点到各顶点的最短路径时,中间点的最短路径在求该点最短路径之前已经求出。

对给定的有向网 $G = (V, E)$ 和源点 v,如何求单源最短路径? 荷兰科学家迪杰斯特拉(Dijkstra)提出了一个按路径长度递增的次序产生最短路径的算法。Dijkstra 算法的思想是:从给定的源点开始,按路径长度递增的顺序,逐步产生源点到其余各顶点的最短路径。

Dijkstra 算法思想的具体实现:

(1) 基本原理:设置一个顶点集合 S,S 中的所有顶点其最短路径已经求出,初始时 $S = \{v\}$,则尚未求出最短路径的顶点集为 $V-S$。另外,设置一个数组 d[ ],若到顶点 vi 的最短路径已求出,则 d[i] 存放的是最短路径长度,否则 d[i] 存放的是从顶点 v 经 S 中的顶点到 vi 的所有路径中最短路径的长度,并称其为 v_i 的距离。初始时,若 $<v,v_i>$ 为 G 中的边,则 $d[i] = w_i$;否则,若 $<v,v_i>$ 不是 G 中的边,则 $d[i] = \infty$。

设 v_j 为 $V-S$ 中距离最短的顶点,可以证明:

1)d[j] 为 v_j 的最短路径的长度。

证明:若 d[j] 不是 v_j 的最短路径长度,则从源点 v 到顶点 v_j 必存在另外一条路径 P,其长度小于 d[j]。由距离的定义可知路径 P 必包含一个或多个属于 $V-S$ 的中间顶点,设第一个这样的顶点为 v_k,v 沿路径 P 到 v_k 的路径长度为 d_1,v_k 沿路径 P 到 v_j 的路径长度为 d_2,则 P 的长度为 $d_1 + d_2$,$d_1 + d_2 < d[j]$。

因为 $d[k] <= d_1, d_2 >= 0$,所以 $d[k] <= d_1 + d_2 < d[j]$,而 $d[k] < d[j]$ 与 v_j 为 $V-S$ 中距离最短的顶点相矛盾,故 d[j] 为 v_j 的最短路径长度。

2)顶点 v_j 为 $V-S$ 中最短路径长度最短的顶点。

证明:设 v_i 为 $V-S$ 中不同于 v_j 的顶点:

①若 v_i 的最短路径 P_i 只经过 S 中的顶点，则 P_i 的长度为 d[i]，而 d[i]>=d[j]；

②若 P_i 除经过 S 中的顶点外，还经过 V−S 中的中间顶点，设 v_k 为 V−S 中第一个这样的顶点，显然 P_i 的长度为 d[k]加上 v_k 至 v_i 这段路径的长度，因为 d[k]>=d[j]，而 v_k 至 v_i 这段路径的长度>=0，所以 P_i 的长度>=d[j]。

由此可知 V−S 中任一顶点的最短路径长度均大于等于 v_j 的最短路径长度。

结论：经上述两点的证明可知，在求单源最短路径的过程中当顶点集 S 一定时，可从 V−S 中选取距离最短的顶点，将其扩充到 S 中，则该顶点的距离即为其最短路径长度。

（2）提出问题：当从 V−S 中选取距离最短的顶点，将其扩充到 S 中之后，V−S 中顶点的 d[]值可能会发生变化，因此需对 V−S 中各顶点的 d[]值进行调整。如何调整？

最新扩充到 S 中的顶点为 v_k，则对 V−S 中的任一顶点 v_j，若其距离值因 v_k 扩充到 S 中而发生变化，则新的距离值 d[j]一定为 d[k]+<v_k,v_j>。

证明：设 V−S 中任一顶点 vj 的距离因 vk 加入到 S 中而发生了变化，但其新的距离不为 d[k]+<v_k,v_j>，则必存在一条从 v 经顶点 v_k,v_x 到 v_j 的路径，其长度 d[j]′小于 v_j 的原来距离 d[j]。若 v_k 到 v_x,v_x 到 v_j 的路径长度分别为 d_1 和 d_2，由于 v_x 先于 v_k 加入到 S 中，所以 d[x]<=d[k]，则 d[x]+d_2<=d[k]+d_1+d_2=d[j]′，而 v_j 的原来距离 d[j]<=d[x]+d_2，因此 d[j]<=d[k]+d_1+d_2=d[j]′，与假设矛盾。所以 v_j 的新的距离值 d[j] 为 d[k]+<v_k,v_j>。

（3）Djkstra 算法的粗略描述：

```
S={v}；初始化 V−S 中各顶点的距离值；
while(S 中的顶点数<n)
    {   从 V−S 中选取距离值最小的顶点 $v_j$；
        S=S+{$v_j$}；
        调整 V−S 中各顶点的距离值；
    }
```

（4）Djkstra 算法的详细描述：

```
dijkstra(float [ ][n],int v)/ * C 为有向网络的带权邻接矩阵,求源点 v 到其余顶点的最短径及其长度 * /
{float d[n];/ * 存放各顶点的距离值 * /
int p[n],s[n];/ * p[n]为路径向量,p[i]记录从源点到达 i 点的最短路径上该点的前趋顶点,s[n]为最短路径均已求出的顶点集合 * /
    int i,j,k,pre;
    int min,max=60,inf=80;
    for(i=0;i<n;i++)
    {d[i]=c[v][i];
        if (d[i]! =max) p[i]=v else p[i]=−1; / * 初始化距离数组 d[]和记录顶点最短路径上
                                该顶点直接前趋顶点序号的数组 * /
    }
    for(i=0;i<n;i++) s[i]=0;
    s[v]=1;d[v]=0;p[v]=−1;
    for(i=0;i<n−1;i++)/ * 扩充 S 集合 * /
    {   min=inf;                    / * 令 inf>max * /
```

```
        for(j=0;j<n;j++) /*在当前 V-S 集中选距离值最小的顶点*/
            if ((! s[j] && (d[j]<min)) {min=d[j];k=j;}/*求 V-S 中距离最短的顶点并将该顶
点放入集合 S 中*/
            s[k]=1;
            if (min==max) break;
            for(j=0;j<n;j++)   /*调整 V-S 顶点的距离*/
        if ((! s[j] && (d[j]>d[k]+c[k][j]))
                    {d[j]=d[k]+c[k][j];/*修改 V-S 集合中顶点 j 的距离*/
                    p[j]=k;/*k 是 j 的前趋*/
                    }
            }
        for (i=0;i<n;i++)   /*输出各顶点最短路径长度和轨迹*/
        {   printf("\n%f\t%d",d[i],i);
            pre=p[i];/*继续找前趋顶点*/
            while (pre! ==-1) {printf("<--%d",pre);pre=p[pre];}
            }
        }
```

Djkstra 算法的时间复杂度为 $O(n^2)$,空间复杂度为 $O(N)$。

8.5.2　所有顶点对之间的最短路径

所有顶点对之间的最短路径问题指的是:对给定的有向网 $G=(V,E)$,求 G 中每一对顶点之间的最短路径。

要求出所有顶点对之间的最短路径,可以依次将有向图中的每一个顶点作为源点,重复执行 Dijkstra 算法 n 次即可得到每对顶点之间的最短路径,而弗洛伊德(Floyd)发现了一个更为直接的方法。

Floyd 算法:设有向网采用邻接矩阵 $c[n][n]$ 存储。对该邻接矩阵,若 $<v_i,v_j>$ 不存在,则 $c[i][j]=max$;当 $i=j$ 时,$c[i][j]=0$。

(1)Floyd 算法的基本思想:假设求从顶点 v_i 到 v_j 的最短路径。如果从 v_i 到 v_j 有弧,则从 v_i 到 v_j 存在一条长度为 $c[i][j]$ 的路径,该路径不一定是从 v_i 到 v_j 的最短路径,需进行 n 次试探。

1)首先考虑路径 (v_i,v_0,v_j) 是否存在,即判断弧 $<v_i,v_0>$,$<v_0,v_j>$ 是否存在。如果存在,则比较 (v_i,v_j) 和 (v_i,v_0,v_j) 的路径长度取长度较短者为从 v_i 到 v_j 的中间顶点的序号不大于 0 的最短路径。

2)其次,考虑从 v_i 到 v_j 是否包含 v_1 为中间点的路径 $(v_i,\cdots,v_1,\cdots,v_j)$,若没有,则从 v_i 到 v_j 的当前最短路径仍然是第(1)步中求出的;若有,则 $(v_i,\cdots,v_1,\cdots,v_j)$ 可分解为两条路径 $(v_i,\cdots,v_1)$ 和 $(v_1,\cdots,v_j)$,而这两条路径是前一次求出的中间顶点序号不大于 0 的最短路径,将这两条路径长度相加得到路径 $(v_i,\cdots,v_1,\cdots,v_j)$ 的长度,将该长度与前次求出的中间序号不大于 0 的最短路径长度相比较,取其较短者作为当前求得的从 v_i 到 v_j 的中间顶点序号不大于 1 的最短路径。

3)然后,再选择顶点 v_2 加入当前求得的从 v_i 到 v_j 中间顶点序号不大于 2 的最短路径中,按上述步骤进行比较,从未加入顶点 v_2 作中间点的最短路径和加入顶点 v_2 作中间点的新路径中选取较小者,作为当前求得的从 v_i 到 v_j 的中间顶点序号不大于 2 的最短路径。依此类推,直到考虑了顶点 v_{n-1} 加入当前从 v_i 到 v_j 的最短路径后,选出从 v_i 到 v_j 的中间顶点序号不大于 n−1 的最短路径为止,该最短路径就是从 v_i 到 v_j 的最短路径。

按上述思想方法,经过 n 次迭代后可以同时求出各顶点间的最短路径。

(2)实现原理:要实现 Floyd 算法,最关键的是要保留每一步所求得的所有顶点对之间的当前最短路径长度,为此要定义一个 n×n 的方阵序列:A(0),A(1),A(2),…,A(n),来保存当前求得所有顶点对之间的最短路径长度。

其中:$A(0)[i][j] = c[i][j]$

$A(k)[i][j] = Min\{A(k-1)[i][j], A(k-1)[i][k] + A(k-1)[k][j]\}, 1 <= k <= n$

$A(k)[i][j]$ 表示从顶点 v_i 到 v_j 的中间顶点序号不大于 k 的最短路径;$A(n-1)[i][j]$ 就是从顶点 v_i 到 v_j 的最短路径。

1) Floyd 算法在具体实现时仅使用一个 n×n 的方阵 **A**,初始时 $A = c[i][j]$,通过在 A 上进行 n 次迭代求得 A(n)。

由于是在同一个矩阵 **A** 中迭代,所以 $A(k)[i][j] = A(k-1)[i][k] + A(k-1)[k][j]$ 是由 $A[i][j] = A[i][k] + A[k][j]$ 实现的。因此要使迭代正确,必须保证 $A(k)[i][k] = A(k-1)[i][k]$,$A(k)[k][j] = A(k-1)[k][j]$,即保证 $A[i][k]$ 和 $A[k][j]$ 在该次迭代中不发生变化。

对此,可以使用反证法进行证明:若从 i 到 k 的中间点序号不大于 k−1 的最短路径上,加入 k 后变得更短,则该路径 i,…,k,…,k 上的回路 k,…,k 中必有权为负值的边,这就与所有边上的权均为非负实数的假设矛盾。所以 $A(k)[i][k] = A(k-1)[i][k]$,同理 $A(k)[k][j] = A(k-1)[k][j]$。即求 A(k−1) 的迭代过程中,$A[i][k]$ 和 $A[k][j]$ 的值不变。

2)算法实现中,还必须要设置一个路径矩阵 path[n][n],用于存储各个顶点间最短路径的顶点轨迹。在求 A(k) 迭代中求得的 path[i][j],是从 i 到 j 的中间顶点序号不大于 k 的最短路径上顶点 i 的直接后继顶点的序号。算法结束时,由 path[i][j] 的值可得到从 i 到 j 的最短路径上各个顶点。

(3)根据上述实现原理对 Floyd 算法进行具体描述如下:

```
floyd (float a[][n],c[][n])
{int path[n][n];
int j,j,k, next;
int max=1000;
for (i=0;i<n;i++)
    for (j=0;j<n;j++)
    { if (c[i][j]! =max) path[i][j]=j else path[i][j]=-1; a[i][j]=c[i][j];}
for (k=0;k<n;k++)        /* 进行 n 次迭代 */
    for (i=0;i<n;i++)
        for (j=0;j<n;j++)
        if (a[i][j]>(a[i][k]+a[k][j]))
        {a[i][j]=a[i][k]+a[k][j];  path[i][j]=path[i][k];}
for (i=0;i<n;i++)
        for (j=0;j<n;j++)
```

```
{  printf("%f",a[i][j];  / * 输出各个顶点间最短路径的值 * /
   next=path[i][j];
   if (next==-1) printf("%d to %d no path. \n",i,j;)
     else { printf("%d",i);  / * 输出各个顶点间最短路径的顶点轨迹 * /
     while (next! =j)
     {
     printf("-->%d,next);next=path[next][j];}
     printf("-->%d\n",j); } }
}
```

之前曾说过,如果每次以一个顶点为源点,重复执行 Djkstra 算法 n 次,也可求得每一对顶点之间的最短路径。这样,总的执行时间为 $O(n^3)$。如果采用 Floyd 算法,时间复杂度也是 $O(n^3)$,但在形式上要简单些。

8.6 拓 扑 排 序

8.6.1 拓扑排序的概念

在实际的工作中,经常要使用一个有向图来描述产品的生产流程或工程的施工工序图。这样一个大的工程往往被划分成若干个小的子工程来完成,而且这些子工程都是有先后顺序的,可以将这样的子工程称为活动(Activity)。可以用顶点表示活动,边表示活动间的先后关系,这样形成的有向图称为顶点活动网(Activity On Vertex network),简称为 AOV 网。

拓扑序列:对于一个 AOV 网,常常将其所有顶点排成一个线性序列 $v_1,v_2,\cdots,v_n$。该线性序列满足如下关系:若在 AOV 网中,从顶点 v_i 到顶点 v_j 有一条路径,则在线性序列中顶点 v_i 必在顶点 v_j 之前。这样的线性序列称为拓扑序列。把 AOV 网构造拓扑序列的操作称为拓扑排序。

在 AOV 网中不应该出现回路,如果有回路,说明某个活动的开展要以自身任务的完成作为先决条件,这是自相矛盾的。因此,对于给定的 AOV 网首先要判断网中是否存在回路。检测的方法是对该网构造顶点的拓扑有序序列,如果网中所有顶点都在它的拓扑有序序列中,说明该 AOV 网必定不存在回路。

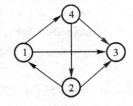

图 8-18 拓扑有序序列

任何一个无回路的 AOV 网,其顶点都可以排成一个拓扑有序序列,并且该序列不一定是唯一的。如图 8-18 所示,该有向图的拓扑有序序列可以为 1→2→4→3 或 1→4→2→3。

这说明 AOV 网的拓扑有序序列是不唯一的。

8.6.2 拓扑排序的算法实现

1.基本思想

(1)从网中选择一个入度为零的顶点且输出之。

(2)从网中删除此顶点及其所有出边。

(3)反复执行这(1)(2)步,直至所有顶点都已输出,或者直到余留在网中的顶点入度都不为零时为止。

2.拓扑排序算法的具体实现

要点 1:表的顶点表中增加一个入度域,用于存储各个顶点的当前入度值。

要点 2:为了避免每次寻找入度为 0 的顶点时重复扫描顶点表,引入一个链栈(队列也可),将一次扫描找到的入度为 0 的顶点入栈。这样,以后选入度为 0 的顶点时,可直接从栈顶取。并且,在排序过程中,一旦出现新的入度为 0 的顶点,将其入栈。

要点 3:算法在具体实现过程中,没有开辟额外的堆栈空间,而是利用顶点表中入度为 0 的元素所占空间组成一个静态链栈,入度为 0 的元素的 id 域为静态链栈结点的链域。

3.拓扑算法

基于以上要点,得到以邻接表作存储结构的拓扑算法描述如下:

(1)扫描顶点表建立入度为 0 的顶点栈。

(2)while(栈非空)

  { 将栈顶顶点 v 弹出并输出之;

   检查 v 的出边表,将每条出边〈v,w〉的终点 w 的入度减 1,若 w 的入度变为 0,则把 vk 推入栈;

  }

(3)若输出的顶点数小于 n,则输出"有回路";否则拓扑排序正常结束。

4.求精后的拓扑排序算法

首先要建立邻接表:

```
typedef struck
{   int adjvex;   /* 邻接点域 */
    structnode * next;   /* 链域 */
}edgenode; /* 边表结点结构 */

typedef struct
{   int vertex;   /* 顶点域 */
    int id;   /* 入度 */
    edgenode *link;   /* 边表头指针 */
}vexnode;   /* 顶点表结构 */

creatadjlist()   /* 建立邻接表 */
{ vexnode s[n];
  int i,j,k; edgenode * d;
  for(i=0;i<n;i++)
  {s[i]. vertex=getchar( );
    s[i]. id=0;
    s[i]. link=NULL;
    }
for(k=0;k<e;k++)
  {scanf("%d%d",&i,&j);
    d=malloc(sizeof(edgenode));
    d→adjvex=j;d→next=s[i]. link;s[i]. link=d;s[j]. id++;
```

```
    }
}

topsort(s)
{ int i,j,k,l=0,top=-1;    /* l 为输出顶点个数计数器,top 为栈指针 */
edgenode * p;
for (i=0;i<n;i++)        /* 建立入度为 0 的顶点链栈 */
    if (s[i].id==0)
        {s[i].id=top;
top=i;
}
while (top! =-1) /* 栈非空 */
{j=top;
top=s[top].id;      /* 第 j 个顶点退栈并输出,计数器加 1 */
printf("%d\t",s[j].vertex); l++;
p=s[j].link;          /* p 指向 vj 的出边表结点的指针 */
    while (p)          /* 删去所有以 vj 为起点的出边 */
{k=p→adjvex;
s[k].id--;              /* <vj,vk>的终点 vk 的入度减 1 */
        if (s[k].id==0)
{s[k].id=top; top=k;}
        p=p→next ; /* 找以 vj 为起点的下一条边 */
}
}
if (l<n) printf("\n the network has a cycle\n");/* 如果输出顶点数小于 n,,则有回路存在 */
}
```

对上述算法进行分析,可以看出,如果有向图有 n 个顶点和 e 条边,建立初始入度为 0 的顶点栈,要检查所有顶点一次,执行的时间为 O(n);在拓扑排序中,若有向图无回路,则每个顶点入栈和出栈各一次,每个边表结点要检查一次,执行的时间是 O(n+e)。所以,总的时间复杂度为 O(n+e)。

8.7　关　键　路　径

8.7.1　关键路径的概念

与 AOV 网相对应的还有一种称为 AOE(Activity On Edge Network) 带权有向无环图。在 AOE 网中,顶点表示事件,边表示活动,而边的权值表示活动持续的时间。AOE 网中顶点表示的事件实际上体现了一种状态,即该顶点的所有入边表示的活动均已完成,出边表示的活动可以开始。

表示实际工程的 AOE 网应该只有一个入度为 0 的顶点和一个出度为 0 的顶点,前者称为源点,后者称为汇点。

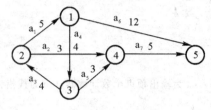

图 8 - 19　AOE 网

AOE 网可用于估算工程计划的完成时间,例如,如图 8 - 19 所示的 AOE 网可看成有 5 个事件、7 项活动的工程计划图。事件 v_1 表示整个工程开始,v_5 表示整个工程结束,事件 v_3 表示活动 a_2,a_3,a_4,a_5 已经完成,活动 a_7 可以开始这种状态。如果权值代表的时间单位是天,那么活动 a_1 需要 5 天,a_2 需要 3 天,等等。

对于表示工程计划的 AOE 网,需要研究的问题是:

(1)完成整个工程至少需要多少时间?

(2)哪些活动是影响工程进度的关键?

由于 AOE 网中的若干活动是可以并行进行的,所以完成工程的最短时间是从源点到汇点的最长路径的长度,即最长路径上各边权值之和。从源点到汇点的最长路径称为关键路径。对于图 8 - 19 来说,路径 v_1,v_2,v_3,v_4,v_5 是一条关键路径,长度为 17,也就是说,整个工程至少要 17 天才能完成。在 AOE 网中,关键路径可能不止一条,如路径 v_1,v_2,v_5 是图 8 - 19 的另一条关键路径,长度也是 17。

事件 v_j 可能的最早发生时间 ve(j) 应为从源点到顶点 v_j 的最长路径长度,而弧$<v_j$,$v_k>$表示的活动 a_i 的最早开始时间 e(i) 等于 ve(j)。例如图 8 - 19 中事件 v_2 的最早发生时间是 5,故以 v_2 为起点的两条出边所表示的活动 a_4 和 a_6 的最早开始时间也是 5,即 ve(5)=e(4)=e(6)=5。

在不推迟整个工程完成的前提下,事件 v_k 允许的最迟发生时间 vl(k) 应等于汇点 v_n 的最早发生时间 ve(n) 减去 v_k 到 v_n 的最长路径长度。

事件 v_k 的发生表明以 v_k 为终点的各条入边所表示的活动均已经完成,所以事件 v_k 的最迟发生时间 vl(k) 也是所有以 v_k 为终点的入边$<v_j$,$v_k>$所表示的活动 a_i 可以最迟完成的时间,即弧$<v_j$,$v_k>$表示的活动 a_i 的最迟开始时间 l(i) 等于 vl(k) 减去弧$<v_j$,$v_k>$的权值。将 e(i)=l(i) 的活动 a_i 称为关键活动,而 l(i)-e(i) 为其在不延误整个工程工期情况下,活动 a_i 可以延迟的时间。

显然,关键路径上的所有活动都是关键活动。缩短或延误关键活动的持续时间将提前或推迟整个工程的完工时间。分析关键路径的目的是判断哪些是关键活动,从而加以提高关键活动的效率,缩短整个工程的工期。

8.7.2　关键路径的实现及算法描述

由关键活动的定义可知,只要求出了某个活动的 e(i) 和 l(i),便可判断该活动是否为关键活动。而为了求 AOE 网中活动的 e(i) 和 l(i),首先要求网中所有事件的 ve(j) 和 vl(j)。

若活动 a_i 由$<v_j$,$v_k>$表示,其权值记为 dut($<j,k>$),则其关系为

$$e(i)=ve(j)$$

$$l(i)=vl(k)-dut(<j,k>) \qquad (8-1)$$

求 ve(j)和 vl(j)需分两步进行：

(1)从 ve(1)＝0 开始向前递推

$$ve(j)=\max\{ve(i)+dut(<v_i,v_j>)\} \qquad (8-2)$$

$<vi,vj>$属于以 vj 为头的弧的集合，$2<=j<=n$

ve(1)＝0

ve(2)＝5

ve(3)＝max{ve(1)＋4,ve(2)＋4}＝9

ve(4)＝max{ve(1)＋3,ve(3)＋3}＝12

ve(5)＝max{ve(2)＋12,ve(4)＋5}＝17

AOE 网中计算事件的 ve(j)是按顶点的某一拓扑序列的次序进行的。

(2)从 vl(n)＝ve(n)开始向后递推

$$vl(i)=\min\{vl(j)-dut(<v_i,v_j>)\} \qquad (8-3)$$

$<v_i,v_j>$属于以 vi 为尾的弧的集合，$1<=i<=n-1$

vl(5)＝17

vl(4)＝vl(5)－5＝12

vl(3)＝vl(4)－3＝9

vl(2)＝min{vl(3)－4,vl(5)－12}＝5

vl(1)＝min{vl(2)－5,vl(3)－4,vl(4)－3}＝0

AOE 网中计算事件的 vl(i)是按顶点的某一拓扑序列的逆序进行的。

利用得到的 ve 和 vl 的值及公式(8－1)，就可以计算出如表 8－4 所示的图 8－19 各活动的最早开始时间 e(i)和最迟开始时间 l(i)。

表 8－4 图 8－19 中各活动的最早开始时间 e(i)和最迟形始时间 l(i)

活 动	a_1	a_2	a_3	a_4	a_5	a_6	a_7
e	0	0	0	5	9	5	12
l	0	9	5	5	9	5	12
l－e	0	9	5	0	0	0	0

从该表可以看出，活动 a_1,a_4,a_5,a_6,a_7 是关键活动，如果将图 8－19 所示网中的所有非关键活动删去，则可以得到图 8－20，该图中所有从源点到汇点的路径都是关键路径。

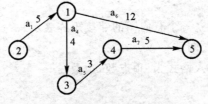

图 8－20 图 8－19 关键路径

之前曾经描述过，缩短关键活动的持续时间将提前整个工程的完工时间。但有两点需要说明：

（1）只有加快那些包括在所有关键路径上的关键活动才能达到缩短整个工作工期的目的，而不是加快任一个关键活动就可以缩短整个工期。

（2）在提高某些关键活动速度的同时可能使原来的非关键路径变为新的关键路径，这会引起关键路径的变化，因此，对于提高关键活动的速度是有限的。

由上述讨论可得到求关键活动的基本算法：

（1）对 AOE 网进行拓扑排序，并按排序的次序求各顶点事件的 ve 值，若网有回路，则算法终止，否则执行步骤（2）；

（2）按拓扑排序的逆序求各顶点事件的 vl 值；

（3）根据各顶点事件的 ve 值和 vl 值，求各活动 ai 的 e(i) 和 v(i)；

若 e(i)＝v(i)，则 ai 为关键活动。

下面先对算法具体实现时所涉及的数据结构进行说明：

（1）数组 tpor[n] 为顺序队列，在拓扑排序过程中用于保存入度为 0 的顶点序号，拓扑排序结束时该数组中存储的是拓扑排序序列。

（2）数组 ve[n] 存储各顶点事件的 ve 值，初始时该数组的各元素均置为 0。在排序过程中，当删去以顶点 v_j 为尾的弧 $<v_j,v_k>$ 时，可根据 v_j 的 ve(j) 值用递推公式（8－2）对 v_k 的 ve(k) 值进行修改。

（3）数组 vl[n] 存储各顶点事件的 vl 值，初始时将汇点的 ve 值赋给该数组各元素。在拓扑排序结束后，按拓扑序列的逆序和递推公式（8－3）求各顶点的 vl 值。

8.8 图实训——图子系统

1. 实训目的

（1）掌握图邻接矩阵的存储方法。

（2）掌握图深度优先遍历的基本思想。

（3）掌握图广度优先遍历的基本思想。

2. 实训内容

（1）编写按键盘输入的数据建立图的邻接矩阵存储。

（2）编写图的深度优先遍历程序。

（3）编写图的广度优先遍历程序。

（4）根据提示分别对图进行以上操作。

3. 操作要求

例如，按图 8－21 所示建立一个有向图的邻接矩阵表示。

按下列输入要求建立有向图。

请输入顶点数和边数（输入格式为：顶点数，边数）：

6,9<CR>

请输入顶点信息（顶点号<CR>）每个顶点以回车键作为结束：

A<CR>

B<CR>

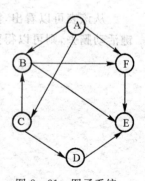

图 8－21　图子系统

C＜CR＞
D＜CR＞
E＜CR＞
F＜CR＞
请输入每条边对应的两个顶点的序号(输入格式为:i,j＜CR＞):
请输入边 e1 的顶点序号:A,B＜CR＞
请输入边 e2 的顶点序号:A,C＜CR＞
请输入边 e3 的顶点序号:A,F＜CR＞
请输入边 e4 的顶点序号:B,E＜CR＞
……

4.程序示例

```
# define VEXMAX 20
# define FALSE 0
# define TRUE 1
# define QueueSize 50
# include ＜stdio. h＞
typedef struct
{   char vexs[VEXMAX];
    int edges[VEXMAX][VEXMAX];
    int n,e;
}Graph;
int visited[10];
void CreateGraph(Graph * G);
void DFSTraverseG(Graph * G);
void BFSTraverseG(Graph * G);
void DFSG(Graph * G,int i);
void BFSG(Graph * G,int i);
typedef struct
{   int front;
    int rear;
    int count;
    int data[QueueSize];
}CirQueue;
void InitQueue(CirQueue * Q)
{   Q—＞front=Q—＞rear=0;Q—＞count=0;
}
int QueueEmpty(CirQueue * Q)
{   return Q—＞count=QueueSize;
}
int QueueFull(CirQueue * Q)
{   return Q—＞count==QueueSize;
}
```

```
void EnQueue(CirQueue * Q,int x)
{   if(QueueFull(Q))
        printf("Queue overflow");
else
{   Q->count++;Q->data[Q->rear]=x;Q->rear=(Q->rear+1)%QueueSize;
}
}

int DeQueue(CirQueue * Q)
{   int temp;
    if(QueueEmpty(Q))
    {   printf("Queue underflow");return NULL;
    }
    else
    {   temp=Q->data[Q->front];Q->count--;
        Q->front=(Q->front+1)%QueueSize;return temp;
    }
}

void main()
{   Graph * G,a;char ch1;int i,j,ch2;
    G=&a;
    printf("用邻接矩阵表示一个有向图\n");
    CreateGraph(G);
    printf("已建立一个图的邻矩阵存储\n");
    for(i=0;i<G->n;i++)
    {   printf("\n\t\t");
        for(j=0;j<G->n;j++)
            printf("%5d",G->edges[i][j]);
    }
getchar();
ch1='y';
while(ch1=='y'||ch1=='Y')
{   printf("\n");
    printf("\n          图 子 系 统:                ");
    printf("\n          1. 建立邻接矩阵            ");
    printf("\n          2. 广度优先遍历            ");
    printf("\n          3. 深度优先遍历            ");
    printf("\n          4. 退      出              ");
    printf("\n          请选择(1——4):            ");
    scanf("%d",&ch2);
    getchar();
    switch(ch2)
{   case 1:CreateGraph(G);
    printf("\n 已建立图的邻接矩阵。");break;
```

```
        case 2:BFSTraverseG(G);break;
        case 3:DFSTraverseG(G);break;
        case 4:ch1='n';break;
        default:printf("\n 输入错误！请重新输入!");
        }
    }
}
void CreateGraph(Graph * G)
{   int i,j,k;
    char ch1,ch2;
    printf("请输入顶点数,边数并按<回车>键(格式如:4,5):");
    scanf("%d,%d",&(G->n),&(G->e));
    for(i=0;i<G->n;i++)
    {   getchar();
     printf("请输入顶点%d 并按回车:",i+1);
     scanf("%c",&(G->vexs[i]));
}
for(i=0;i<G->n;i++)
    for(j=0;j<G->n;j++)
      G->edges[i][j]=0;
    for(k=0;k<G->e;k++)
    {   getchar();
        printf("请输入边 e%d 的顶点序号(格式为:i,j):",k+1);
        scanf("%c,%c",&ch1,&ch2);
        for(i=0;ch1! =G->vexs[i];i++);
        for(j=0;ch2! =G->vexs[j];j++);
        G->edges[i][j]=1;
    }
}
void BFSTraverseG(Graph * G)
{   int i;
    for(i=0;i<G->n;i++)
        visited[i]=FALSE;
    for(i=0;i<=G->n;i++)
        if(! visited[i])
          BFSG(G,i);
}
void DFSTraverseG(Graph * G)
{   int i;
    for(i=0;i<G->n;i++)
        visited[i]=FALSE;
    for(i=0;i<G->n;i++)
            if(! visited[i])
```

```
            DFSG(G,i);
}
void BFSG(Graph * G,int k)
{   int i,j;
    CirQueue Q;
    InitQueue(&Q);
    printf("广度优先遍历序列:%c\n",G->vexs[k]);
    visited[k]=(&Q,k);
    while(! QueueEmpty(&Q))
    {   i=DeQueue(&Q);
        for(j=0;j<G->n;j++)
            if(G->edges[i][j]==1&&! visited[j])
            {
                visited[j]=TRUE;EnQueue(&Q,j);
            }
    }
}
void DFSG(Graph * G,int i)
{   int j;
    printf("深度优先遍历序列:%c\n",G->vexs[i]);
    visited[i]=TRUE;
    for(j=0;j<G->n;j++)
        if(G->edges[i][j]==1&&! visited[j])
            DFSG(G,j);
}
```

程序运行结果如图 8-22 和图 8-23 所示。

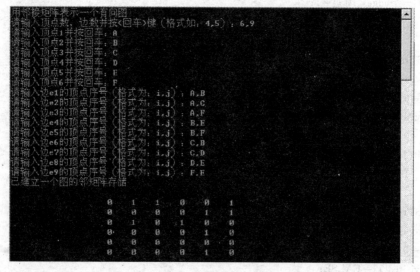

图 8-22　图子系统图建立

图 8 - 23　图子系统图遍历

本 章 小 结

　　图是一种复杂的非线性的数据结构,在实际生产和生活中具有非常广泛的应用。图的概念包括:图的定义和特点,无向图,有向图,入度,出度,完全图,生成子图,路径长度,回路,(强)连通图,(强)连通分量等。图的存储形式包括:邻接矩阵,(逆)邻接表,十字链表及邻接多重表。图的两种基本的遍历算法:深度遍历和广度遍历。生成树、最小生成树的概念以及最小生成树的构造 Prim 算法和 Kruskal 算法。本章的难点包括:拓扑排序问题、关键路径问题、最短路径问题。本章的应用性较强,在遇到实际问题时,要学会引用本章相关内容加以解决。

课 后 习 题

一、判断题

(1)邻接表法只能用于有向图的存储,而数组表示法对于有向图和无向图都是适用的。
 (　　)

(2)十字链表是有向图的一种存储方法。 (　　)

(3)邻接多重表是无向图的一种链式存储方法。 (　　)

(4)任何 AOV 有向网络的拓扑排序结果是唯一的。 (　　)

(5)不是所有的 AOV 网都有一个拓扑序列。 (　　)

(6)每个加权连通无向图的最小生成树都是唯一的。 (　　)

(7)邻接多重表示法对于有向图和无向图的存储都适用。 (　　)

(8)有回路的图不能进行拓扑排序。 (　　)

(9) AOE 网中一定只有一条关键路径。 (　　)

(10)连通分量是无向图中极小连通子图。 (　　)

二、填空题

(1) n 个顶点的无向完全图有_____条边;n 个顶点的有向完全图有_____条边。

(2)对于含有 n 个顶点 e 条边的无向连通图,利用 Prim 算法生成最小生树的时间复杂度为_____,Kruskal 算法的时间复杂度为_____。

(3)有 29 条边的无向连通图,至少有_____个顶点,至多有_____个顶点;有 29 条边的有向非连通图至少有_____个顶点。

(4)有 29 条边的有向连通图,至少有_____个顶点,至多有_____个顶点;有 29 条边的无向非连通图至少有_____个顶点。

(5)设有向图有 n 个顶点 e 条边,进行拓扑排序时,总的计算时间为_____。

(6)关键路径是时间结点网络中从源点到汇点的_____路径。

(7)判断一个无向图是一棵树的条件是_____。

(8)有向图 G 的强连通分量是指_____。

(9)一个连通图的_____是一个极小连通子图。

(10)设无向图 G 有 n 个顶点和 e 条边,每个顶点 vi 的度为 di (1<=i<=n),则 e=_____。

(11) 在有 n 个顶点的有向图中,若要使任意两点间可以互相到达,则至少需要_____条弧。

(12) 在有 n 个顶点的有向图中,每个顶点的度最大可达_____。

(13) 设 G 为具有 n 个顶点的无向连通图,则 G 中至少有_____条边。

(14) 如果含 n 个顶点的图形成一个环,则它有_____棵生成树。

(15) n 个顶点的连通图的生成树含有_____条边。

(16) 构造 n 个结点的强连通图,至少有_____条弧。

(17) n 个顶点的连通图用邻接矩阵表示时,该矩阵至少有_____个非零元素。

(18) 在图 G 的邻接表表示中,每个顶点邻接表中所含的结点数,对于无向图来说等于该顶点的_____;对于有向图来说等于该顶点的_____。

(19) 在有向图的邻接矩阵表示中,计算第 I 个顶点入度的方法是_____。

(20) 对于一个具有 n 个顶点 e 条边的无向图的邻接表的表示,则表头向量大小为_____,邻接表的边结点个数为_____。

三、选择题

(1)在一个具有 n 个顶点的有向图中,若所有的顶点的出度数之和为 m,则所有顶点的入度数之和为( )。
A. m B. m−1 C. m+1 D. n

(2)在具有 7 个顶点的无向图中至少应有( )条边才能确保是一个连通图。
A. 5 B. 6 C. 7 D. 8

(3)在具有 n 个顶点的强连通图的邻接矩阵中至少有( )个非零元素。
A. n−1 B. n C. 2n−2 D. 2n

(4)在具有 n 个顶点和 e 条边的无向图的邻接矩阵中,表示边存在的元素的个数为( )。
A. n B. e C. 2e D. ne

(5)在具有 n 个顶点的有向完全图中,所含的边数为( )。
A. n B. n(n−1) C. n(n−1)/2 D. n(n+1)/2

(6)有 8 个顶点的无向连通图至少有( )条边。
A. 6 B. 7 C. 8 D. 9

(7)在具有 n 个顶点和 e 条边的有向图的邻接表中,保存顶点单链表的表头指针向量的大小至少为( )。

A. n   B. 2n   C. e   D. 2e

(8)如果在一个有向图中,一个顶点的度为 k,出度为 k1,那么对应的逆邻接表中该顶点单链表中的边结点数为( )。

A. k   B. k1   C. k−k1   D. k+k1

(9)采用邻接表存储的图的深度优先遍历算法类似于二叉树的( )。

A. 中序遍历   B. 先序遍历   C. 后序遍历   D. 按层遍历

(10)采用邻接表存储的图的广度优先遍历算法类似于二叉树的( )。

A. 中序遍历   B. 先序遍历   C. 后序遍历   D. 按层遍历

(11)无向图 G=(V,E),其中 V={e1,e2,e3,e4,e5},E={<e1,e2>,<e1,e3>,<e4,e3>,<e4,e5>,<e2,e5>,<e3,e5>},对该图进行拓扑排序,下面的序列( )不是其拓扑序列。

A. e1,e2,e4,e3,e5   B. e4,e1,e2,e3,e5

C. e1,e4,e3,e2,e5   D. e1,e2,e3,e4,e5

(12)用 DFS 遍历一个无环有向图,在算法退栈返回的同时,打印出相应顶点,输出序列应是( )。

A. 拓扑有序的   B. 逆拓扑有序的   C. 无序的

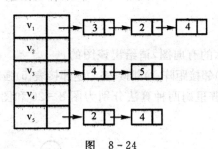

图 8－24

(13)如图 8.24 所示为一有向图的邻接表存储结构,根据 DFS 算法,由顶点 v₁ 出发,所得顶点序列是( )。

A. v₁,v₃,v₄,v₅,v₂   B. v₁,v₄,v₃,v₅,v₂

C. v1,v2,v3,v5,v4   D. v1,v2,v3,v4,v5

(14)如图 8-24 所示为一有向图的邻接表存储结构,根据 BFS 算法,由顶点 v₁ 出发,所得顶点序列是( )。

A. v₁,v₃,v₄,v₅,v₂   B. v₁,v₄,v₃,v₅,v₂

C. v₁,v₂,v₃,v₅,v₄   D. v₁,v₃,v₂,v₄,v₅

(15)BFS 算法用来解决单源最短路径问题的条件是,各条边上的权值( )。

A. 全部相等   B. 全部不相等   C. 并非全部相等

(16)可使用( )来生成一个加权连通无向图的最小生成树。

A. Hash 算法   B. Prim 算法   C. Dijkstra 算法   D. Huffman 算法

(17)对于 AOE 网来说,一项工程完工所需的最少时间等于( )。

A. 网中源点到汇点路径中事件最多的路径长度

B. 网中源点到汇点的最短路径长度

C. 网中源点到汇点的最长路径长度

D. 网中源点到汇点路径中活动最多的路径长度

(18)关键路径指的是事件网络中的(   )。

    A. 最短的回路   B. 最长的回路

    C. 源点到汇点的最短路径   D. 源点到汇点的最长路径

(19)下面关于求关键路径的说法不正确的是(   )。

    A. 求关键路径是以拓扑排序为基础的

    B. 一个事件的最早开始时间同以该事件为尾的弧的活动最早开始时间相同

    C. 一个事件的最迟开始时间为以该事件为尾的弧的活动最迟开始时间与该活动的
       持续时间的差

    D. 关键活动一定位于关键路径上

(20)下列关于 AOE 网的叙述中,不正确的是(   )。

    A. 关键活动不按期完成就会影响整个工程的完成时间

    B. 任何一个关键活动提前完成,那么整个工程将会提前完成

    C. 所有的关键活动提前完成,那么整个工程将会提前完成

    D. 某些关键活动提前完成,那么整个工程将会提前完成

四、应用题

(1)已知如图 8-25 所示的有向图,请给出该图的:

1)每个顶点的入/出度;2)邻接距阵;3)邻接表;4)逆邻接表;5)强连通分量。

(2) 请用克鲁斯卡尔和普里姆两种算法分别为图 8-26 和图 8-27 构
造最小生成树。

1)

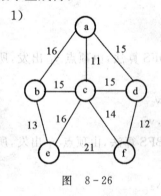

图　8-26

2)

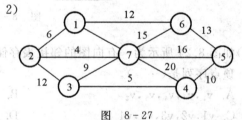

图　8-27

(3) 试列出图 8-28 中全部的拓扑排序序列。

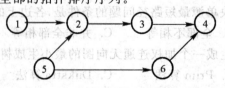

图 8-28

（4）请用图示说明图 8-29 从顶点 a 到其余各顶点之间的最短路径。

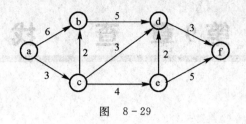

图 8-29

第9章 查　找

9.1　查找的基本概念

查找是计算机应用中最常用的操作。特别是在非数值处理中,查找算法的优劣对系统的运行效率影响极大,查找通常是在查找表(Search Table)中进行的。查找表是指由相同类型的记录组成的集合,由若干数据项组成,并且每个结点都有唯一标志该结点的主关键字(key)。

查找(Searching)就是给定一个值 k,在含有 n 个结点的表(或文件)中找出关键字等于给定值 k 的结点;若找到则查找成功,输出结点的位置,否则输出失败的信息。

查找分为静态查找(Static Searching)和动态查找(Dynamic Searching)。静态查找对查找表进行的操作包括:①查询某个特定数据元素是否在查找表中;②对某个特定数据元素的各种属性进行检索。动态查找则是在查找过程中同时插入查找表中不存在的数据元素,或者从查找表中删除已存在的某个数据元素。

在查找运算中,主要的操作是关键字的比较,因此,通常将查找过程中关键字所需进行的平均比较次数(又称为平均查找长度)作为衡量查找算法效率优劣的标准。

平均查找长度 ASL(Average Search Length)定义为

$$ASL = \sum_{i=1}^{n} p_i c_i$$

其中,n 是结点的个数;p_i 为查找第 i 个结点的概率,若不特别声明,认为每个结点的查找概率相等,即 $p_i = 1/n$;c_i 为查找第 i 个结点需进行比较的次数。

查找是对已存入计算机的数据所进行的操作,采用什么查找方法首先取决于所采用的数据结构,即表中的结点是按什么方式组织的。为了提高查找速度,常用某些特殊的数据结构来组织。所以,在选择查找方法时首先要弄清楚这些方法所需的数据结构,尤其是存储结构。

9.2　线性表的查找

9.2.1　顺序查找

在表的组织方式中,线性表是最简单的一种,本节将介绍三种在线性表上查找的方法,它们分别是顺序查找、二分查找和分块查找。

顺序查找的思想是从表的一端开始,顺序扫描线性表,依次将扫描到的结点关键字与键值 k 比较,若扫描到与 k 相等的结点关键字,则查找成功;否则,查找失败。它适用于表的顺序存储结构和链式存储结构。

下面讨论以向量作存储结构时的顺序查找。

（1）类型说明：

typedef struct

　　｛keytype　key；

　　　infotype　other；

　　｝nodetype；

typedef nodetype seqlist[n+1]；/*前 n 个单元存放表文件，最后一个单元作监视哨*/

（2）具体算法：

int seqsearch(seqlist R，keytype k) /*顺序查找关键字为 k 的结点；查找成功，函数返回向量下标；失败返回—1*/

```
{     int i;
      R[n].key=k; /*设置监视哨*/
      i=0;
      while (R[i].key! =k) i++; /*从表头开始查找*/
      if (i==n)return (-1);
      else return i;
}
```

R[n]作为监视哨防止下标越界，减少判别条件，节省比较时间。若整个向量 R[n]扫描完毕都没有找到关键字为 k 的结点，则 while 循环终止于 R[n]＞k 时，返回函数值—1，查找失败；若 while 循环终止时 i＜k，则查找成功！根据要查的结点在顺序表中所在的位置，查找次数从 1 到 n 不等；一般情况下，查找次数 $c_i=i$，设等概率 $p_i=1/n$，则顺序查找的平均查找长度为

$$ASL_{sq}=\sum_{i=1}^{n} p_i c_i = \sum_{i=1}^{n} i/n=(n+1)/2$$

这表明，顺序查找成功的平均比较次数为表长的一半。若 k 不在表中，则必须进行 n+1 次比较才能确定查找失败。

顺序查找的优点是算法简单，对表结构无要求，可用向量或链表，对关键字也无要求；缺点是查找的效率低，当 n 很大时不宜采用。

9.2.2　折半查找

折半查找又称二分查找(Binary Search)，它是一种效率较高的查找方法。但是，二分查找要求线性表是有序表并且用向量作为存储结构。在下面的讨论中，设有序表是递增有序的。

二分查找的基本思想：首先将待查的 k 值和有序表 r[0]到 r[n-1]的中间位置 mid 上的结点的关键字进行比较，若相等则查找完成。否则若 r[mid].key＞k，则只需在左子表 r[0]到 r[mid-1]中进行二分查找；若 r[mid].key＜k，则只需在右子表 r[mid+1]到 r[n-1]进行二分查找。如此进行下去，直到找到键值为 k 的结点或者当前查找的区间为空（即查找失败）。

在下面的算法中，用 low 来表示当前查找区间的下界，high 表示上界。

二分查找算法：

intbinsearch(seqlist R，keytype k)

```
{ int low,mid,high;
  low=1;high=n;                    /* 置查找区间的上、下界初值 */
  while (low<=high)
    { mid=(low+high)/2;
      if (k==r[mid].key) return mid;       /* 查找成功返回 */
      if (k<r[mid].key) high=mid-1;      /* 缩小查找区间为左子表 */
      else low=mid+1;                   /* 缩小查找区间为右子表 */
    }
  return(-1);                      /* 查找失败 */
}
```

二分查找的执行过程如例 9-1 所示。

【例 9-1】 设被查找的有序表中关键字序列为：

3   7   15   29   31   55   67   79   93

当给定的关键字为 15 时,进行二分查找的过程如下所示：

第一步：

下标	1	2	3	4	5	6	7	8	9
键值	3	7	15	29	31	55	67	79	93

   ↑   ↑   ↑

   low=1   mid=5   high=9

第二步：

下标	1	2	3	4	5	6	7	8	9
键值	3	7	15	29	31	55	67	79	93

   ↑   ↑   ↑

   low=1 mid=2 high=4

第三步：

下标	1	2	3	4	5	6	7	8	9
键值	3	7	15	29	31	55	67	79	93

      ↑   ↑

      mid=3 high=4

      low=3

二分查找过程可用二叉树描述:标出当前查找区间的中间位置上的结点作为根,左子表和右子表中的结点分别作为根的左子树和右子树,得到一棵二叉树,称为二分查找判定树(Decision Tree)。

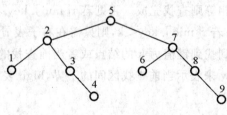

图 9-1 二叉判定树

在例 9-1 中的有序表可用图 9-1 所示的判定树来表示。树中结点边的数字表示该结点在有序表中的位置,若查找的是例 9-1 中的第 3 个结点,需进行三次比较;而如果查询的是第 5 个结点,需进行一次比较,找到第 2,第 7 个结点需要比较两次,依次类推。由此可以发现,对于二分查找来说,恰好是走了一条从判定树的根到被查结点的一条路径,所经历比较的关键字的个数恰好是该结点在树中的层数。

可以借助二叉判定树,对二分查找进行算法分析,求得平均查找长度。判定树是非完全二叉树,但它的叶子结点所在层次之差最多为一,设结点总数为 n',则 n' 个结点的判定树的深度 h 与 $n=2h-1$ 个结点的满二叉树深度为相同(左子表与右子表差一),树中第 k 层上的结点个数为 $2k-1$,因此,在等概率假设条件下,二分查找的平均查找长度为

$$ASL_{bn} = \sum_{i=1}^{n} p_i c_i = \sum_{i=1}^{n} c_i/n = \sum_{k=1}^{n} k \times 2^{k-1}/n$$

假设

$$\sum_{k=1}^{n} k \times 2^{k-1}/n = S = 1 \times 2^0 + 2 \times 2^1 + \cdots + (h-1) \times 2^{h-2} + h \times 2^{h-1}$$

则

$$2S = 2^1 + 2 \times 2^2 + \cdots + (h-1) \times 2^{h-1} + h \times 2^h$$

$$S = 2S - S = h \times 2^h - (2^0 + 2^1 + \cdots + 2^{h-1}) = h \times 2^h - (2^h - 1)$$

又因为

$$n = 2^h - 1, h = \lg_2(n+1)$$

可得

$$S = (n+1)\lg_2(n+1) - n$$

所以

$$ASL_{bn} = S/n = ((n+1)\lg_2(n+1) - 1)/n$$

二分查找失败时所比较关键字的次数不超过判定树的深度,在最坏情况下查找成功的比较次数也不超过判定树的深度,而 n 个结点判定树的深度和 n 个结点完全二叉树的深度相同,均为 $\lceil \lg_2(n+1) \rceil$。所以,二分查找的最坏性能与平均性能相当接近。

二分查找虽然具有查找效率高的优点,但是查找表需预先排序,最少也需要花费 $O(n\log_2 n)$ 的时间;另外,二分查找只适用于顺序存储结构,为保持有序性,插入删除都必须移动大量结点。因此,二分查找适用于一经建立就很少改动,而又经常需要查找的线性表。

9.2.3 分块查找

分块查找(Blocking Search)又称为索引顺序查找,是一种性能介于顺序查找和二分查找之间的查找方法。它要求按如下的索引方式来存储线性表。

按索引方式存储线性表:

(1)线性表中的结点被均分为 b 块,前 $b-1$ 块中结点的个数为 $S = \lceil n/b \rceil$,第 b 块的结点数小于等于 S。

(2)每一块中结点的关键字不要求有序。

(3)但前一块中结点的最大关键字应小于后一块中结点的最小关键字;即要求表是"分块有序"。

(4)抽取每一块中结点的最大关键字及该块的起始位置构成一个索引表 ID[b],即 ID[i] ($0<=i<b$)存放着第 i 块的最大关键字及该块在表 R 中的起始位置;由于 R 表是分块有序的,很显然该索引表是递增有序的。图 9-2 所示就是满足以上要求的存储结构,其中表 R 有 10 个结点,被分成 3 块,第一和第二块有 4 个结点,第三块有 2 个结点,第一块中最大关键字

31 小于第二块最小关键字 32,第二块中最大关键字 76 小于第三块中最小关键字 81。

R[10]:

下 标	0	1	2	3	4	5	6	7	8	9
键值	15	8	4	31	56	32	69	76	94	81

ID[3]:

addr(地址)	3	7	8
key(键值)	31	76	94

图 9-2　分块有序表的索引存储表示

分块查找的基本思想:①先采用二分或顺序查找方法查找索引表,确定待查结点所处的块;②在确定的块中进行顺序查找。

即使对索引表和块均采用顺序查找方法进行查找,分块查找方法仍较简单的顺序查找方法快。例如,对于图 9-2 所示的存储结构,查找关键字等于 32 的结点,因为索引表小,采用顺序方法进行查找,由于 32<76,所以,如果存在关键字为 32 的结点的话,则必定在第二块中;然后,由索引表找到第二块的起始地址 7,从该地址开始顺序查找,找到 R[5].key=32 为止。

选用二分查找法查找索引表,分块查找算法描述如下:

```
typedef srtuct
{   keytype   key;
    int addr;
} idtable;
idtable   id[b];
int   blksearch( r,id,k)
table   r[ ];
idtable id[ ];
keytype   k;
{   int i,low1=0,low2,mid,high1=b-1,high2;  /* 二分查找索引表区间的上下界 */
    while ( low1<=high1)
    {   mid=(low1+high1)/2;
        if (k<=id[mid].key) high1=mid-1; else low1=mid+1;
    }                /* 查找完毕 low1 为找到的块号 */
    if (low1<b)/* 如 low1>=b,则 k 大于 R 中所有关键字 */
    {   low2=id[low1].addr;
        if (low1==b-1) high2=n-1;
        else high2=id[low1+1].addr-1;
        for (i=low2;i<=high2;i++)     /* 进行块内顺序查找 */
        if (r[i].key==k) return i;
    }
    return(-1);
}
```

分块查找的平均查找长度由两部分构成:查找块的平均查找长度和块内的平均查找长度。若采用二分法查找块,则

$$ASL_{blk} = ASL_{bn} + ASL_{sq} \approx \log_2(b+1) - 1 + (s+1)/2 \approx \log_2(n/s+1) + s/2$$

若顺序查找确定块,则

$$ASL'_{blk} = (b+1)/2 + (s+1)/2 = (s^2+2s+n)/2s \text{ (当 } s=n^{1/2} \text{时,取最小值 } n^{1/2}+1)$$

显然,分块查找算法的效率介于顺序查找和二分查找之间。

分块查找的优点是,在表中插入或删除一个记录时,只要找到该元素所属的块,就在该块内进行插入和删除运算,因为块内记录是任意的,所以插入、删除容易,无须移动大量记录。而它的缺点是要增加一个辅助数组的存储空间并将初始表分块排序。

9.3　树表的查找

顺序存储结构利于二分查找,但顺序存储结构不便于结点的插入和删除;链表可以方便地插入和删除结点,但不便于二分查找。也就是说,二分查找只适用于静态查找表,若要对动态查找表进行高效率的查找,可采用下面介绍的几种特殊的树或二叉树作为表的存储结构,并将它们统称为树表。

9.3.1　二叉查找树

二叉查找树(Binary Search Tree)又称二叉排序树(Binary Sort Tree),它的定义是:二叉排序树或者是一棵空树,或者是具有如下性质的二叉树:

(1)若它的左子树非空,则左子树上所有结点的值均小于根结点的值。

(2)若它的右子树非空,则右子树上所有结点的值均大于根结点的值。

(3)左、右子树本身又各是一棵二叉排序树。

由二叉排序树的定义可知,中序遍历二叉排序树将得到一个升序的遍历序列。

例如,图 9-3 所示的二叉排序树的中序遍历的键值序列为:
8,19,22,24,31,40。

在下面的讨论中,使用二叉链表作为存储结构,其结点结构说明如下:

```
typedef struct node
{ keytype  key ;
   infotype  other ;
     struct  node * lchild , * rchild ;
   } bstnode
```

图 9-3　二叉排序树示例

1.二叉排序树的结点的插入

插入结点运算实现的基本思想:若二叉排序树空,则待插结点 * s 作为根结点插入到空树中;如二叉排序树非空,将待插结点的关键字 s→key 与树根的关键字 t→key 比较,若 s→key=t→key,则说明树中已有此结点,无须插入,若 s→key<t→key,则将待插结点 * s 插入到根的左子树中,否则将 * s 插入到根的右子树中。将结点插入到子树中与插入到树中的过程一样,如此进行下去,直到将结点 * s 作为一个新的树叶插入二叉排序树中,或者直到发

现树中已有结点＊s为止。

显然,上述的插入过程是递归的,下面分别讨论插入过程的递归和非递归算法。

递归插入算法描述:

```
bstnode * insertbst (bstnode * t,bstnode * s) /*将s指向的结点插入到t指向的二叉排序树中*/
    { if (t==NULL) { t=s;return(t);}
    if ( s→key==t→key) return(t);
    if (s→key<t→key ) t→lchild= insertbst(t→lchild,s);
        else t→rchild=insertbst(t→rchild,s);
        return(t);
    }
```

非递归插入算法描述:

```
bstnode  * insertbst (bstnode * t, bstnode * s) /*将s指向的结点插入到t指向的二叉排序树中*/
  { bstnode * f , * p;
    if (t==NULL) return  s;  /*原树为空,返回s作为根指针*/
    p=t;
    while (p! =NULL)
    { f=p;                          /*f指向*p的双亲*/
      if (s→key==p→key ) return t;   /*树中已有结点*s,无须插入*/
      if (s→key<p→key)  p=p→lchild;  /*在左子树中查找插入位置*/
            else p=p→rchild;
        }
if (s→key<f→key) f→lchild=s;        /*将*s插入为*f的左孩子*/
    else  f→rchild=s;
    return  t;
}
```

2.二叉排序树的生成

生成二叉排序树的思想:从空二叉排序树开始,每输入一个结点数据,建立一个新结点插入到当前已生成的二叉排序树中。

二叉排序树生成算法描述如下:

```
bstnode * creatbst( )
{ bstnode   * t, * s;
  keytype   key,endflag=0;
  infotype data;
  t=NULL;
  scanf("%d",&key);
  while (key ! =endflag)
  {s=malloc(sizeof(bstnode));
  s→rchild=s →lchild=NULL;
  s →key=key;
  scanf("%d",&data);
  s→other=data;
  t=insertbst t, s);
```

```
    scanf("%d",&key);}
    return  t;}
}
```

3.二叉排序树的删除

二叉排序树的删除过程:

(1)查找(即定位)将被删除的结点。查找过程: *p 指向被删结点,f 指向 p 的双亲。

```
p=t;f=NULL;
while(p! =NULL)
{if(p->key==k)  break;
  f=p;
  if(p->key>k)  p=p->lchild;
  else  p=p->rchild;
}
```

(2)在删除了相应的结点后,对二叉树要进行调整,使其仍为二叉排序树。对二叉树调整分两种情况进行讨论。

1)被删除结点 *p 没有左子树。

• 如果 *p 是根结点,则只要将 *p 的右子树的根作为新的根结点;

• 如果 *p 不是根结点,则删去 *p 时必须首先将它与其双亲 *f 之间的链接断开,若 *p 是 *f 的左孩子,则要将 *p 的右子树链接到 *f 的左链上,否则将 *p 的右子树链到 *f 的右链上,如图 9-4 所示;

• 如果 *p 的右子树也为空,则 *p 是叶子结点,此时只需将双亲 *f 中指向 *p 的指针域置空即可。

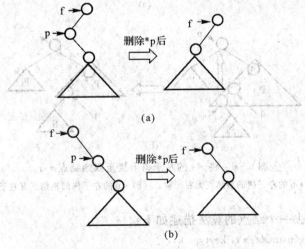

图 9-4　*p 无左子树,将其右子树上接至 *f

2)被删除结点有左子树,则 *p 也可能有右子树,此时应将 *p 的左子树直接链到 *p 的双亲 *f 的左或右链域上,而 *p 的右子树链到 *p 的中序前驱结点 *s 的右链上,而 *s 是 *p 的左子树中最右下的结点,它的右链域为空。变化过程如图 9-5 所示。

上述删除结点的方法将加深二叉排序树的深度。有另一种更加合理的方法,即将 *p 的中序前驱＊s顶替＊p,若＊s有左子树,上接到＊s的双亲结点＊q的左(或右)链域上,然后删去＊s。如图9-6所示。

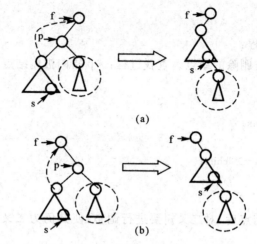

图9-5 将＊p的左子树上接至＊f,右子树下接至＊s

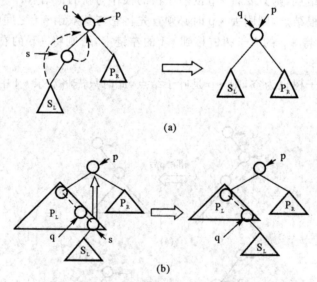

图9-6 将＊s的左子树上接至双亲结点＊q

(a)＊p的左子树的根结点无右子树; (b)＊p的左子树的根结点有右子树

二叉排序树中删去一个结点的算法描述如下:

```
bstnode ＊ delbstnode(bstnode ＊ t, keytype k)
{＊p,＊f,＊s,＊q;
p=t; f=NULL;        /＊查找键值为k的结点＊/
    while (p! =NULL)
        { if (p→key==k) break; f=p;
            if (p→key>k) p=p→lchild;
            else  p=p→rchild;
```

```
        }
    if (p=NULL) return t;
    if (p→lchild==NULL)    /*被删除结点左子树为空时的处理步骤*/
    { if (f==NULL)  t=p→rchild;
        else  if (f→lchild==p)  f→lchild=p→rchild;
                else  f→rchild=p→rchild;
        free(p);
    }
    else                /*被删除结点左子树非空时的处理步骤*/
{ q=p; s=p→lchild;
    while ( s→rchild! =NULL)   /*查找被删除结点中序遍历的前趋结点*/
{ q=s;s=s→rchild;)
    if (q==p) q→lchild=s→lchild;
    else q→rchild=s→lchild;
    p→key=s→key;
    p→other=s→other;
    free(s)
    }
return  t;
}
```

4.二叉排序树的查找

二叉排序树是一个有序表。所以在二叉排序树上进行查找和二分查找类似,也是逐步缩小查找范围的过程。其基本思想:从根结点开始进行查找,若根结点的键值与待查的键值相同,则返回根结点的指针。否则,如根结点的键值大于待查键值,则在左子树中继续查找;小于待查键值,则在右子树中继续查找。在前面的二叉排序上进行插入和删除操作中都使用过查找操作,不难给出算法:

```
bstnode    * BSTSEARCH(bstnode * t, keynode k)
{while(t! =NULL)
    if(t->key==k)    return(t);
    if(t->key>k)   t=t->lchild;
    else t=t->rchild;
}
return (NULL);
}
```

在二叉排序树中进行查找,和关键字比较的次数不超过树的深度。如查找成功,则从根结点出发走了一条从根到待查结点的路径。如查找失败,则从根结点出发走了一条从根到某个叶子的路径。然而,含有 n 个结点的二叉排序树的形态不唯一。从前面建立二叉排序树的过程可以看到,二叉树的形态和结点的输入次序有关。如若分别按次序 1 及次序 2 输入,则分别得到如图 9-7(a)和图 9-7(b)所示的树:

次序 1:40,19,50,7,32,48,55,23,35,65

次序 2:7,19,23,32,35,40,48,50,55,65

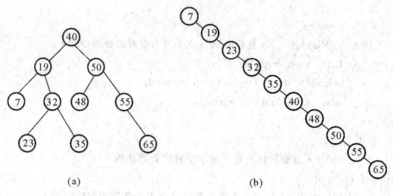

(a)　　　　　　　　(b)

图 9-7　二叉树形态

在上面两棵树上查找效果不同。

在次序 1 输入建成的树上,查找成功的平均长度:

$$ASL1 = \sum_{i=1}^{10} p_i c_i = (1+2\times2+3\times4+4\times3)/10 = 3$$

在次序 2 输入建成的树上,查找成功的平均长度:

$$ASL2 = (1+2+3+\cdots+10)/10 = 5.5$$

由此,可以得出结论,在二叉排序树上进行查找的平均查找长度和二叉树的形态有关。在最坏情况下,当输入结点是有序时,则生成一棵单支树查找长度与顺序查找一样,为 $(n+1)/2$,即 $O(n)$。在最好情况下,当排序树和二分查找判定树相同时,平均查找程度大约是 $lg_2 n$。如考虑把 n 个结点按各种可能次序插入到二叉排序树中,则可有 n! 棵二叉排序树(其中有些形态相同),可以证明,对这些二叉树进行平均,得到的平均查找长度仍然为 $O(lg_2 n)$。

9.3.2　平衡二叉树

由以上讨论可知,所构造的二叉排序树形态越匀称,查找效率就越高,而二叉树的形态与结点插入的次序有关。这就要求找到一种方法,尽力构造出一棵形态匀称的二叉排序树。

把形态匀称的二叉树称为平衡二叉树,它的定义是:平衡的二叉树或者是空树或者是任何结点的左右子树高度最多相差 1 的二叉树。将二叉树上任意结点的左右子树高度之差称为平衡因子。这样,平衡的二叉排序树上任何结点的平衡因子的绝对值都不大于 1,平衡因子只能是 $-1,0,1$。如图 9-8 所示。

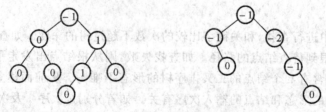

图 9-8　平衡和非平衡二叉树

那么如何构造出一棵平衡的二叉排序树呢?其基本思想是,在构造二叉排序树的过程中,每当插入一个结点时,首先检查是否因插入而破坏了树的平衡性,若是,则找出其中最小不平衡子树,在保持排序树特性的前提下,调整最小不平衡子树中各结点之间的连接关系,以达到新的平衡。通常将这样得到的平衡二叉排序树,简称为 AVL 树。该名称来自于提出该算法的两位学者的名字。而所谓最小不平衡子树指的是,以离插入结点最近,且平衡因子绝对值大于 1 的结点作根的子树。

在一棵平衡二叉查找树上插入结点可能会破坏树的平衡性。此时,可用四种调整方法来加以恢复平衡:LL,RR,LR 和 RL。LL 和 LR 的调整过程分别如图 9-9 所示,而 RR 型调整规则与 LL 型调整规则对称,RL 型调整规则与 LR 型调整规则对称。用于区别这些调整方法的主要有两个结点:一个是待插入的结点 i,另一个是插入后平衡因子改变为 ±2 的离 i 最近的祖先结点 A。每种调整的特点总结如下:

LL:结点 i 插入到 A 的左子树的左子树上;

LR:结点 i 插入到 A 的左子树的右子树上;

RR:结点 i 插入到 A 的右子树的右子树上;

RL:结点 i 插入到 A 的右子树的左子树上。

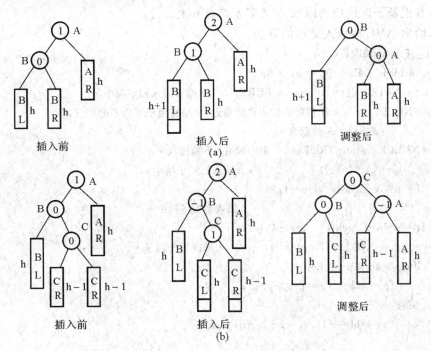

图 9-9　平衡二叉树插入调整示例

(a)LL 型调整;　(b)LR 型调整

下面来讨论 AVL 树的插入算法。

首先,要弄清 AVL 树的结点结构,即在二叉排序树的结点结构中增加一个平衡因子 bl 域。设 i 是待插入的结点,i 的左、右指针均为空,平衡因子为零。

其次,要讨论以下几个关键问题:

(1)在插入新结点后而失去平衡时,如何发现最小不平衡子树。定义 AVL_SEARINSERT()函数来完成查找和插入操作,在函数中全程量 t 是 AVL 的根,i 指向待插入结点,A 指向离插入位置最近,且平衡因子不为零的结点。假设由于 i 的插入而使 AVL 树失去平衡,则令 A 为最小不平衡子树的根。

(2)在 i 插入树中后,如何修改有关结点的平衡因子。在 i 插入后只可能改变 A 至 i 路径上各结点的平衡因子,在该路径上只有 A 的平衡因子不为零,其余各结点的平衡因子均为零。

只要从该路径上 A 的孩子结点 b 开始,自上而下地依次扫描该路径上的结点。

若 i 插在 A 的左子树中,则 A 的左子树高度增加 1,即 A 的平衡因子由 0 变为 1;否则,A 的右子树高度增加 1,即 * A 的平衡因子由 0 变为 -1。A 的平衡因子暂时不改。

(3)如何判断以 A 为根的子树是否失去平衡。

1)若 A 的左右子树等高,即平衡因子 A→bl 为 0,则 i 插入后仅使 A 的左子树高度增加 1,此时 A→bl 为 1 或右子树的高度增加 1,此时 A→bl 为 -1,所以,插入后不会失去平衡。

2)若 A→bl 为 1 或 -1,则 A 的左子树或右子树较高,此时,若 i 是插在高度较小的子树中,则 A 的左右子树变为等高,只要令 A→bl 为 0 即可。

3)若 i 插在 A 的较高的子树中,使得二叉树失去平衡,则以 A 为根的树就是最小不平衡子树。此时可根据 i 的插入位置判别使用哪种调整操作处理,将以 A 为根的子树调整为平衡的新子树,并把新子树连接到原来 A 的双亲结点 p 上。

下面,给出 AVL 树插入结点的算法:

```
int AVL_SEARINSERT ( )
{  int n; avlnode * E, * A, * p, * B;
   if(t= =NULL)  {t=i;  return TURE;}      /* 将 i 插入到空树中 */
A=t; p=NULL;      /* A 指向离插入位置最近,且平衡因子不为零的结点,
                p 指向 * A 的双亲 */
if(A= =NULL)  return TRUE;  /* 树中原有 i 不能插入 */
   if(i->key<A->key)           /* i 插入到左子树中 */
     {B=p=A->lch;     n=1;}
   else                        /* i 插入到右子树中 */
     {B=p=A->rch;     n=-1;}
   while((p! =NULL)&&(p! =i))       /* 修改平衡因子 */
   {   if(i->key<p->key)
           {p->bl=1; p=p->lch;}
        else
           {p->bl=-1;  p=p->rch;}
   }
if(A->bl= =0)   {A->bl=n;   return TRUE}
  else
  if(A->bl= =-n)  {A->bl=0; return  TRUE} /*i 插入高度较小的子树中 */
    else             /*i 插入原高度较大的子树中,失去平衡 */
        if(A->bl= =n)
              if(n= =1)
                  if(B->bl= =1)       LL( );
                  else  LR( );
              else
                  if(B->Bl= =-1)      RR( );
```

```
        else   RL( );
if(p==NULL)    t=B;        /＊B 是 AVL 的根＊/
else
  {   if(p->lch==A)    p->lch=B;
      if(p->rch==A)    p->rch=B;
  }
return   TRUE;
}
```

对于含有 n 个结点的 AVL 树来说,树的高度 h＝O(lg_2^nN)。由于在 AVL 树上查找时,和关键字比较的次数不会超过树的高度,并且不再会转变成为单支树,因此,查找 AVL 树的时间复杂度同样为 O($lg_2 n$)。

9.4 哈希表的查找

哈希表查找不同于之前所讨论过的顺序查找、二分查找和二叉排序树查找。它不以关键字的比较为基本操作,取而代之的是采用直接寻址技术。在理想情况下,无须进行比较就可以查找到需要查找的关键字,时间复杂度为 O(1)。

9.4.1 哈希表与哈希方法

哈希(Hashing)(又称散列)既是一种重要的存储方法,也是一种常见的查找方法。散列的基本思想:以结点的键值 k 为自变量,通过一个确定的函数关系 H,计算出对应的函数值 H(k),将结点存入 H(k)所指的存储位置,查找时再根据要查找的关键字用同样的函数计算地址,然后再到相应的单元里去取要找的结点,又称关键字-地址转换法。

哈希表:采用哈希方法存储的线性表称为哈希表,这里 H( )称为哈希函数,H(k)称为哈希地址。

哈希表的空间是一个一维数组,哈希地址是数组的下标;这个一维数组的空间简称为哈希表。

【例 9-2】 建立一张 50 个地区的各地区人口状况分布的统计表,每个地区为一个记录,记录的各数据项为:

编 号	地 区	总人口	儿 童	少 年	青 年…

可以用一维数组 a[50]来存放这张表;a[i]是编号为 i 的地区的人口情况、编号 i 为记录的关键字,由它唯一确定记录的存储位置 a[i]。

哈希函数:H(key)＝key

也可以地区名为关键字来取哈希函数:

(1)取关键字中第一个字母在字母表中的序号作为哈希函数。

例如,H(BEIJING)＝02,记录在 a[2]中。

(2)取关键字的第一个和最后一个字母在字母表中的序号之和,若大于 50,则减去 50。

例如,H(TIANJIN)＝34＝04,记录在 a[34]。

从这个例子可以看出:

(1)哈希函数是一个映象,因此哈希函数的设定很灵活,只要使得任何关键字用此所得的哈希函数值都落在表长允许的范围之内即可。

(2)对不同的关键字可能得到同一哈希地址,即 key1<>key2,而 H(key1)＝H(key2);这种现象称为冲突(Collision)。具有相同函数值的关键字对该哈希函数来说称为同义词,比如对于 HAINAN 和 HENAN 来说,虽然关键字不等,但取关键字中第一个字母在字母表中的序号做哈希函数,则会出现 H(HEBEI)＝H(HENAN)。

(3)哈希函数的选取原则:①运算应尽量简单;②函数的值必须在表长的范围内;③尽可能使得关键字不同时,其哈希函数值亦不相同,即尽可能减少冲突。

(4)哈希表的查找:若哈希函数是一对一函数,则在查找时只须根据哈希函数对给定值进行某种运算,即可得到待查结点的存储位置,因此查找过程无须进行关键字的比较。

(5)在一般情况下,哈希表的空间必须比结点的集合大,虽浪费了一定的空间,但换取的是效率。

设哈希表空间大小为 m,填入表中的结点数是 n,则 a＝n/m 为哈希表的装填因子(Load Fact),通常 $0.65<=a<=0.9$。

综上所述,哈希法查找必须研究下面两个主要问题:

(1) 选择一个计算简单且冲突尽量少的哈希函数。

(2)确定一个解决冲突的方法,即寻求一种方法存储产生冲突的同义词。

9.4.2　构造哈希函数的基本方法

下面介绍几种计算简单且效果较好的哈希函数,为简单起见,假定关键字定义在自然数集合上。

(1)平方取中法。因为一个数平方后的中间几位和数的每一位都相关,使得随机分布的关键字得到的哈希地址也是随机的。这样,先通过求关键字的平方值而扩大相近数之间的差别,后根据表长度取中间的几位数作为哈希函数值。

例如,对于下列一组关键字,当取表长为 1000 时,可取中间的三位数作为哈希地址,得到以下结果。

关键字	平方后	哈希地址
0100	010000	100
0101	010201	102
1010	1020100	201
1011	1022121	221
0111	0012321	123

(2)除留去余法。该方法最为简单常用。它通过选取一个适当的正整数 n,用 n 去除关键字取得的余数作为哈希地址,即 H(key)＝key%n。

一般地选 n 为小于或等于哈希表长度 m 的某个最大素数。

(3)基数转化法。把关键字看成是另一个进制上的数后,再把它转换成原来进制上的数,取其中若干位作为哈希地址。

一般取大于原来基数的数作为转换的基数,并且两个基数互素。

例如,十进制下的 key＝21042,看成是以 13 为基数的十三进制数,这样 $(21042)_{13} = 2 \times$

$13^4+1\times13^3+4\times13+2=(59373)_{13}$

若设哈希函数长度为 10000,则取低四位数 9373 作为哈希地址。

(4)随机数法。选取一个随机函数,取关键字的随机数作为它的哈希地址,即

$$H(key)=random(key)$$

其中:random 为伪随机函数,要保证函数值是在 0 到 m-1 之间。通常,当关键字长度不等时采用此法构造哈希函数较恰当。

9.4.3 解决冲突的方法

假设哈希表的地址集为 0~n-1,冲突是指哈希函数计算关键字得到的哈希地址 $(0<=j<=n-1)$ 的位置上已存有记录,则处理冲突就是为该关键字的记录找到另一个"空"的哈希地址,在处理冲突的过程中可能得到一个地址序列 $H_i=1,2,\cdots,H_i\in[0,n-1]$,也即在处理冲突时,若得到的另一个哈希地址仍发生冲突,再求下一个地址并依次类推直到 H_k 不发生冲突,H_k 为记录在表中的位置。

解决冲突的常用方法有如下几种:

1. 开放地址法

开放地址法的基本思想是当发生冲突或查找键值不等时,使用某种方法在哈希表中形成一个探测序列,沿着此探测序列逐个单元地查找,直到找到给定的关键字,或者遇到一个开放的地址为止。若遇到了一个开放的地址,插入时,则可将新结点存放在该地址单元中;查找时碰到开放的地址,说明表中没有对应键值的记录。

开放地址法可如下表示:

$$H_i=(H(key)+d_i)\%m, \quad i=1,2,3,\cdots,k(k<=m-1) \qquad (9-1)$$

其中:H(key)为哈希函数;m 为哈希表表长;di 为增量序列,可有下列三种取法:

(1) $d_i=1,2,3,\cdots,m-1$,称为线性探测哈希。例如,设长度为 11 的哈希表中已填有关键字为 17,60,29 三个记录(H(key)=key %11),当前表的状态:

下 标	0	1	2	3	4	5	6	7	8	9	10
键值						60	17	29			

现在要插入 38,而 38%11=5,而下标为 5 的地址已被关键字 60 占用,即发生冲突。利用公式(9-1)进行探查。显然,$H_i=(38+3)\%11=8$ 为开放地址,因此,将 38 插入到下标为 8 的地址中。

(2) $d_i=1^2,-1^2,2^2,-2^2,3^2,-3^2,k^2,-k^2(k<=m/2)$,称二次探测序列。这意味着,当发生冲突时,将同义词来回哈希在第一个地址 d=H(key)的两端,但该方法的缺陷是不易探查到整个哈希空间。

(3) $d_i=$伪随机数序列,称伪随机探测再哈希。$d_1\cdots d_{m-1}$ 是 $1,2,\cdots,m-1$ 的一个随机序列。随机数的产生在实用中常采用移位寄存器代替随机数序列。设 m 是 2 的方幂,k 是 1~m-1 的之间的整数,产生移位寄存器序列的方法如下:

1)任取 1~m-1 之间的一个整数作为 d_1;

2)设已知 d_{i-1},令

$$d_i = \begin{cases} 2d_{i-1}, & 2d_{i-1} < m \\ (2d_{i-1} - m) \oplus k, & \text{当 } 2d_{i-1} \geqslant m \end{cases}$$

k 的选择应当合适才能产生出 $1, 2, \cdots, m-1$ 的一个随机排列。二次探测再哈希可较好地避免"堆积"现象,但不容易哈希到整个哈希表,伪随机探测再哈希取决于伪随机数列的选取是否恰当。

(4)双哈希探查法:

$$d_i = iH_2(key), \quad i = 1, 2, 3, \cdots, k$$

H_2 也以关键字为自变量,产生一个 $1 \sim m-1$ 之间的并和 m 互素的数作为对哈希地址的补偿,当 $H_1(key)$ 发生冲突时再计算 $H_2(key)$。

值得注意的是,对于开放地址法构造的哈希表,删除结点不能简单地将被删结点的空间置空,否则将截断在它之后填入表的同义词结点的查找路径。

2. 拉链法

拉链法解决冲突的做法是将所有关键字为同义词的结点链接在同一单链表中,若选定的哈希函数的值域为 $0 \sim m-1$,则可将哈希表定义为一个由 m 个头指针组成的指针数组 T[m],凡是哈希地址为 i 的结点,均插入到以 T[i] 为头指针的单链表中。

例如,设键值序列为 $(25, 9, 33, 14, 7, 11, 15, 34, 17)$,$H(key) = key \% 6$,则拉链法构成的哈希表如图 9-10 所示。

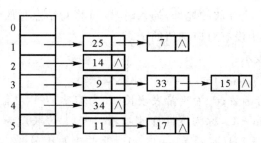

图 9-10　拉链法解决冲突时的哈希表

与开放地址法相比,拉链法有如下几个优点:

(1)不产生堆积现象,因而平均查找长度较短;

(2)结点动态申请,更适合于造表前无法确定表长的情况;

(3)删除结点简单,删除链表上相应的结点即可。

拉链法的缺点是,指针需要额外的空间,当结点规模较小时,开放地址法较为节省空间;如果将节省的指针空间用来扩大哈希表的规模,可减小装填因子,这样就减少了开放地址法中的冲突,提高了平均查找速度。

9.4.4　哈希表的查找

哈希表上的运算有查找、插入和删除。但其中主要是查找,这是因为建立哈希表的主要目的是用于快速查找,且插入和删除操作都要用到查找操作。

哈希表的查找思想是,对于给定的键值 K,计算出哈希地址 H(K),若表中该地址对应的空间未被占用,则查找失败,否则将该地址中结点的键值与 K 比较,若相等则查找成功,否则按建表时设定的处理冲突的方法找下一个地址。如此反复,直到某个地址空间未被占用(查找失败)或关键字比较相等(查找成功)为止。

下面将介绍利用开放地址法解决冲突的查找和插入算法：

```
#define NIL -1
#define m 23    /* 表长度一般确定为一素数 */
typedef struckt /* 确定哈希表结点类型 */
{ keytype key;
    infotype otherinfo;
}nodetype;
typedef nodetype hashtable[m]; /* 定义哈希表类型 */


int hashsearch(hashtable H,keytype K)
/* 在哈希表中查找,成功时返回关键值所在位置 */{
{  intd,i=0;
    d=Hash(K);      /* 求出哈希地址 */
   while ((i<m)&&(Hash[d].key! =k)&&(Hash[d].key! =NIL))
    {  i++;d=(d+i)%m;}
    return(d); //若 H[d]=k 查找成功,否则失败
}


hashinsert(hashtable H,nodetype s)/* 将结点 s 插入到哈希表 H 中 */
{  int pos;
    pos=hashsearch(H,K);/* 在哈希表 H 中查找 s 的插入位置 */
    if (H[pos].key==NIL) H[pos]=s;/* pos 为开放地址,插入结点 s */
    else printf("duplicate key or hashtable overflow!");/* 结点存在或表已满 */
}
```

哈希表在关键字和存储位置之间直接建立了对应关系。但是由于冲突的产生,哈希表的查找过程仍然是一个和关键字的比较过程。但哈希表的平均查找程度比二分查找还要小。

当查找不成功时,哈希表查找不成功的查找长度为查找不成功时对关键字需执行的平均比较次数,和待查结点有关。

值得注意的是：

(1)由同一个哈希函数、不同解决冲突方法构造的哈希表,其平均查找长度是不同的。

(2)哈希表的平均查找长度与装填因子 a 有关。a 越小,产生冲突的机会就越小,但 a 过小,浪费的空间就越多。

9.5 查找实训——顺序、折半与哈希查找

1.实训目的

(1)掌握折半查找和哈希查找算法。

(2)掌握哈希表存储结构的思想,能选择合适的哈希表函数,实现不同冲突处理方法的哈希表的查找与建立。

2. 实训内容

(1)注意理解折半查找的适用条件。

(2)注意哈希表相同元素的处理。

(3)能够根据用户输入选择合适的查找方式。

3. 程序示例

```
#include<stdio.h>
#include<malloc.h>
#define keytype int
#define maxsize 100
#define hl 29
#define m 23
#define free 0
#define success 1
#define unsuccess 0
/*顺序表结构体定义*/
typedef struct
{ keytype key[maxsize];
   int len;
}linetable;
/*建立线性表*/
linetable create_line(linetable r)
{   int i,j=0,k=1;
    printf("请输入顺序表元素,数据类型为整数,以-1结束:\n");
    scanf("%d",&i);
    while(i! =-1)
    {   j++;
        r.key[k]=i;
        k++;
        scanf("%d",&i);
    }
    r.len=j;
    return r;
}
/*顺序表查找*/
int search_seq(keytype k,linetable * r)
{   int j;
    j=r->len;
    r->key[0]=k;
    while(r->key[j]! =k)
        j--;
    return j;
}
```

```
/* 折半查找 */
int search_bin(keytype k,linetable * r)
{ int low,high,mid;
  low=1;
  high=r->len;
  while(low<=high)
  {  mid=(low+high)/2;
     if(k==r->key[mid])
         return mid;
     else if(k<r->key[mid])
         high=mid-1;
     else low=mid+1;
  }
  return 0;
}
/* 哈希表结构体定义 */
typedef struct
{  keytype key;
   int cn;
}hashtable;
/* 哈希函数 */
int h(keytype key)
{  return(key%m);
}
/* 哈希表查找函数 */
int hashsearch(hashtable H[],keytype key)
{ int d,i;
  i=0;
  d=h(key);
  H[d].cn=0;
  while((H[d].key!=key)&&(H[d].key!=0)&&(i<hm))
{  i++;
H[d].cn++;
d=(d+i)%m;
}
if(i>=hl)
{ printf("哈希表已满");
return (unsuccess);
}
return (d);
}
/* 插入函数 查找不成功就将 key 插入哈希表 */
int hashinsert(hashtable H[],keytype key)
```

```
{   int d;
d=hashsearch(H,key);
if(H[d].key==0)
{   H[d].key=key;
return(success);
}
else
{   printf("unsuccess! \n");
return(unsuccess);
}
}
/* 建立哈希表函数 */
void hashcreate(hashtable H[])
{   int i,n;
keytype key1;
printf("输入元素个数,要小于表长%d:\n",hm);
scanf("%d",&n);
printf("请输入元素关键字:\n");
for(i=0;i<n;i++)
{   scanf("%d",&key1);
hashinsert(H,key1);
}
}
void main()
{   linetable a;
    hashtable H[hm];
    int i=0,k,n;
    keytype key;
    int flag=1;
    while(flag)
    {   printf("请输入查找方式 :\n");
        printf("1.顺序查找\n");
        printf("2.折半查找\n");
        printf("3.哈希查找\n");
        printf("4.退出\n");
        scanf("%d",&n);
        switch(n)
        {   case 1:
            {   a=create_line(a);
                while(i!=-1)
                {   printf("\n 输入要查找的关键字:");
                    scanf("%d",&i);
                    k=search_seq(i,&a);
```

```
                        if(i==-1) break;
                        if(k==0)
                        {   printf("元素不存在\n");
                        }
                        else
                        {   printf("所查找的元素位置是:%d",k);
                            printf("\n");
                        }
                }
        }break;
    }
    case 2:
        {   a=create_line(a);
            while(i! =-1)
            {   printf("\n 输入要查找的关键字:");
                scanf("%d",&i);
                k=search_bin(i,&a);
                if(i==-1) break;
                if(k==0)
                {   printf("元素不存在\n");
                }
                else
                {   printf("所查找的元素位置是:%d",k);
                    printf("\n");
                }
            }break;
        }
    case 3:
        {   for(i=0;i<hl;i++)
            {   H[i].key=0;
            }
            printf("建立哈希表:\n");
            hashcreate(H);
            while(key! =-99)
            {   printf("\n 输入要查找的关键字:");
            scanf("%d",&key);
            if(key==-1) break;
            i=hashsearch(H,key);
            if(H[i].key==key)
            printf("此元素的位置是:%d\n",i);
            else
            printf("不存在这个元素\n");
            }
            break;
```

```
    }
case 4：
    {   flag＝0；break；
    }
default：
{   printf("输入错误！\n")；break；
}


    }
  }
}
```

程序运行结果如图 9－11 和图 9－12 所示。

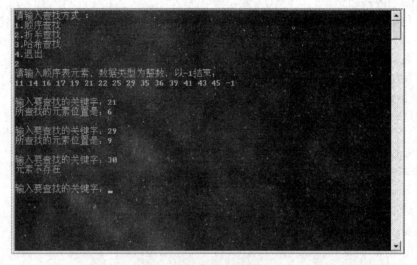

图 9－11　折半查找结果

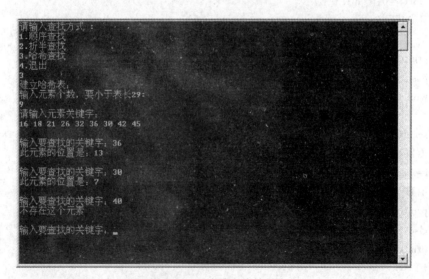

图 9－12　哈希查找结果

本 章 小 结

查找是数据处理中经常使用的一种技术,据统计,计算机应用系统花费在查找方面的计算时间超过 25％,因此,查找算法的优劣对于系统的运行效率影响极大。

本章重点介绍了线性表、树表和哈希表的查找方法,算法实现和各种查找方法的时间性能分析。同时也介绍了散列表的概念、散列函数的构造和处理冲突的方法。在应对实际问题中,应当根据问题的需要,选取合适的查找方法和对应的存储结构。

课 后 习 题

一、判断题

(1)在散列检索中,比较操作一般是不可避免的。　　　　　　　　　　　　　（　　）

(2) Hash 表的平均查找长度与处理冲突的方法无关。　　　　　　　　　　　（　　）

(3)就平均查找长度而言,分块查找最小,折半查找次之,顺序查找最大。　（　　）

(4)最佳二叉树是 AVL 树(平衡二叉树)。　　　　　　　　　　　　　　　　　（　　）

(5)在查找树中插入一个新结点,总是插入到叶结点下面。　　　　　　　　（　　）

(6)有 n 个数存放在一维数组 A[1…n]中,在进行顺序查找时,这 n 个数的排列有序或无序,其平均查找长度不同。　　　　　　　　　　　　　　　　　　　　　　　　　　（　　）

(7) n 个结点的二叉排序树有多种,其中树高最小的二叉排序树是最佳的。　（　　）

(8)在任意一棵非空二叉排序树中,删除某结点后又将其插入,则所得二叉排序树与原二叉树相同。　　　　　　　　　　　　　　　　　　　　　　　　　　　　　　　　　　（　　）

(9)在平衡二叉树中,向某个平衡因子不为零的结点的树中插入一新结点,必引起平衡旋转。　　　　　　　　　　　　　　　　　　　　　　　　　　　　　　　　　　　　　（　　）

(10)散列表的平均检索长度不随表中结点数目的增加而增加,而是随负载因子的增大而增大。　　　　　　　　　　　　　　　　　　　　　　　　　　　　　　　　　　　　（　　）

二、填空题

(1)查找是非数值程序设计的一个重要技术问题,基本上分成_____查找、_____查找和_____查找。

(2)顺序查找法的平均查找长度为_____;折半查找法的平均查找长度为_____。

(3)顺序查找 n 个元素的顺序表,若查找成功,则比较关键字的次数最多为_____次;当使用监视哨时,若查找失败,则比较关键字的次数为_____。

(4)在有序表 A[1…12]中,采用二分查找法查等于 A[12]的元素,所比较的元素下标依次为_____。

(5)在有序表 A[1…20]中,按二分查找方法进行查找,查找长度为 5 的元素个数是_____。

(6)在各种查找方法中,平均查找长度与结点个数 n 无关的查找方法是_____

_____。

(7) 折半查找的存储结构仅限于 _____,且是_____。

(8) 假设在有序线性表 A[1..20] 上进行折半查找,则比较一次查找成功的结点数为_____,比较二次查找成功的结点数为_____,比较三次查找成功的结点数为_____,比较四次查找成功的结点数为_____,比较五次查找成功的结点数为_____,平均查找长度为_____。

(9) 对于长度为 n 的线性表,若进行顺序查找,则时间复杂度为_____;若采用折半法查找,则时间复杂度为_____。

(10) 已知有序表为(12,18,24,35,47,50,62,83,90,115,134),当用折半查找 90 时,需进行_____次查找可确定成功;查找 47 时,需进行_____次查找可确定成功;查找 100 时,需进行_____次查找才能确定不成功。

(11) 二叉排序树的查找长度不仅与_____有关,也与二叉排序树的_____有关。

(12) 一个无序序列可以通过构造一棵_____树而变成一个有序树,构造树的过程即为对无序序列进行排序的过程。

(13) 平衡二叉排序树上任一结点的平衡因子只可能是_____、_____或_____。

(14) _____法构造的哈希函数肯定不会发生冲突。

(15) 处理哈希冲突的方法有_____、_____、_____和_____等。

(16) 可以唯一标识一个记录的关键字称为_____。

(17) 在散列函数 H(key)=key%p 中,p 应取_____。

(18) 在散列存储中,装填因子 α 的值越大,则_____;α 的值越小,则_____。

(19) 动态查找和静态查找表的重要区别在于前者包含_____和_____运算,而后者不包含这两种运算。

(20) 如果按关键码值递增的顺序依次将关键码值插入到二叉排序树中,则对这样的二叉排序树检索时,平均比较次数为_____。

三、单选题

(1) 顺序查找法适合于存储结构为(　　)的线性表。
    A. 散列存储　　　　　　　　B. 顺序存储或链接存储
    C. 压缩存储　　　　　　　　D. 索引存储

(2) 对线性表进行二分查找时,要求线性表必须(　　)。
    A. 以顺序方式存储　　B. 以链接方式存储
    C. 以顺序方式存储,且结点按关键字有序排序
    D. 以链接方式存储,且结点按关键字有序排序

(3) 采用顺序查找方法查找长度为 n 的线性表时,每个元素的平均查找长度为(　　)。
    A. n　　　B. n/2　　　C. (n+1)/2　　　　D. (n−1)/2

(4) 采用二分查找方法查找长度为 n 的线性表时,每个元素的平均查找长度为(　　)。
    A. O(n²)　　B. O(nlog₂n)　　C. O(n)　　　　D. O(log₂n)

(5) 二分查找和二叉排序树的时间性能(　　)。

A. 相同   B. 不相同   C. 不一定

(6) 有一个有序表为{1,3,9,12,32,41,45,62,75,77,82,95,100},当二分查找值为 82 的结点时,( )次比较后查找成功。

     A. 1   B. 2   C. 4   D. 8

(7) 设哈希表长 $m=14$,哈希函数 $H(key)=key\%11$。表中已有 4 个结点:

     addr(15)=4;   addr(38)=5;   addr(61)=6;   addr(84)=7

如用二次探测再散列处理冲突,关键字为 49 的结点的地址是( )。

     A. 8   B. 3   C. 5   D. 9

(8) 有一个长度为 12 的有序表,按二分查找法对该表进行查找,在表内各元素等概率情况下查找成功所需的平均比较次数为( )。

     A. 35/12   B. 37/12   C. 39/12   D. 43/12

(9) 对于静态表的顺序查找法,若在表头设置岗哨,则正确的查找方式为( )。

     A. 从第 0 个元素往后查找该数据元素

     B. 从第 1 个元素往后查找该数据元素

     C. 从第 n 个元素往开始前查找该数据元素

     D. 与查找顺序无关

(10) 解决散列法中出现的冲突问题常采用的方法是( )。

     A. 数字分析法、除余法、平方取中法

     B. 数字分析法、除余法、线性探测法

     C. 数字分析法、线性探测法、多重散列法

     D. 线性探测法、多重散列法、链地址法

(11) 采用线性探测法解决冲突问题,所产生的一系列后继散列地址( )。

     A. 必须大于等于原散列地址

     B. 必须小于等于原散列地址

     C. 可以大于或小于但不能等于原散列地址

     D. 地址大小没有具体限制

(12) 在查找表的查找过程中,若被查的数据元素不存在,则把该数据元素插入到集合中。这种方式主要适合于( )。

     A. 静态查找表   B. 动态查找表

     C. 静态查找表与动态查找表   D. 两种表都不适合

(13) 散列表的平均查找长度( )。

     A. 与处理冲突方法有关而与表的长度无关

     B. 与处理冲突方法无关而与表的长度有关

     C. 与处理冲突方法有关而与表的长度有关

     D. 与处理冲突方法无关而与表的长度无关

(14) 采用分块查找时,若线性表中共有 625 个元素,查找每个元素的概率相同,假设采用顺序查找来确定结点所在的块时,每块应分( )个结点为最佳。

     A. 10   B. 25   C. 6   D. 625

(15) 在一棵平衡二叉排序树中,每个结点的平衡因子的取值范围是( )。

A. −1～1   B. −2～2   C. 1～2   D. 0～1

(16) 如果要求一个线性表能较快地查找，又能适应动态变化的要求，可以采用（   ）查找方法。

A. 分块   B. 顺序   C. 折半   D. 哈希

(17) 哈希表的平均查找长度和（   ）无直接关系。

A. 哈希函数   B. 装填因子

C. 哈希表记录类型   D. 处理冲突的方法

(18) 假设客观存在有 K 个关键字互为同义词，若用线性探测法把这个关键字存入哈希表中，至少要进行（   ）次探测。

A. K−1   B. K(K+1)/2   C. K+1   D. K

(19) 若根据查找表建立长度为 m 的哈希表，采用线性探测法处理冲突，假定对一个元素第一次计算的哈希地址为 d，则下一次的哈希地址为（   ）。

A. d   B. d+1   C. (d+1)/m   D. (d+1)％m

(20) 设哈希表长 m＝14，哈希函数 H(key)＝key％11。表中已有 4 个结点：

addr(15)＝4

addr(38)＝5

addr(50)＝6

addr(73)＝7

其余地址为空，如用二次探测再哈希处理冲突，关键字为 49 的结点地址是（   ）。

A. 9   B. 8   C. 5   D. 3

四、算法设计题

(1) 线性表中各结点的检索概率不同，可用如下策略提高顺序检索的效率。若找到指定的结点，将该结点和其前驱结点交换，使得经常被检索的结点尽量位于表的前端。试设计在线性表的顺序存储结构和链式结构上实现上述策略的顺序检索算法。

(2) 试写一算法，将一棵二叉排序树分裂为两棵二叉排序树，使得其中一棵树的所有结点的关键字都小于或等于 x，另一棵树的任一结点的关键字均大于 x。

第10章 排　序

10.1　排序的基本概念

10.1.1　排序的基本概念

排序就是把一组无序的记录（元素）按其关键字的递增或递减的次序排列起来，使其具有一定的顺序，以便于进行数据查找。排序是数据处理中经常使用的一种重要操作，排序的主要目的之一是方便查找。

一般情况下，假设含 n 个记录的序列为 $\{ R_1, R_2, \cdots, R_n \}$，其相应的关键字序列为 $\{ K_1, K_2, \cdots, K_n \}$，这些关键字相互之间可以进行比较，即在它们之间存在着这样一个关系：

$$K_{p1} \leqslant K_{p2} \leqslant \cdots \leqslant K_{pn} \quad （或换成"\geqslant"符号）$$

按此固有关系将上式记录序列重新排列为

$$\{ R_{p1}, R_{p2}, \cdots, R_{pn} \}$$

的操作称作排序。

若排序过程全部在内存中进行，则称为内排序；若排序过程中需要不断地进行内存和外存之间的数据交换，则称为外排序。外排序的速度比内排序的速度要慢得多。对于一些较大的数据文件，由于内存容量的限制，不能一次装入内存排序，只能采用外存排序来完成。本章只对内存排序的各种方法进行讨论。常用的内存排序方法有：插入排序、交换排序、选择排序、归并排序和基数排序。其方法很多，应用也很广泛。但就其全面性而言，很难提出一种被认为是最好的方法，每一种方法都有各自的优缺点，适合在不同的环境下使用。一般情况下，把排序的方式可以分成两种：内部排序（Internal Sort）和外部排序（External Sort）。

10.1.2　排序算法的衡量

排序算法的衡量主要从以下几个方面考虑：

（1）排序算法的稳定性：如果在对象序列中有两个对象 r[i] 和 r[j]，它们的关键码 k[i] == k[j]，且在排序之前，对象 r[i] 排在 r[j] 前面。如果在排序之后，对象 r[i] 仍在对象 r[j] 的前面，则称这个排序方法是稳定的，否则称这个排序方法是不稳定的。

（2）排序的时间开销：排序的时间开销是衡量算法好坏的最重要的标志。排序的时间开销可用算法执行中的数据比较次数与数据移动次数来衡量。各节给出算法运行时间代价的大略估算一般都按平均情况进行估算。对于那些受对象关键码序列初始排列及对象个数影响较大的，需要按最好情况和最坏情况进行估算。

（3）算法执行时所需的附加存储：算法执行时所需的附加存储是评价算法好坏的另一标准。

10.1.3 排序数据表的类定义

在排序的过程中，又有静态排序和动态排序。静态排序是指排序的过程是对数据对象本身进行物理的重排，经过比较和判断，将对象移到合适的位置。这时，数据对象一般都存放在一个顺序的表中。

动态排序是给每个对象增加一个链接指针，在排序的过程中不移动对象或传送数据，仅通过修改链接指针来改变对象之间的逻辑顺序，从而达到排序的目的。

在静态排序过程中所用到的数据表类定义，体现了抽象数据类型的思想。具体的定义如下：

```
# define anaxsize 20    //顺序表的最大长度
typedef int keyType    //定义关键字类型为整型
typedef seruet {
    KeyType key;    //关键字项
InfoType otherinfo;    //其他数据项
} RcdType;    //记录类型
    typedef seruet {
    RcdType r[MaxSize+1];    //r[0]闲置或用作哨兵单元
        int length;    //顺序表长度
        } Sqlisti    //顺序表类型
```

10.2 插 入 排 序

10.2.1 直接插入排序

直接插入排序(Insertion Sort)是最简单的一种排序方法，其过程是依次将每个记录插入到一个已经排好序的序列中去，从而得到一个新的序列，记录数增加1。直接插入排序的基本思想是：

当插入第 i (i>1) 个对象时，前面的 R[0]，R[1]，…，R[i−1]已经排好序。这时，用 R[i]的关键码与 R[i−1]，R[i−2]，…的关键码顺序进行比较，找到插入位置即将 R[i]插入，原来位置上的对象向后顺移。

【例 10-1】

初始状态：	R[0]	[5]	2	15	12	13	8
插入操作：第 1 趟	[2]	[2	5]	15	12	13	8
第 2 趟	[15]	[2	5	15]	12	13	8
第 3 趟	[12]	[2	5	12	15]	13	8
第 4 趟	[13]	[2	5	12	13	15]	8
第 5 趟	[8]	[2	5	8	12	13	15]

简单插入排序算法如下：

设已排序部分(R[1],R[2],…,R[i−1])；未排序部分(R[i],R[i+1],…,R[n−1])。

(1) R[0]=R[i];

(2) R[0]与 R[j](j=i−1,i−2…,1)进行比较：若 R[0]<R[j]，则 R[j]后移一位，j−−，

再进行比较；若 R[0]＞＝R[j]，则将 R[0]插入 R[j+1]位置。

```
void InsertSort(SqList &L)        //对顺序表 L 作直接插入顺序
{              for(i=2;i<L.length；++i)
                 if(L.r[i].key<L.r[i−1].key)      //需将 L.r[i]插入有序子表
         {
               L.r[0]=L.r[i];        //复制为哨兵
               L.r[i]=L.r[i−1];
               for(j=i−2;(L.r[0].key L.r[j].key；−−j))
                   L.r[j+1]=L.r[j];      //记录后移
               L.r[j+1]=L.r[0];       //插入到正确位置
           }} // Insertsort
```

　　算法分析：从上面的叙述可见，直接插入排序的算法很简单，容易实现。简单插入排序是稳定的。因为当 i＞j，而且 L.r[i].key 和 L.r[j].key 相等时，该算法将 r[i]插在 r[j]的后面，使 r[i]和 r[j]的相对位置保持不变。它适合于记录个数较少的情况。直接插入排序在待排序基本有序的情况下，算法效率比较高。

　　采用这种排序方法时，要在 L 的有序表中插入一个新元素，关键字的比较次数最少是 1次（留在原处），最多是 i 次（插到最前面）；元素的移动次数等于关键字比较次数加 2。其总的比较次数和移动次数为：最少比较 n−1 次，最多比较 $\sum\limits_{i=2}^{n}$ 次；最少移动 2(n−1)次，最多移动 $\sum\limits_{i=2}^{n}$ (i+1)次。

　　因此，算法的执行时间在最坏的情况下是 $O(n^2)$。

10.2.2　二分插入排序

　　直接插入的排序算法简便，且容易实现，适合于排序记录的数量 n 很小时。但是，通常当待排序序列中的记录数量 n 很大时，则不宜采用直接插入排序。在直接插入排序的基础上从采取减少"比较"和"移动"这两种操作的次数着手，可以利用二分插入排序。

　　二分插入排序基本思想是：设在顺序表中有一个对象序列 R[0]，R[1]，…，R[n−1]。其中，R[0]，R[1]，…，R[i−1]是已经排好序的对象。在插入 R[i]时，利用二分搜索法寻找 R[i]的插入位置。

　　前提：必须在具有顺序存储结构的有序表中进行。即数据元素按值的大小次序排列。

【例 10－2】　在下面的有序表中插入 72，过程如下：

　　　　　　　　　　　mid=(low+high)/2 不进位取整

```
       1      2      3      4      5      6      7      8      9
     (8,    14,    23,    37,    46,    55,    68,    79,    91)
第 1 趟 mid=46   72>46
     (8,    14,    23,    37,    46,    55,    68,    79,    91)
第 2 趟 mid=68   72>68
     (8,    14,    23,    37,    46,    55,    68,    79,    91)
第 3 趟 mid=79   72<79
```

（8， 14， 23， 37， 46， 55， 68， 79， 91 ）

第 4 趟 （8， 14， 23， 37， 46， 55， 68， 72， 79,91 ）

二分插入排序的算法如下：

```
Void B_InsertSort(SqList %L, int loe,int hight,int mid)   //对顺序表 L 作折半插入排序
for(i=2;i<=n;i++)
{L. r[0]=L. r[i];                        //保存待插入元素
    low=1;
    high=i-1;                          //设置初始区间
    while(low<=high)                    //确定插入位置
    {  mid=(low+high)/2;
    if(L. r[0]. key>L. r[mid]. key)
    low=mid+1;                         //插入位置在高半区中
    else
      high=mid-1;                       //插入位置在低半区中
    for(j=i-1;j>high+1;j--)             //high+1 为插入位置
    L. r[j+1]=L. r[j];                   //后移元素,留出插入空位
    L. r[high+1]=L. r[0];               //将元素插入
        }
    }
```

算法分析：二分插入排序比直接插入排序快,所以二分插入排序就平均性能来说比直接插入排序要快。

它所需要的关键码比较次数与待排序对象序列的初始排列无关,仅依赖于对象个数。在插入第 i 个对象时,需要经过 $\lg_2 i + 1$ 次关键码比较,才能确定它应插入的位置。因此,将 n 个对象(为推导方便,设为 n=2k)用二分插入排序所进行的关键码比较次数为 $n\lg_2 n$;当 n 较大时,总关键码比较次数比直接插入排序的最坏情况要好得多,但比其最好情况要差。

在对象的初始排列已经按关键码排好序或接近有序时,直接插入排序比二分插入排序执行的关键码比较次数要少。二分插入排序的对象移动次数与直接插入排序相同,依赖于对象的初始排列。二分插入排序也是一个稳定的排序方法,时间复杂度是 $O(n^2)$

10.2.3 希尔排序

希尔(Shell)排序又称为缩小增量排序方法,也是一种插入排序类的方法,在时间效率上比前两种排序方法有较大的改进。

其基本思路是：设待排序的对象序列有 n 个对象,首先取一个整数 d<n 作为间隔,将全部对象分为 d 个子序列,所有距离为 d 的对象放在同一个序列中,在每一个子序列中分别施行直接插入排序。然后再缩小间隔 d,如取 d=d/2,重复上述的子序列划分和排序工作,直到最后取 d 为 1 为止。

【例 10-3】 已知有 10 个待排序的记录,它们的关键字序列为{74,35,48,79,82,61,81,50,48,24},给出用希尔排序法进行排序的过程。

解 希尔排序过程如下所示。

74 35 48 79 82 61 81 50 48 24

第 1 趟排序结果：61 35 48   48 24 74   81 50 79 82
第 2 趟排序结果：48 24 48 61 35 74 81 50 79 82
第 3 趟排序结果：24 35 48 48 50 61 74 79 81 82

首先将该序列分成 5 个子序列$\{R1,R6\}$，$\{R2,R7\}$，$\{R3,R8\}$，$\{R4,R9\}$，$\{R5,R10\}$，分别对每个子序列进行直接插入排序，第一趟的排序结果即一趟希尔排序；然后进行第二趟希尔排序，分别对下列 3 个子序列$\{R1,R4,R7,R10\}$，$\{R2,R5,R8\}$，$\{R3,R6,R9\}$进行直接插入排序，最后对整个序列进行一趟直接插入排序。

开始时 d 的值较大，子序列中的对象较少，排序速度较快；随着排序进展，d 值逐渐变小，子序列中对象个数逐渐变多，由于前面工作的基础，大多数对象已基本有序，所以排序速度仍然很快。

希尔排序算法如下：

```
void ShellInsert(SqList &L,int d)
{//对顺序表 L 做一趟插入排序
for(i=d;i<L.length;i++)              //对所有相隔 d 位置的元素组进行排序
if(L.r[i].key<L.r[i-d].key))
    {//需要将 L.r[i]插入有序增量子表
            L.r[0]=L.r[i];  //暂存在 L.r[0]
for(j=i-d;j>0&&L.r[0].key<L.r[j].key;j-=d)
L.r[j+d]=L.r[j];   //记录后移,查找插入位置
            L.r[j+d]=L.r[0];   //插入
            }//ShellInsert
            }
void shellSort(SqList &L, int d[], int t)
{//按增量序列 d[0…t-1]对顺序表 L 作一趟希尔排序
for(k=0;k<t;++k)
    ShellInsert(L,d[k]);    //一趟增量为 d[k]的插入排序
            }//ShellSort
```

d 的取法有多种。最初 Shell 提出取 d=n/2，d=d/2，直到 d=1。后来 Knuth 提出取 d=(d/3)+1。还有人提出都取奇数为好，也有人提出 d 互质为好。

算法分析：对特定的待排序对象序列，可以准确地估算关键码的比较次数和对象移动次数。但想要弄清关键码比较次数和对象移动次数与增量选择之间的依赖关系，并给出完整的数学分析，还没有人能够做到。Knuth 利用大量的实验统计资料得出，当 n 很大时，关键码平均比较次数和对象平均移动次数大约在 $n^{1.25}$ 到 $1.6n^{1.25}$ 的范围内。这是在利用直接插入排序作为子序列排序方法的情况下得到的。

希尔排序是一种不稳定的排序方法，时间复杂度是 $O(n\lg_2 n)$。

10.3 交换排序法

交换排序的基本思想是两两比较待排序对象的关键码，如果发生逆序（即排列顺序与排序后的次序正好相反），则交换之，直到所有对象都排好序为止。交换排序包括冒泡排序和快速

排序两种。

10.3.1 冒泡排序

冒泡排序(Bubble Sort)又称为气泡排序,是一种简单的排序方法。冒泡排序的算法思路是:通过无序区中相邻记录关键字之间的比较和位置的交换,使关键字最小的记录如气泡一样逐渐从底部移向顶部。整个算法是从最下面的记录开始,对每两个相邻记录的关键字进行比较,且使关键字较小的记录换至关键字较大的记录之上,使得经过一趟冒泡排序后,关键字最小的记录到达最上端,接着,再在剩下的记录中找关键字次小的记录,并把它换在第二个位置上,使轻者上浮,重者下沉。依此类推,一直到所有记录都有序为止。

假设待排序的 n 个对象的序列为 R[0],R[1],…,R[n−1],起始时排序范围是从 R[0] 到 R[n−1]。在当前的排序范围之内,自左至右对相邻的两个结点依次进行比较,让值较大的结点往后移(下沉)(或自右至左,让值较小的结点往前移(上冒))。每趟起泡都能保证值最大的结点后移至最右边,下一遍的排序范围为前 n−1 个。

在整个排序过程中,最多执行(n−1)遍。但执行的遍数可能少于(n−1),这是因为在执行某一遍的各次比较没有出现结点交换时,就不用进行下一遍的比较。

【例 10-4】 已知有 10 个待排序的记录,它们的关键字序列为{73,82,45,54,38,61,78,96,48,15},给出用冒泡排序法进行排序的过程。

解 [ ]中的数据为下一趟排序的区间,[ ]前面的一个排序码为本趟排序浮上来的最小排序码,箭头表示在本趟排序中较小排序码最终浮上的位置。

```
      [73  82  45  54  38  61  78  96  48  15]
第 1 趟:[73  45  54  38  61  78  82  48  15] 96
第 2 趟:[45  54  38  61  73  78  48  15] 82  96
第 3 趟:[45  38  54  61  73  48  15] 78  82  96
第 4 趟:[38  45  54  61  48  15] 73  78  82  96
第 5 趟:[38  45  54  48  15] 61  73  78  82  96
第 6 趟:[38  45  48  15] 54  61  73  78  82  96
第 7 趟:[38  45  15] 48  54  61  73  78  82  96
第 8 趟:[38  15] 45  48  54  61  73  78  82  96
第 9 趟:15  38  45  48  54  61  73  78  82  96
```

冒泡排序的算法如下:

```
void BubbleSort(SqList &L) //采用冒泡排序的方法对顺序表 L 中的元素排序
{  flag=1;
for(i=1;i<=L.length−1;i++)//i 表示趟数,最多进行 L.length−1 趟。
{  flag=0;//flag 表示每一趟是否有交换,在进行每一趟之前置为 0 表示无交换。
for(j=L.length−1;j>=i; j−−)//进行第 i 趟排序
      {  if(L.r[j].key<L.r[j−1].key)
      {  L.r[0]=L.r[j];L.r[j]=L.r[j−1];L.r[j−1]=L.r[0];
flag=1;
            }
```

if(flag==0)　return;//进行一趟后若无交换,表明已有序,则返回。

　　}

　}

　　冒泡排序的执行时间与 n 个元素原来的排列顺序有关。排序前,如果 n 个元素已经从小到大排好,则只要进行一趟起泡,关键字的比较次数最少(n-1 次),而且不需要移动元素;如果 n 个元素是无序的序列,则需要进行 n-1 趟起泡,关键字的比较次数和元素的移动次数都达到最大值,分别为 $\sum\limits_{i=0}^{n=2}(n-i+1)$ 和 $3\sum\limits_{i=0}^{n=2}(n-i+1)$。因此,冒泡排序的执行时间在最坏情况下是 $O(n^2)$。

　　因为只有在 R[j].key<R[j-1].key 的情况下,才交换 R[j] 和 R[j-1],所以,冒泡排序是稳定的。

10.3.2　快速排序

　　快速排序(Quick Sorting)又称为划分排序,是目前所有排序方法中速度最快的一种。快速排序是对冒泡排序的一种改进。在冒泡排序中,进行元素的比较和交换是在相邻的单元中进行的,元素每次交换只能上移或下移一个相邻位置,总的移动和比较次数较多。快速排序的基本思路是:在待排序的 n 个记录中任取一个记录(通常取第一个记录),把该记录放入最终位置后,整个数据区间被此记录分割成两个子区间。所有关键字比该记录关键字小的放置在前子区间中,所有比它大的放置在后子区间中,并把该记录排在这两个子区间的中间,这个过程称为一趟快速排序。之后对所有的两个子区间分别重复上述过程,直至每个子区间内只有一个记录为止。简而言之,每趟排序使表的第一个元素入终位,将数据区间一分为二,对于子区间按递归方式继续这种划分,直至划分的子区间长为 1。

　　【例 10-5】 已知有 10 个待排序的记录,它们的关键字序列为{45,53,18,36,72,35,42,93,48,15},给出用快速排序法进行排序的过程。

　　解　　45　53　18　36　72　35　42　93　48　15

　　第 1 趟:　45　53　18　36　72　35　42　93　48　15　　　　移动比较

　　　　　　　　　↑i　　　　　　　　　　　　　　↑j

　　　　　　[45　15　18　36　72　35　42　93　48　53]　　　交换位置

　　　　　　　　　　　　　　　　↑i　　　↑j

　　　　　　[45　15　18　36　72　35　42　93　48　53]　　　移动比较

　　　　　　　　　　　　　　　↑i　　↑j

　　　　　　[45　15　18　36　42　35　72　93　48　53]　　　交换位置

　　　　　　　　　　　　　　↑i　　↑j

　　　　　　[15　18　36　42　35]　45　[72　93　48　53]　　完成一次划分

　　第 2 趟划分:[15　18　36　42　35]　45　[48　53]　72　93

　　第 3 趟划分:15　　[18　36　42　35]　45　48　53　72　93

　　第 4 趟划分:15　　18　[36　42　35]　45　48　53　72　93

第 5 趟划分：15　　18　35　36　42　　45　48　　53　　72　　93

一趟快速排序采用从两头向中间扫描的办法,同时交换与基准记录逆序的记录。具体做法是:设两个指示器 i 和 j,它们的初值分别为指向无序区中第一个和最后一个记录。假设无序区中记录为 R[s..t],则 i 的初值为 s,j 的初值为 t,首先将 R[s]移至临时变量 temp 中作为基准,令 j 自 t 起向左扫描直至 R[j]. key<temp. key 时,将 R[j]移至 i 所指的位置上,然后令 i 自 i+1 起向右扫描直至 R[i]. key>temp. key 时,将 R[i]移至 j 所指的位置上,依次重复直至 i=j,此时所有 R[k](k=s,s+1,…,j−1)的关键字都小于 temp. key,而所有 R[k](k=j+1, j+2,…,t)的关键字必大于 temp. key,则可将 temp 中的记录移至 i 所指位置 R[i],它将无序中记录分割成 R[s..j−1]和 R[j+1..t],以便分别进行排序。

快速排序算法如下:

```
void QuickSort(SqList &L,int low,int hight) //对 r[s]至 r[t]的元素进行快速排序
{   L. r[0]=L. r[low];   //用子表的第一个记录作枢轴记录
    pivotkey=L. r[low]. key;   //枢轴记录关键字
    while(low<hight)   {//从表的两端交替的向中间扫描
        while(low<hight&& L. r[hight]. key>=pivotkey)   −−hight;
    L. r[low]=L. r[hight];   //将比枢轴记录小的记录移到低端
    while(low<hight && L. r[low]. key<=pivotkey)   ++low;
        L. r[hight]=L. r[low];   //将比枢轴记录大的记录移到高端
    }
    L. r[low]=L. r[0];   //枢轴记录到位
    return  low;   //返回轴位置
}// QuickSort
```

通过一次划分,将一个待排序的记录序列以基准记录的关键字分成左、右两个子序列,左子序列记录的关键字小于或等于基准记录的关键字,右子序列记录的关键字大于基准记录的关键字。对剩下的左、右子序列重复此划分步骤,则可以得到快速排序的结果。

快速排序是一种效率非常高的算法,但是在序列有序的情况下,其算法效率反而很低,在 n 个记录中,一次划分需要约 n 次关键码比较,时间复杂度为 O(n)。若原始数据杂乱无章,即每次划分的前、后两部分数据元素个数基本相等,则需要经过 $\lg_2 n$ 次划分,其算法的时间复杂度是 $O(n\lg_2 n)$,在最坏的情况下时间复杂度是 $O(n^2)$,而且快速排序是不稳定的。

10.4　选　择　排　序

选择排序的基本方法是:每步从待排序的记录中选出关键字最小的记录,把该元素与该区间的第一个元素交换位置。第一次待排序区间包含所有元素 R[0]~R[n−1],经过选择和交换后,R[0]为最小的排序码的元素;第二次待排序区间包含所有元素 R[1]~R[n−1],经过选择和交换后,R[1]为仅次于最小的排序码的元素;依此类推,经过 n−1 次选择和交换后,R[0]~R[n−1]就成为了有序表,整个排序过程结束。本节介绍简单选择排序、树形选择排序和堆排序。

10.4.1　简单选择排序

简单选择排序(Selection Sort)的过程是:每一趟排序在 n−i−1(i=1,2,…,n−1)个记录

中选取关键字最小的记录,并和第 i 个记录进行交换。首先在所有的数据中挑选一个最小的记录放在第一个位置(因为由小到大排序),再从第二个开始挑选一个最小的记录放在第二个位置,……,一直下去。假设有 n 个记录,则最多需要 n−1 次对调,以及 n(n−1)/2 次比较。

【例 10 - 6】 假定 n=7,数组 R 中 7 个元素的排序码为(38,29,55,87,15,27,48)。

解 其中方括号内表示待排序序列,方括号前表示已排序序列。

[38　29　55　87　15　27　48]

第 1 趟:　　15　[29　55　87　38　27　48]

第 2 趟:　　15　27　[55　87　38　29　48]

第 3 趟:　　15　27　29　[87　38　55　48]

第 4 趟:　　15　27　29　38　[87　55　48]

第 5 趟:　　15　27　29　38　48　[55　87]

第 6 趟:　　15　27　29　38　48　55　87

简单选择排序算法如下:

```
void SelectSort(SqList &L)//采用简单选择排序对顺序表 L 中的 n 个元素排序
{ for(i=1;i<L.length;i++)//i 表示次数,共进行 L.length−1 次选择和交换
{ k=i;//用 k 保存当前得到的最小排序码元素的下标,初值为 i
for(j=i+1;j<L.length;j++)//从当前排序区间中顺序查找出具有最小排序码的元素 L.r[k]
  { if(L.r[j].key<L.r[k].key)
    k=j;            //用 k 指出每趟在无序区段的最小元素
          }
  if(k! =i)
  {     //把 L.r[k]对调到该排序区间的第一个位置
  L.r[0]=L.r[i];            //将 L.r[k]与 L.r[i]交换
        L.r[i]=L.r[k];
        L.r[k]=L.r[0];
      }
    }
  }
```

用这种方法排序,其关键字的比较次数与各元素原来的排列顺序无关。第 1 次选择(i=0)比较 n−1 次,第 2 次选择(i=1)比较 n−2 次,……,第 n−1 次选择(i=n−2)比较 1 次,总的比较次数为 $\sum_{i=0}^{n-2}(n-i-1)=\frac{1}{2}(n^2-n)$ 次。但元素的移动次数和初始排列顺序有关,如果R[0..n−1]原来就是从小到大排列的,就不需要移动;如果每次选择都要进行交换,移动次

数将达到最大值,即 3(n−1) 次。因此,算法的执行时间为 O(n²)。

由于在简单选择排序中存在不相邻元素之间的互换,因而可能会改变具有相同排序码元素的前后位置,所以简单选择排序是不稳定的。

10.4.2 树形选择排序

树形选择排序(Tree Selection Sort)又称为锦标赛排序(Tournament Sort),是一种按照锦标赛的思想进行选择排序的方法。其基本方法为:首先将 n 个待排序记录序列的关键字两两比较,得到 n/2 个较小关键字,保留下来;再把 n/2 个关键字两两比较,得到 n/4 个较小关键字,再保留下来;依此类推,直至得到最小关键字(树根)。将此最小关键字输出,且将其原来位置改为极大数,与此位置相关部分重新(向树根方向)进行比较,选出次小关键字,保留结果,直至全部排序完成。

【例 10−7】 有如下序列 R(48,38,55,87,66,23,37,59)。

解 如图 10−1 所示。

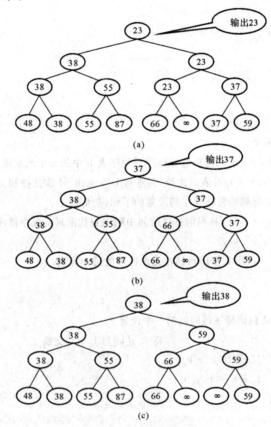

图 10−1 树形选择排序

依此类推:输出 48,55,59,66,87。

树形选择排序的算法如下:

```
#define MAX_SIZE 20
typedef int KeyType;
typedef int InfoType;    //定义其他数据类型
```

```
struct RedType{
    KeyTpye key;
    InfoType otherinfo;
};
struct SqList{
    RedType r[MAX_SIZE];
};

void TreeSort(SqList &L){
    int i,j,j1,k,k1,l,n=L.length;
    RedType * t;
    l=(int)ceil(log(n)/log(2))+1;    //完全二叉树的层数
    k=(int)pow(2,l)-1;    //l层完全二叉树的结点总数
    k1=(int)pow(2,l-1)-1;    //l-1层二叉完全二叉树的结点总数
    t=(RedType * )malloc(k * sizeof(RedType));    //二叉树采用顺序存储
    for(i=1;i<=n;i++)    //将 L. r 赋值给叶子结点
        t[k1+i-1]=L.r[i];
    for(i=k1+n;i<k;i++)    //给多余的叶子结点的关键字赋无穷大值
        t[i].key=INT_MAX;
    j1=k1;
    j=k;
    while(j1){    //给非叶子结点赋值
        for(i=j1;i<j;i+=2)
    t[i].key<t[i+1].key? (t[(i+1)/2-1]=t[i]):(t[(i+1)/2-1]=t[i+1]);
            j=j1;
            j1=(j1-1)/2;
    }
        for(i=0;i<n;i++){
            L.r[i+1]=t[0];    //键当前最小值赋给 L. r[i]
            j1=0;
    for(j=1;j<l;j++)    //沿树根找到结点 t[0]在叶子结中的序号 j1
        t[2 * j1+1].key==t[j1].key? (j1=2 * j1+1):(j1=2 * j1+2);
            t[j1].key=INT_MAX;
            while(j1){
        j1=(j1+1)/2-1;    //序号为 j1 的结点的双亲结点序号
        t[2 * j1+1].key<=t[2 * j1+2].key? (t[j1]=t[2 * j1+1]):(t[j1]=t[2 * j1+2]);
            }
        }
        free(t);
    }
```

树形选择排序构成的树是满的完全二叉树，其深度为 $\log_2(n+1)$，其中 n 为待排序元素个数。除第一次选择具有最小关键码的对象需要进行 n-1 次关键码比较外，重构剩者树选择具有次小、再次小关键码对象所需的关键码比较次数均为 $O(\log_2 n)$。总关键码比较次数为 $O(n\log_2 n)$。对象的移动次数不超过关键码的比较次数，所以树形选择排序总的时间复杂度

为 O($n\log_2 n$)。这种排序方法虽然减少了许多排序时间,但是使用了较多的附加存储。如果有 n 个对象,必须使用至少 2n-1 个结点来存放剩者树。最多需要找到满足 2k-1<n≤2k 的 k,使用 2 * 2k-1 个结点。每个结点包括关键码、对象序号和比较标志三种信息。树形选择排序是一个稳定的排序方法。

10.4.3 堆排序

堆排序(Heap Sorting)是利用堆的特性进行排序的过程。堆排序包括构成初始堆和利用堆排序两个过程。堆(Heap)是一个二叉树,其特性是每一个父结点的数据都比它的两个子结点大或相等(称为大根堆,如果是进行从大到小的排序,则堆中每个结点的关键字都不大于其孩子结点的关键字,称为小根堆)。

【例 10-8】 有 10 个数据 37,17,70,15,78,28,52,25,67,35,若用数组表示,则 A[1]=37,A[2]=17,A[3]=70,A[4]=15,…,A[10]=35,用二叉树表示如图 10-2 所示。

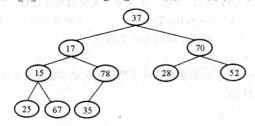

图 10-2 二叉树表示堆

解 构建初始(大)堆的过程如图 10-3～图 10-8 所示。

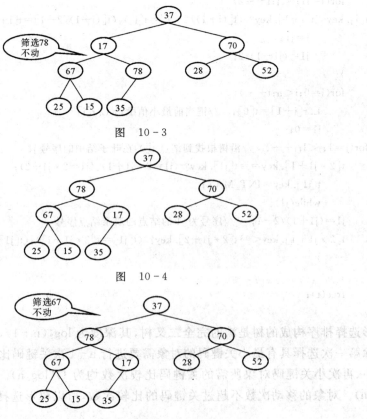

图 10-3

图 10-4

图 10-5

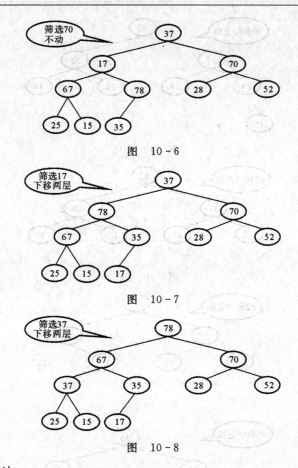

图 10-6

图 10-7

图 10-8

构建初始堆的算法：

```
Typedef SqList HeapType;  //堆采用顺序表存储表示
voidHeapAdjust (HeapType ＆H,int s,int m )  // 构建堆
        {   rc＝H. r[s];
for(j＝2 * s;j＜＝m;j * ＝2){//沿 key 较大的孩子结点向下筛选
if(j＜m ＆＆ LT(H. r[j]. key, H. r[j+1]. key) )＋＋j; //j 为 key 较大的记录的下标
if(! LT(rc. key),H. r[j]. key))  break;  //rc 应插入在位置 s 上
        H. r[s]＝H. r[s];
        s＝j;
        }
        H. r[s]＝rc;
        }//HeapAdjust
```

堆排序的过程如图 10-9～图 10-17 所示。

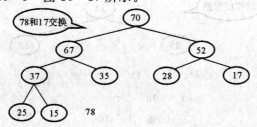

图 10-9

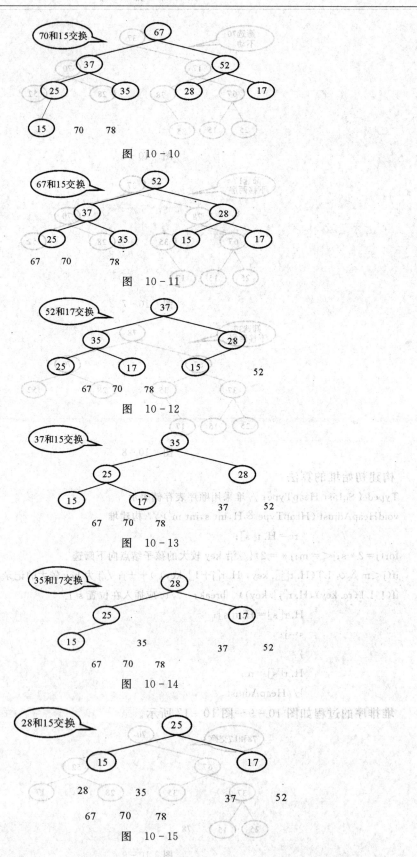

图 10-10

图 10-11

图 10-12

图 10-13

图 10-14

图 10-15

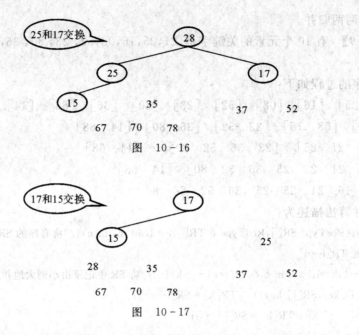

图 10-16

图 10-17

堆排序的算法如下：

```
void HeapSort(HeapType &H)//利用堆排序的方法对顺序表 H 中的 n 个元素排序
        {   for(i=H.length/2;i>0;--i)
HeapAdjust(H,i,H.length);//建立初始堆
for(i=H.length;i>1;--i)
{ //进行 H.length-1 次循环,完成堆排序
H.r[0]=H.r[1];
H.r[1]=H.r[H.length-i];
H.r[H.length-i]=H.r[0];//将树根结点的值同当前区间内最后一个结点的值对换
                HeapAdjust(H,1,i-1);//将 H.r[1…i-1]重新调整
为大顶堆
                }
            }//HeapSort
```

算法分析：在堆排序过程中，关键字的比较次数等于初始建堆所需比较次数与每次调整新堆所需比较次数之和。堆排序在最坏情况下所需的比较次数不超过 $O(n\lg_2 n)$，显然，元素的移动次数也不超过 $O(n\lg_2 n)$。堆排序是不稳定的。

10.5 归 并 排 序

归并排序是将两个或两个以上已排序好的文件，合并成一个有序的文件。将两个有序表合成一个有序表称为二路归并，将三个有序表合并成一个有序表称为三路归并，有几个有序表合成就称为几路归并。二路归并是最简单和常用的，既适用于内部排序也适应于外部排序，所以只讨论二路归并。

假使有一堆未排序的数据，可以将其分割成两部分，一直分割到每一部分只有一个数据时,再将它们两两归并。

【例 10-9】 有 10 个元素的关键字是(21,25,16,08,52,23,80,36,68,14),进行二路归并。

解 排序的过程如下:

[21] [25] [16] [08] [52] [23] [80] [36] [68] [14]

[21 25] [08 16] [23 52] [36 80] [14 68]

[08 16 21 25] [23 36 52 80] [14 68]

[08 16 21 23 25 36 52 80] [14 68]

08 14 16 21 23 25 36 52 68 80

二路归并算法描述为:

```
Void Merge(RcdType SR[],RcdType &TR[],int I,int m,int n){//将有序的 SR[i…m]和 SR[m+1…n]归并为有序的 TR[i…n]
    for (j=m+1,k=i;i<=m && j<=n;++k){   //将 SR 中记录由小到大地并入 TR
        if(LQ(SR[i].key,SR[j].key))    TR[k]=SR[i++];
                    else TR[k]=SR[j++];
                    }
    if(i<m) TR[k…n]=SR[i…m];  //将剩余的 SR[i…m]复制到 TR
    if(j<n) TR[k…n]=SR[j…n];  //将剩余的 SR[j…n]复制到 TR
                    }//Merge
    void TwoMerge(RcdType SR[],RcdType &TR1[],int s,int t,int m)//把 SR[s…t]归并排序为 TR1[s…t]
    {   if(s==t) TR1[s]=SR[s];
                    else{
    m=(s+t)/2;  //将把 SR[s…t]平分为把 SR[s…m]和把 SR[m+1…t]
    TwoMerge(SR,TR2,s,m);  //递归地将 SR[s…m]归并为有序的 TR2[s…m]
    TwoMerge(SR,TR2,m+1,t);  //递归地将 SR[m+1…t]归并为有序的 TR2[m+1…t]
    Merge(TR1,TR2,s,m,t);  //将 TR2[s…m]和 TR2[m+1…t]归并到 TR1[s…t]
                    }
                    }// TwoMerge
    Void MergeSort(SqList &L){//对顺序表 L 作归并排序
    TwoMerge(L.r,L.r,1,L.length);
                    }// MergeSort
```

算法分析:在归并排序算法中,函数 MergePass( ) 做一趟二路归并,要调用 TwoMerge( )函数 n/(2 * len)≈O(n/len) 次,函数 MergeSort( )调用 MergePass( )正好 $\log_2 n$ 次,而每次 TwoMerge( )要执行比较 O(len)次,所以算法总的时间复杂度为 O($n\log_2 n$)。

假设 SR[i]和 SR[j]是两个相邻有序表中关键字相同的元素,而且 i<j,归并算法归并两个有序表时,发现条件 SR[i].key<=SR[j].key 满足,就将 SR[i]写入 SR1 中,这样就保证了 SR[i]和 SR[j]的相对位置不改变。所以归并排序算法是稳定的。

10.6　基　数　排　序

与前面介绍的几种排序方法不同,基数排序不比较关键字的大小。基数排序是采用"分配"与"收集"的办法,用对多关键码进行排序的思想实现对单关键码进行排序的方法。

一般情况下,假定有一个 n 个对象的序列 $\{v_0, v_1, \cdots, v_{n-1}\}$,且每个对象 v_i 中含有 d 个关键码,如果对于序列中任意两个对象 v_i 和 v_j($0 \leqslant i < j \leqslant n-1$) 都满足

$$(k_i^1, k_i^2, \cdots, k_i^d) < (k_j^1, k_j^2, \cdots, k_{ji}^d)$$

则称序列对关键码 $(k_1, k_2, \cdots, k_d)$ 有序。其中,k_1 称为最高位关键码,k_d 称为最低位关键码。如果关键码是由多个数据项组成的数据项组,则依据它进行排序时就需要利用多关键码排序。

实现多关键码排序有两种常用的方法:①最高位优先 MSD(Most Significant Digit first);②最低位优先 LSD(Least Significant Digit first)。

最高位优先法通常是一个递归的过程:先根据最高位关键码 k_1 排序,得到若干对象组,对象组中每个对象都有相同关键码 k_1。再分别对每组中对象根据关键码 k_2 进行排序,按 k_2 值的不同,再分成若干个更小的子组,每个子组中的对象具有相同的 k_1 和 k_2 值。依此重复,直到对关键码 k_d 完成排序为止。最后,把所有子组中的对象依次连接起来,就得到一个有序的对象序列。

最低位优先法首先依据最低位关键码 k_d 对所有对象进行一趟排序,再依据次低位关键码 k_{d-1} 对上一趟排序的结果再排序,依次重复,直到依据关键码 k_1 最后一趟排序完成,就可以得到一个有序的序列。使用这种排序方法对每一个关键码进行排序时,不需要再分组,而是整个对象组都参加排序。

【例 10 - 10】 已知有 10 个待排序的记录,它们的关键字序列为$\{65, 77, 58, 82, 78, 51, 67, 86, 70, 62\}$,给出用基数排序法进行排序的过程。

解　第 1 趟分配(按最低位 i = 0,即个位):

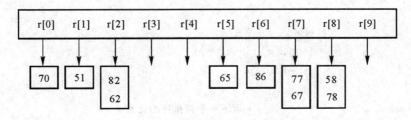

第 1 趟收集:
51　62　82　65　86　67　77　58　78
第 2 趟分配(按最次低位 i = 1,即十位):

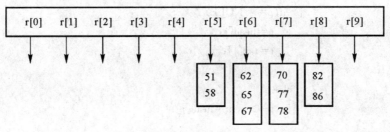

第 2 趟收集：

51　58　62　65　67　70　77　78　82　86

以 r 为基数，采用从低位到高位的排序方法，其中，参数 p 为存储的待排序序列的链表指针，r 为基数，d 为关键字位数。

```
#define MAXE 20                    /* 线性表中最多元素个数 */
#define MAXR 10                          /* 基数的最大取值 */
#define MAXD 8                         /* 关键字位数的最大取值 */
typedef struct node
{   char data[MAXD];               /* 记录的关键字定义的字符串 */
    struct node * next ;
                    } RecType；
void RadixSort(RcdType * p,int r,int d)
/* p 为待排序序列链表指针，r 为基数，d 为关键字位数 */
{
RcdType * head[MAXR], * tail[MAXR], * t；/* 定义各链队的首尾指针 */
                    int i,j,k；
            for (i＝d－1;i＞＝0;i－－)   /* 从低位到高位做 d 趟排序,因为 75 存放在串中
为"57" */
                    {   for (j＝0;j＜r;j＋＋)
                        /* 初始化各链队首、尾指针 */
                            head[j]＝tail[j]＝NULL；
    while (p!＝NULL)          /* 对于原链表中每个结点循环 */
                    {   k＝p－＞data[i]－'0'；      /* 找第 k 个链队 */
            if(head[k]＝＝NULL)          /* 进行分配,即采用尾插法建立单链表 */
                    {   head[k]＝p；
                        tail[k]＝p；
                    }
                    else
                    {   tail[k]－＞next＝p；
                        tail[k]＝p；
                    }
    p＝p－＞next；                 /* 取下一个待排序的元素 */
                    }
                    p＝NULL；
        for(j＝0;j＜r;j＋＋)                 /* 对于每一个链队循环 */
        if(head[j]!＝NULL)            /* 进行收集 */
                    {   if(p＝＝NULL)
                    {   p＝head[j]；
                        t＝tail[j]；
                    }
                    else
                    {   t－＞next＝head[j]；
```

```
                                  t＝tail[j];
                              }
                          }
          t—＞next＝NULL;              /＊最后一个结点的 next 域置 NULL ＊/
      }
                      }
```

算法分析:基数排序的执行时间不仅与线性表长度 n 有关,而且还与关键字的位数 d,关键字的基数 r 有关。一趟分配所需时间为 O(n),一趟收集所需时间为 O(r),因总共进行了 d 趟分配与收集,所以总的执行时间为 O(d(n＋r))。基数排序是稳定的,队列的先进先出特性保证了这一点。

10.7　内部排序方法比较与分析

各种内排序方法之间的比较,主要从以下几个方面考虑:①时间复杂度,②空间复杂度,③稳定性,④算法简单性,⑤待排序记录数 n 的大小,⑥记录本身信息量的大小。

(1)从时间复杂度比较。直接插入排序、冒泡排序、简单选择排序是 3 种简单的排序方法,时间复杂度均为 O(n²),而二分插入排序、树形排序、快速排序、二路归并排序、堆排序的时间复杂度都为 O(lg₂n),基数排序的时间复杂度为 O(d(n＋r))(关键字的基数 r),希尔排序的时间复杂度大致介于这两者之间。这种分类就平均情况而言。若从最好的时间复杂度考虑,则直接插入排序和冒泡排序的时间复杂度最好,为 O(n),其他的最好时间复杂度同平均情况相同。若从最坏的时间复杂度考虑,则快速排序的为 O(n²),直接插入排序、冒泡排序、希尔排序同平均情况相同,但系数大约增加一倍,所以运行速度将降低一半,最坏情况对直接选择排序和归并排序影响不大。

(2)从空间复杂度比较。所有排序方法可归为 3 类,归并排序的空间复杂度最大,为 O(n),快速排序的空间复杂度也单独属于一类为 O(lg₂n),其他排序的空间复杂度归为第三类为 O(1)。

(3)从稳定性比较。直接插入排序、二分插入排序、冒泡排序、归并排序、树形排序、基数排序都是稳定的排序方法,而简单选择排序、希尔排序、快速排序、堆排序是不稳定的排序方法。

(4)从算法简单性比较。直接插入排序、二分插入排序、冒泡排序、简单选择排序都是简单的排序方法,算法简单,易于理解,而希尔排序、快速排序、树形排序、堆排序、归并排序、基数排序都是改进型的排序方法,算法比简单排序要复杂得多,也难于理解。

(5)从待排序的记录数 n 的大小看,n 越小,采用简单排序方法越合适,n 越大采用改进排序方法越合适。因为 n 越小,n² 同 lg₂n 的差距越小,并且算法的时间复杂度的系数均小于 1(除冒泡排序最坏情况外),改进算法的时间复杂度的系数均大于 1,因而也使得它们的差距变小。

(6)从记录本身信息量的大小看,记录本身的信息量越大,表明占用的存储字节数就越多,移动记录时所花费的时间就越多,所以对记录的移动次数较多的算法不利。

以上从 6 个方面对各种排序方法进行了比较和分析,在排序中首先考虑排序对稳定性的

要求,其次考虑待排序记录数 n 的大小,然后再考虑其他因数。排序的一般规则如下:

(1)当待排序记录的个数 n 较大,关键字分布是随机的,而对稳定性不做要求时,最好采用快速排序为好。

(2)当待排序记录的个数 n 较大,内存空间允许,且要求排序稳定时,最好采用二路归并排序为好。

(3)当待排序记录的个数 n 较大,记录的关键字可能会出现正序或反序的情况,且对稳定性不做要求时,最好采用二路归并排序。

(4)当待排序记录的个数 n 较小,记录基本按关键字有序或分布较随机,且要求排序稳定时,最好采用直接插入排序。

(5)当待排序记录的个数 n 较小,对稳定性不做要求时,采用直接选择排序为好,若记录的关键字不接近反序,也可以采用直接插入排序。

10.8 排 序 实 训

10.8.1 利用直接插入排序方法求学生在班级中的排名表

问题描述:建设一个班级的学生参加某门课程的考试,该班有 N 个学生,请输出该班学生的成绩名次表。

设计要求:

(1)输入:随机输入每个学生的学号、成绩;

(2)输出:利用直接插入排序输出该班级学生的成绩名次表。

```
#include<stdio. h>
#include<stdlib. h>
#include<string. h>
#include<time. h>
typedef struct student
{   int num;//学号
    int score;//成绩
}Stu;//学生结点信息
int   Create(Stu S[20], int N)
{   int i;
    printf("请输入该班级的学生个数:");
scanf("%d",&N);
    printf("\t序号\t\t学号\t\t成绩\n");
    printf("——————————————————————————————————————————\n");
    for(i=0; i<N; i++)
    {   S[i]. num= 1000 + i + 1;
        S[i]. score=rand()%20+80;
        printf("\t%d\t\t%d\t\t%d\n",i+1,S[i]. num,S[i]. score);
```

```
    }
    return N;
}
/* ……………………………… */
void scoreOrder(Stu S[20], int N)
{   int i,j;
    Stu temp;
    for(i=1; i<N; i++)
    {   temp=S[i];
        j=i;
        while(j>=0 && S[j-1].score>temp.score) //元素后移,以便腾出位置插入 temp
{   S[j]=S[j-1];   //交换顺序
--j;
}
S[j]=temp;
}
    printf("该班学生成绩名次表如下:\n");
    printf("\t 序号成绩名次表,具有相同成绩的名次相同 ore);——————————\n);score=
temp;\t\t 学号\t\t 成绩\n");
    for(i=0; i<N; i++)
        printf("\t%d\t\t%d\t\t%d\n",i+1,S[i].num,S[i].score);
}
/* ……………………………… */
void showface()//显示桌面菜单
{printf(" * * * * * * * 欢迎进入成绩名次表查询系统 * * * * * * * \n");
printf(" * 1 输入该班级的学生信息                    * \n");
printf(" * 2 输出该班级学生的成绩名次表              * \n");
printf(" * 0 退出管理系统                            * \n");
printf(" * * * * * * * * * * * * * * * * * * * * * * * * * * * * * \n");
}
/* ……………………………… */
void main()
{
Stu S[20];
int N;
    char i;
    do
{   showface();//调用菜单函数
    printf("请选择菜单 0—2:");
    scanf("%s",&i);
    switch(i)
```

```
{   case '1':   N=Create(S,N);   break;
    case '2':   scoreOrder(S,N);   break;
        case '0':   exit(0);   break;
    default:   printf("选择菜单错误,请重新选择! \n");
    }
}while(i! =0);
}
```

程序运行结果如图 10-18～图 10-20 所示。

图 10-18   成绩表查询系统界面

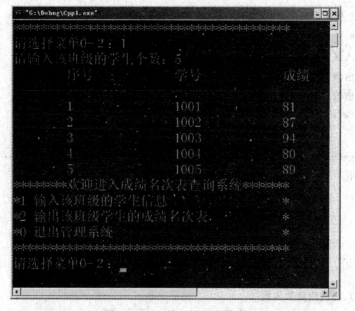

图 10-19   学生的基本信息

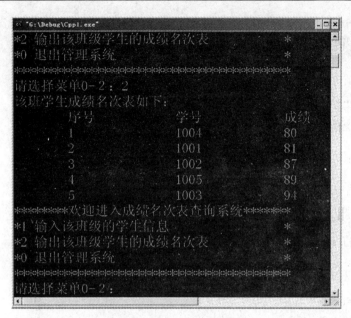

图 10 - 20 排序结果

10.8.2 利用直接选择排序方法求学生在班级中的排名表

问题描述：建设一个班级的学生参加某门课程的考试,该班有 N 个学生,请输出该班学生的成绩名次表。

设计要求：

(1)输入：随机输入每个学生的学号、成绩；

(2)输出：利用直接选择排序输出该班级学生的成绩名次表。

```c
#include<stdio. h>
#include<stdlib. h>
#include<string. h>
#include<time. h>
typedef struct student
{   int num;//学号
    int score;//成绩
}Stu;//学生结点信息
int   Create(Stu S[20], int N)
{   int i;
    printf("请输入该班级的学生个数：");
scanf("%d",&N);
    printf("\t 序号\t\t 学号\t\t 成绩\n");
    printf("————————————————————————————————
——————\n");
    for(i=0; i<N; i++)
    {   S[i]. num= 1000 + i + 1;
```

```
        S[i]. score=rand()%20+80;
        printf("\t%d\t\t%d\t\t%d\n",i+1,S[i]. num,S[i]. score);
    return N;
}
/* ·············································· */
void scoreOrder(Stu S[], int N)
{   int i,j,k;
    Stu temp;
    for(i=1; i<=N-1; i++)
    {   k=i-1;
        for(j=i;j<=N-1;j++)
        {   if(S[j]. score<S[k]. score)
          k=j;
        }
        if(k! =i-1)
        {   temp=S[i-1];
            S[i-1]=S[k];
            S[k]=temp;
        }
    }
    printf("该班学生成绩名次表如下:\n");
    printf("\t 序号\t\t 学号\t\t 成绩\n");
    for(i=0; i<N; i++)
      printf("\t%d\t\t%d\t\t%d\n",i+1,S[i]. num,S[i]. score);
}
/* ·············································· */
void showface()//显示桌面菜单
{   printf(" * * * * * * * *欢迎进入成绩名次表查询系统 * * * * * * * *\n");
    printf(" *1 输入该班级的学生信息                    *\n");
    printf(" *2 输出该班级学生的成绩名次表             *\n");
    printf(" *0 退出管理系统                            *\n");
    printf(" * * * * * * * * * * * * * * * * * * * * * * * * * * * * * * * *
* *\n");
}
/* ·············································· */
void main()
{   Stu S[20];
    int N;
    char i;
    do
{   showface();//调用菜单函数
```

```
    printf("请选择菜单 0－2:");
    scanf("%s",&i);
    switch(i)
    {   case '1':   N＝Create(S,N);   break;
        case '2':   scoreOrder(S,N);   break;
        case '0':   exit(0);   break;
        default:   printf("选择菜单错误,请重新选择! \n");
        }
    }while(i! ＝0);
}
```

程序运行结果如图 10－21～图 10－23 所示。

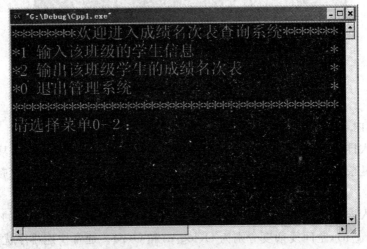

图 10－21　成绩查询系统界面

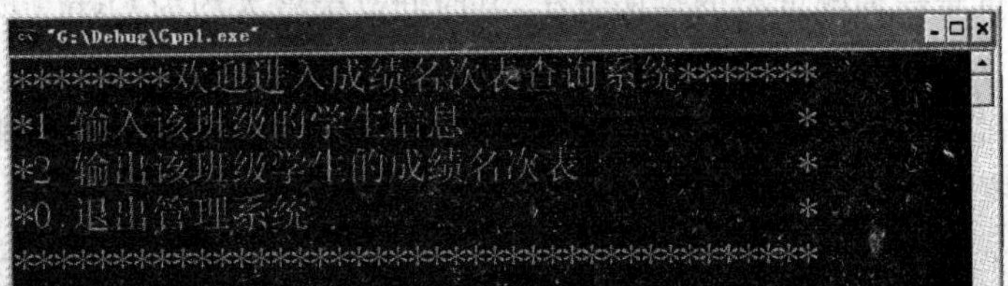

图 10－22　菜单选择

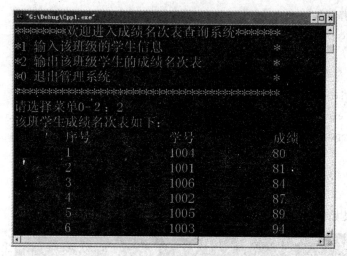

图 10-23　直接选择排序结果

本 章 小 结

本章的基本内容是：各种排序的基本思路和算法。

（1）直接插入排序、简单选择排序和冒泡排序是 3 种简单型的排序方法，其时间复杂度均为 $O(n^2)$，空间复杂度均为 $O(1)$，但直接插入排序又优于简单选择排序，而直接选择排序又优于冒泡排序。

（2）二分插入排序、树形排序、快速排序、二路归并排序、堆排序是改进型的排序方法，时间复杂度均为 $O(\log_2 n)$，空间复杂度分别为 $O(\log_2 n)$ 和 $O(n)$。通常快速排序优于堆排序，堆排序优于归并排序。

（3）希尔排序也是一种改进型的排序方法，其时间复杂度大约为 $O(n^{1.3})$ 左右，空间复杂度为 $O(1)$。

（4）直接插入排序、二分插入排序、冒泡排序、归并排序、树形排序、基数排序都是稳定的排序方法，而简单选择排序、希尔排序、快速排序、堆排序是不稳定的排序方法。

（5）对于 n 个元素进行堆排序的过程包括建立初始堆和利用堆排序两个阶段。建立初始堆就是按编号从大到小依次对每个分支结点进行筛选运算，共需进行 n/2 次筛选运算；利用堆排序需要依次对堆顶元素进行 n−1 次筛选运算，每次堆的大小为 n−i(1≤i≤n−1)，在每次筛选运算前都要交换堆顶与堆尾元素。

（6）对 n 个元素进行快速排序是一个递归过程，每执行一次递归过程就划分出左、右两个均匀的子序列，最坏情况是划分出来的两个子序列有一个为空。

（7）归并排序是将两个有序子序列合并为一个有序序列，合并后，序列的个数不断减少，序列的长度不断增加，直至剩下一个有序序列，才得到排序结果，但排序中必须占用等量的辅助空间。归并排序方法同样适用于外存文件排序。

（8）排序有内排序和外排序之分，直接插入排序、希尔排序、冒泡排序、快速排序、直接选择排序一般适合于内排序，而归并排序既适合于内排序，也适合于外排序。

(9)各种不同的排序方法一般可根据不同的条件及环境分别选择,排序记录少,可以选择时间复杂度为 $O(n^2)$ 的排序方法;如果复杂,可选取时间复杂度为 $O(\log_2 n)$ 的排序方法。

课 后 习 题

一、填空题

1.在对一组记录 54,38,96,23,15,72,60,45,83 进行直接插入排序时,当把第 7 个记录"60"插入到有序表时,为寻找插入位置需比较_____次。

2.每次直接或通过基准元素间接比较两个元素,若出现逆序排列时就交换它们的位置,此种排序方法叫做_____排序;每次使两个相邻的有序表合并成袷有序表的排序方法叫做_____。

3.在插入排序、希尔排序、选择排序、快速排序、堆排序、归并排序和基数排序中,平均比较次数最少的排序是_____,需要内存量最多的是_____。

4.在利用快速排序方法对 54,38,96,23,15,72,60,45,83 进行快速排序时,递归调用而使用的栈所能达到的最大深度为_____,共需递归调用的次数为_____,其中第二次递归调用是对_____一组记录进行快速排序。

5.在内排序中,平均比较次数最多的是_____,要求附加的内存空间最大的是_____,排序时不稳定的有_____、_____、_____和_____等几种方法。

6.在归并排序中,若待排序记录的个数为20,则共需要进行_____趟归并,在第三趟归并中,是把长度为_____的有序表归并为长度为_____的有序表。

7.在堆排序、快速排序和归并排序中,若只从存储空间考虑,则应首先选取_____方法,其次选取_____方法,最后选取_____方法;若只从排序结果的稳定性考虑,则应选取_____方法;若只从平均情况下排序最快考虑,则应选取_____方法;若从最坏情况下排序最快并且要节省内存考虑,则应选取_____方法。

8.在堆排序和快速排序中,若原始记录接近正序或反序,则选用_____;若原始记录无序,则选用_____。

9.在插入排序和选择排序中,若初始数据基本正序,则选用_____;若初始数据基本反序,则选用_____。

10.对 n 个元素的序列进行冒泡排序时,最少的比较次数是_____。

二、选择题

1.在文件局部有序或文件较小的情况下,最佳的排序方法是(　　)。
　A.直接插入排序　　　B.直接选择排序　　　C.冒泡排序　　　D.归并排序

2.一组记录的排序码为(46,79,56,38,40,84),则利用堆排序的方法建立的初始堆为(　　)。
　A.79,46,56,38,40,80　　　　　　　　　B.84,79,56,38,40,46

    C. 84,79,56,46,40,38   D. 84,56,79,40,46,38

3. 具有 24 个记录的序列,采用冒泡排序最少的比较次数为( )。

    A. 1   B. 23   C. 24   D. 529

4. 排序趟数与序列原始状态(原始排列)有关的排序方法是( )方法。

    A. 插入排序   B. 选择排序   C. 冒泡排序   D. 快速排序

5. 在排序过程中,键值比较的次数与初始序列的排序无关的是( )。

    A. 直接插入排序和快速排序   B. 直接插入排序和归并排序

    C. 直接选择排序和归并排序   D. 快速排序和归并排序

6. 数据序列(8,9,10,4,5,6,20,1,2)只能是下列排序算法中( )的两趟排序后的结果。

    A. 选择排序   B. 冒泡排序   C. 插入排序   D. 堆排序

7. ( )方法是从排序序列中依次取出元素与已经排序序列中的元素进行比较,将其放入已经排序序列的正确位置上。

    A. 归并排序   B. 插入排序   C. 快速排序   D. 选择排序

8. 对序列(15,9,7,8,20,−1,4)进行排序,进行一趟排序后,数据的排列变为(4,9,−1,8,20,7,15),则采用的是( )排序。

    A. 选择   B. 快速   C. 希尔   D. 冒泡

9. ( )是从未排序序列中挑选元素,并将其依次放入已经排序序列的一端。

    A. 归并排序   B. 插入排序   C. 快速排序   D. 选择排序

10. 一组待排序记录的关键字为(46,79,56,38,40,84),则利用快速排序,以第一个记录为基准元素得到的一次划分结果为( )。

    A. 38,40,46,56,79,84   B. 40,38,46,79,56,84

    C. 40,38,46,56,79,84   D. 40,38,46,84,56,79

11. ( )方法是对序列中的元素通过适当的位置变换将有关元素一次性地放置在其最终位置上。

    A. 归并排序   B. 插入排序   C. 快速排序   D. 基数排序

12. 用直接插入排序对下面四个序列进行排序(由小到大),元素比较次数最少的是( )。

    A. 94,32,40,90,80,46,21,69   B. 32,40,21,46,69,94,90,80

    C. 21,32,46,40,80,69,90,94   D. 90,69,80,46,21,32,94,40

13. 将上万个无序并且互不相等的正数存储在顺序存储结构中,采取( )方法能够最快地找到其中最大的正整数。

    A. 快速排序   B. 插入排序   C. 选择排序   D. 归并排序

14. 若用冒泡排序对关键字序列(18,16,14,12,10,8)进行从小到大的排序,所需进行的关键字比较总次数是( )。

    A. 10   B. 15   C. 21   D. 34

15. 以下 4 种排序方法,要求附加内存空间最大的是( )。

    A. 插入排序   B. 选择排序   C. 快速排序   D. 归并排序

16. 就排序算法所用的辅助空间而言,堆排序、快速排序和归并排序的关系为( )。

  A. 堆排序<快速排序<归并排序   B. 堆排序<归并排序<快速排序

  C. 堆排序>归并排序>快速排序   D. 堆排序>快速排序>归并排序

17. 快速排序方法在( )情况下最不利于发挥其长处。

  A. 要排序的数据量太大   B. 要排序的数据中含有多个相同值

  C. 要排序的数据已基本有序   D. 要排序的数据个数为奇数

18. 设有 1 000 个无序的元素,希望用最快的速度挑选出其中前 10 个最大的元素,最好选用( )方法。

  A. 冒泡排序   B. 快速排序   C. 堆排序   D. 基数排序

19. 一级记录的关键码为(46,79,56,38,40,84),则利用快速排序的方法以第一个记录为基准得到的一次划分结果为( )。

  A. 38,40,46,56,79,84   B. 40,38,46,79,56,84

  C. 40,38,46,56,79,84   D. 40,38,46,84,56,79

20. 一组记录的关键字为(32,41,15,39,77,12,48,30,52),其中含有 3 个长度为 3 的有序表,按归并排序的方法对该序列进行一趟归并后的结果为( )。

  A. 15,32,41,12,39,77,30,48,52   B. 12,15,32,39,41,77,30,48,52

  C. 12,15,32,39,41,77,48,30,52   D. 12,15,30,32,39,41,48,52,77

三、问答题

1. 已知序列{17,18,60,40,7,32,73,65,85},请给出采用冒泡排序法对该序列进行升序排序时的每一趟结果。

2. 已知序列(503,87,512,61,908,170,897,275,653,462)。

(1)利用直接插入排序的方法写出每次向前面有序表插入一个元素后的排列结果。

(2)利用堆排序的方法写出构成初始堆和利用堆排序的过程,每次筛选后的结果,并画出初始堆所对应的完全二叉树。

(3)利用简单选择的排序方法写出每次选择和交换后的排列结果。

3. 已知序列{10,18,4,3,6,12,1,9,18,8},请给出采用归并排序法对该序列进行升序排序时的每一趟结果。

四、上机操作题

1. 已知奇偶转换排序如下所述:第一趟对所有奇数的i,将 a[i]和 a[i+1]进行比较,第二趟对所有偶数的i,将 a[i]和 a[i+1]进行比较,每次比较时若 a[i]>a[i+1],则将两者交换,以后重复上述两趟过程交换进行,直至整个数组有序。

①试问排序结束的条件是什么? ②编写一个实现上述排序过程的算法。

2. 假设待排序序列以单链表的形式存储,头指针为 head,编写选择排序算法。

3. 设计一个双向冒泡排序算法,即在排序过程中交替改变扫描方向。(作为上机实践题目)

4.设 n 个互不相同的排序码值存于顺序表 r[n] 中,首先对每个记录统计排序码值比其小的记录个数,并根据统计结果将每个记录移到正确的位置上,请编写实现上述功能的算法。

5.已知排序码值序列 $\{k_1, k_2, \cdots, k_n\}$ 是小根堆,试写一个算法,添加排序码值 x 到堆中 $\{k_1, k_2, \cdots, k_n, x\}$ 后,将其调整成小根堆的算法,排序码值为 k_i 的记录存于 r[i-1] 中。

6.结点类型和存储方式如下:

```
typedef struct
{   int key;
    DataType data;   //DataType 为一个数据类型
    int count;
} NodeType;
```

给出一个排序方法,不移动结点存储位置,只在结点的 count 字段记录结点在排序中的序号。

参 考 文 献

[1] 严蔚敏,吴伟民.数据结构(C 语言版).北京:清华大学出版社,2007.

[2] 陈元春,张亮,王勇.实用数据结构基础.北京:工作铁道出版社,2006.

[3] 张红霞.数据结构.开封:河南大学出版社,2003.

[4] 李春葆.数据结构教程.北京:清华大学出版社,2005.

[5] 谭浩强.C 语言程序设计.3 版.北京:清华大学出版社,2008.

[6] 胡学刚.数据结构算法设计指导.北京:清华大学出版社,1999.

[7] 徐孝凯.数据结构辅导与提高实用教程.2 版.北京:清华大学出版社,2003.